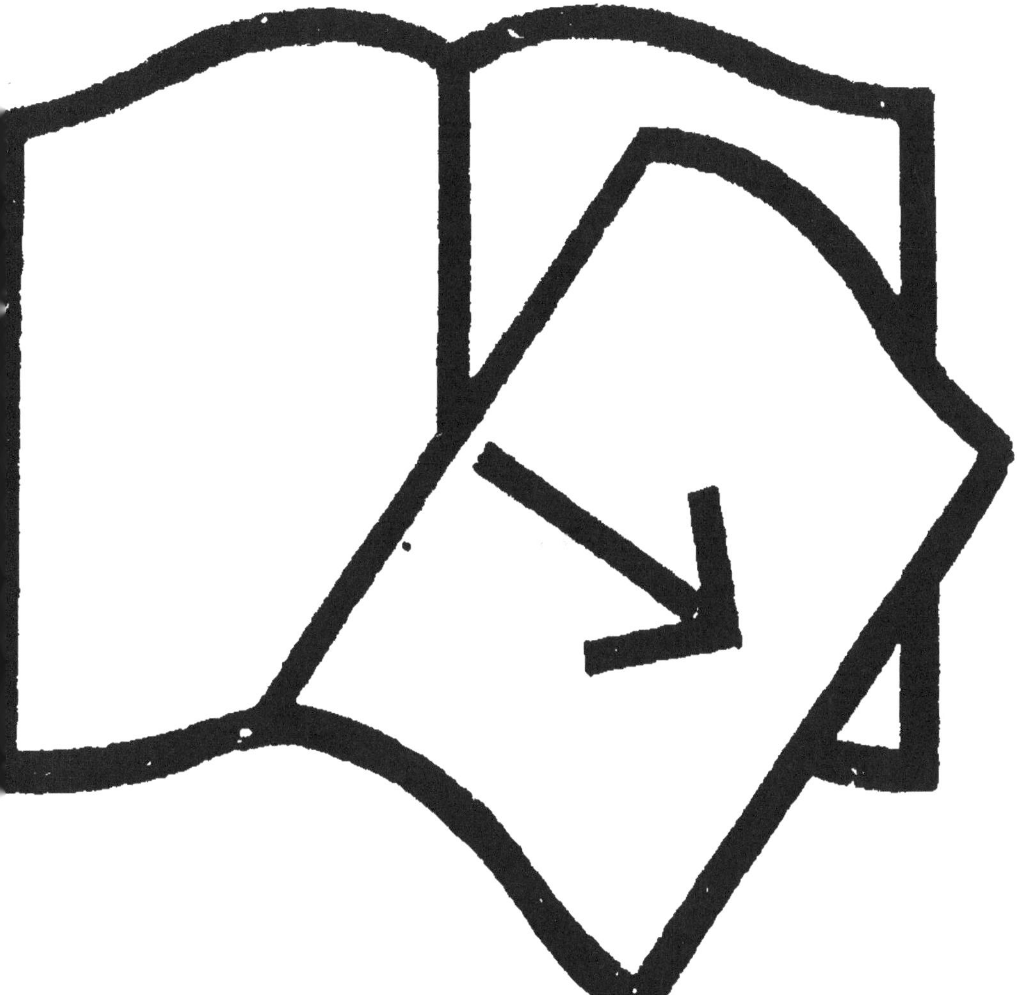

CONSIDÉRATIONS

GÉOLOGIQUES ET PHYSIQUES

SUR

LA THÉORIE DES PUITS FORÉS

OU FONTAINES ARTIFICIELLES.

On trouve à la même Librairie :

TRAITÉ SUR LES PUITS ARTÉSIENS, ou sur les différentes espèces de Terrains dans lesquels on doit rechercher des eaux souterraines; ouvrage contenant la description des procédés qu'il faut employer pour ramener une partie de ces eaux à la surface du sol, à l'aide de la sonde du mineur ou du fontenier; par M. GARNIER, ingénieur des mines, ancien élève de l'École Polytechnique; seconde édition, revue et augmentée, avec 25 planches représentant les diverses espèces de sondes nécessaires à l'exécution de ces travaux, etc., un vol. in-4°... 18 fr.

TRAITÉ DES MACHINES A VAPEUR ET DE LEUR APPLICATION A LA NAVIGATION, AUX MINES, AUX MANUFACTURES, etc.; comprenant l'histoire de l'invention et des perfectionnements successifs de ces Machines, l'exposé de leur théorie et des proportions les plus convenables de leurs diverses parties, accompagné d'un grand nombre de Tableaux synoptiques contenant les résultats les plus utiles pour la pratique; traduit de l'anglais de TH. TREDGOLD, ingénieur civil, etc.; avec des notes et additions, par M. MELLET, ancien élève de l'École Polytechnique; un fort vol. in-4°, et atlas de 24 planches gravées avec le plus grand soin, et accompagnées de légendes en regard, 1828. 30 fr.

Ouvrage complet et d'une exécution parfaite.

SE VEND :

A BORDEAUX, CHEZ GASSIOT, LIBRAIRE,

FOSSÉS DE L'INTENDANCE, N° 61.

ET A BRUXELLES, A LA LIBRAIRIE PARISIENNE,

RUE DE LA MADELAINE, N° 438.

IMPRIMERIE DE A. FIRMIN DIDOT,

RUE JACOB, N° 24.

N° 2.

Application de la théorie des puits forés à la coupe cryptognostique des Vosges au Hâvre.

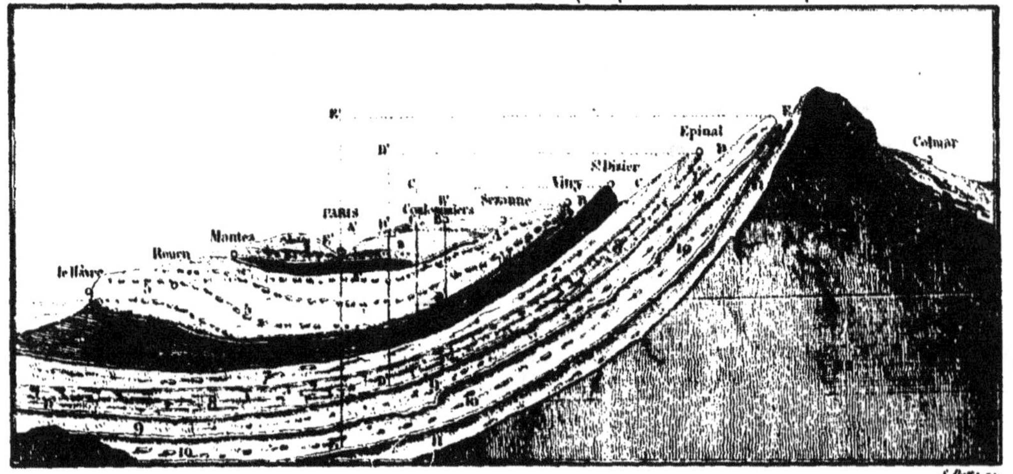

N° 1.

Théorie des fontaines jaillissantes des puits forés suivant la méthode Artésienne.

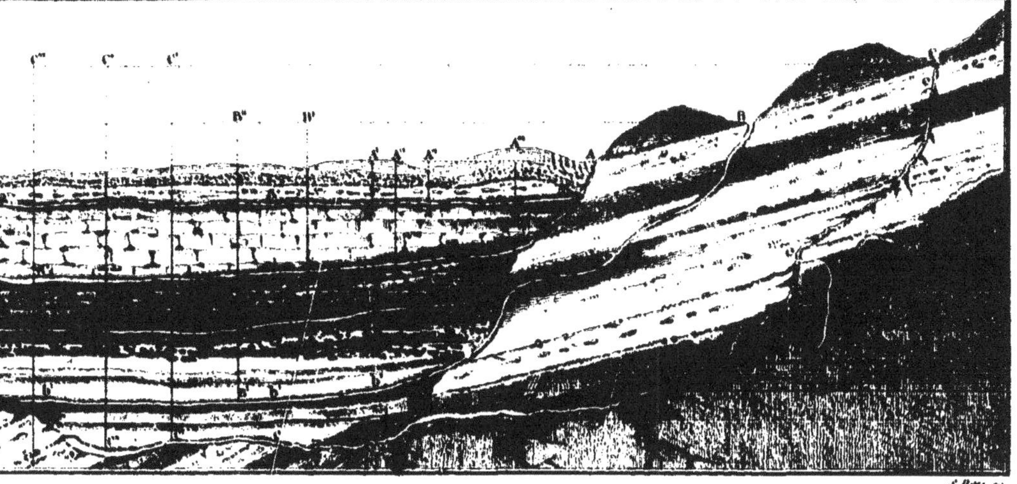

S. Rota sc.

CONSIDÉRATIONS

GÉOLOGIQUES ET PHYSIQUES

SUR LA CAUSE

DU JAILLISSEMENT DES EAUX DES PUITS FORÉS OU FONTAINES ARTIFICIELLES,

ET

RECHERCHES

SUR L'ORIGINE OU L'INVENTION DE LA SONDE, L'ÉTAT DE L'ART DU FONTENIER-SONDEUR, ET LE DEGRÉ DE PROBABILITÉ DU SUCCÈS DES PUITS FORÉS;

PAR M. LE Vte HÉRICART DE THURY,

OFFICIER DE L'ORDRE ROYAL DE LA LÉGION-D'HONNEUR, CONSEILLER-D'ÉTAT, DIRECTEUR DES TRAVAUX DE PARIS, INGÉNIEUR EN CHEF AU CORPS ROYAL DES MINES, MEMBRE DE L'ACADÉMIE DES SCIENCES, PRÉSIDENT DE LA SOCIÉTÉ ROYALE ET CENTRALE D'AGRICULTURE ET DE CELLE D'HORTICULTURE, ETC., ETC.

> Dans quel lieu du globe la nature n'a-t-elle pas des eaux à sa disposition?... Puisque partout nos fouilles aboutissent à les trouver.... Ajoutez à ces immenses lacs invisibles, ces mers souterraines, ces fleuves qui coulent dans une éternelle nuit... Long-temps captives, leurs eaux tendent à se mettre en liberté, et aussitôt que les rochers sont entr'ouverts, elles forment des courans qui s'élèvent pour se diriger ensuite vers la mer.
>
> SÉNÈQUE, *Questions naturelles.*

PARIS.

BACHELIER (SUCCESSEUR DE Mme Ve COURCIER),

LIBRAIRE POUR LES SCIENCES, QUAI DES AUGUSTINS, N° 55.

1829.

A la Société Royale et Centrale d'Agriculture.

A

Messieurs les Membres de la Société Royale et Centrale d'Agriculture.

Messieurs et honorables Confrères,

Frappés des avantages que plusieurs Etats voisins recueillent depuis long-temps de la pratique des irrigations, vous avez constamment cherché à la propager en France, partout où la disposition du terrain et celle des eaux pouvaient permettre de l'employer avec succès.

Ainsi, après avoir successivement décerné chaque année des prix et des médailles pour les machines hydrauliques, les Canaux d'arrosage, et la statistique des irrigations, vous avez pensé que le percement des Puits artésiens, ou fontaines jaillissantes artificielles, devrait être encouragé, et vous avez ouvert un concours général, en proposant trois grands prix aux Propriétaires, Cultivateurs, Ingénieurs ou Mécaniciens qui auraient exécuté les travaux de sondage, jugés les plus utiles à l'agriculture.

L'usage de ces Puits ne saurait,

en effet, être trop encouragé. Une fois bien établis, ces Puits ne demandent aucun entretien, ils donnent constamment le même volume d'eau, et d'une eau toujours pure, douce, saine, et invariable dans sa qualité, comme dans sa limpidité et sa température, enfin une eau propre à tous nos usages.

Par vos soins, par vos généreux efforts ces Puits commencent à se multiplier. Les Préfets, les Conseils généraux et les Sociétés d'agriculture, s'empressent, à votre exemple, d'encourager leur établissement, dans nos départemens; mais à cet égard, personne n'a plus fait, personne n'a mieux dit, personne enfin n'a mieux décrit les avantages de ces Puits, que M. le Vte de Martignac, Ministre de l'Intérieur, lorsque présidant votre dernière Séance solennelle, il vous a dit :

« De tristes plaines, dépourvues de « verdure et de végétation, attendent « vainement le secours d'une eau salu- « taire et féconde ; une humidité immo- « bile et meurtrière, ou une sécheresse « sans espérance semble les condamner « à l'abandon et à l'inutilité : mais « l'humanité est là, assistée de la science

« et de l'industrie. Une sonde habile-« ment dirigée demande au sol la source « qu'il recèle et dont il ne sait pas jouir.

« L'espace, la résistance, la fatigue, « le doute, plus décourageant que tout le « reste, rien ne rebute ceux à qui l'ins-« trument obéit, rien n'arrête ni ne « rebute leurs efforts; la sonde presse, « elle lutte, elle s'obstine, et une eau « jaillissante suit en bouillonnant le fer « qui se retire, et porte avec elle la vie « et la fertilité. »

Vous ne pouvez, Messieurs, avoir oublié ces paroles de S. E. et l'effet qu'elles produisirent dans votre nombreuse assemblée, et je ne doute point que vous ne les rappeliez un jour aux concurrens, lorsque vous leur décernerez les prix annoncés par votre programme.

Pour moi, pensant qu'il m'était permis de m'en emparer dès ce moment, j'en ai fait le sujet de l'ouvrage que j'ai l'honneur de vous présenter, et j'ose me flatter qu'en faveur du motif, vous aurez la bonté de l'accueillir, avec cette même indulgence avec laquelle vous avez bien voulu recevoir l'Exposé des Considérations géologiques et physiques sur le gisement des eaux souterraines, dont par une faveur insigne qui m'a pénétré d'une profonde reconnaissance, vous avez ordonné l'impression, avec le programme de votre concours.

Veuillez agréer, je vous prie, l'assurance de la haute considération et de l'entier dévouement avec lesquels

J'ai l'honneur d'être,

Messieurs et très-honorés Confrères,

Votre très-humble et très-obéissant Serviteur,

Le Vte Héricart de Thury.

Paris, le 3 Juillet 1829.

EXPLICATION

DES

FRONTISPICES.

Quelle que soit l'origine de l'eau produite par un puits foré, soit que cette eau provienne d'une nappe souterraine, soit qu'elle résulte d'un effluve ou courant souterrain, on peut en chercher l'explication dans la théorie des jets d'eau ou dans celle des siphons.

En effet, les sources jaillissantes naturelles ayant lieu toutes les fois qu'il existe un bassin supérieur, d'où l'eau peut s'écouler par des conduits naturels, on voit, 1°, qu'un puits foré à l'aide de la sonde des fonteniers, n'est réellement qu'une issue artificielle, ne différant de ces conduits naturels que par la régularité de ses parois et de sa direction, qui doivent faciliter le jaillissement des eaux;

2°, Que le succès d'un forage sera d'autant plus assuré qu'on l'aura pratiqué dans un pays composé de couches imperméables, séparées par des couches perméables ou des lits de sable ou de gravier à travers lesquels s'infiltrent les épanchemens des amas d'eau souterraine ou des bassins supérieurs;

Et 3°, qu'il y aura moins de chances de succès dans les terrains compactes et entièrement imperméables qui n'offrent que des effluves ou courans souterrains s'échappant par des crevasses, des fentes ou des perforations irrégulières dans les couches ou les bancs de pierre.

PREMIER FRONTISPICE.

Théorie des fontaines jaillissantes des puits forés suivant la méthode artésienne.

Ce frontispice représente la coupe géologique d'un pays dans lequel le terrain primitif est recouvert, d'une part, de terrains de transition ou intermédiaires, en partie compactes et en partie cristallisés, disposés en couches inclinées, avec des fentes, retraites ou crevasses, traversant les couches en différens sens, et d'autre part, de terrains de sédiment secondaires, de terrains de transport et d'alluvion en couches horizontales qui s'appuient contre les formations intermédiaires ou de transition et les recouvrent en profondeur.

Les parties supérieures de ce pays présentent à différentes hauteurs, des bassins, des lacs ou rivières *A*, *B*, *C*, placés soit sur la ligne de juxtaposition des terrains de transport ou d'alluvion et des terrains de transition, soit sur celle de ces dernier et des terrains primitifs.

Lorsque les eaux de ces bassins, lacs ou rivières trouvent au-dessous de leur lit, des terrains perméables, ou des fentes, crevasses et puisards, elles se perdent ou s'infiltrent par ces issues et s'épanchent souterrainement à de plus ou moins grandes profondeurs en formant des nappes *a a*, *a' a'*, *b b* et *b' b'*, à travers les sables ou graviers, sur les argiles ou terrains imperméables, ou bien en formant des courans irréguliers, comme le présente la ligne de superposition *c c* des terrains de transport sur ceux de sédiment.

Le puits foré *A'*, descendu jusqu'à la nappe d'eau *a a*, alimentée par l'épanchement du bassin *A*, donnera des eaux remontantes qui arriveront à la surface de la terre, tandis que dans le puits *A''*, elles jailliront au-dessus, et que dans le puits *A'''* elles lui resteront inférieures, en se mettant, dans chacun de ces puits, à une hauteur proportionnée à celle du niveau du bassin *A*.

Quant au puits *A*[IV], qui est deux fois plus profond que les précédens, malgré sa plus grande profondeur et les deux nappes d'eau qu'il a traversées *a a* et *a' a'*, ses eaux ne remonteront pas plus haut que celles des puits *A'*, *A''* et *A'''*, parce que ces deux nappes d'eau sont, l'une et l'autre, alimentées par celles du bassin *A*.

De même dans le puits foré *B'*, approfondi jusqu'à la nappe d'eau *bb*, on obtiendra un jet remontant au-dessus de la surface de la terre, à une hauteur proportionnée à celle du bassin *B*, et le puits foré *B''*, quoique d'un tiers plus profond que le précédent, et atteignant les deux nappes *b b*, et *b' b'*, donnera un jet qui ne s'élevera qu'à la même hauteur, puisque les deux nappes d'eau proviennent du même bassin *B*.

Enfin les puits *C'*, *C''* et *C'''*, alimentés par les eaux de l'effluve irrégulier *c c*, qui prennent leur origine dans le bassin *C*, font voir 1° que le puits *C''*, s'il n'était percé qu'à la profondeur du puits *C'*, ne donnerait pas d'eau, puisque l'effluve suit les mouvemens irréguliers de la surface des terrains inférieurs, et qu'il faudrait continuer son forage, pour atteindre plus bas, l'eau en *C''* : et 2° que le puits *C'''* descendu plus bas encore que le puits *C''*, ne donnera pas d'eau de cette profondeur, à cause du relèvement du terrain intermédiaire ou de transition, qui interrompt dans cette partie l'écoulement de l'effluve *c c*, ou que si ce puits donnait des eaux jaillissantes, ce ne serait que celles des nappes *b b* et *b' b'* qu'il aurait traversées, et qu'ainsi, malgré la profondeur de ce puits, le jaillissement de l'eau ne pourrait jamais s'élever au-dessus de celui des deux puits *B* et *B'*.

SECOND FRONTISPICE.

Application de la théorie des puits forés à une coupe oryctognostique de France, de l'est à l'ouest, ou des Vosges au Havre.

La coupe que présente ce frontispice n'est point hypothétique. Elle est une réduction de la première planche de cet ouvrage. Elle présente : 1° l'ensemble des grandes formations que les géologues ont reconnu exister de la chaîne des Vosges à la mer en passant par Épinal, St.-Dizier, Vitry, Sézanne, Coulommiers, Paris, Mantes, Rouen et le Hâvre; et 2° l'application de la théorie des puits forés artésiens exposée dans le premier frontispice.

Ainsi, en prenant les environs de Paris pour exemple, à raison des dernières formations qui ont recouvert notre continent, on voit, dans cette coupe, sous le n° 1, la formation supérieure de nos grandes collines, qui comprennent les limons d'alluvion, les meulières et les marnes d'eau douce, et au-dessous, les grès et les sables.

N° 2. Les marnes marines, et au-dessous, la

seconde formation d'eau douce qui comprend les marnes et les trois grandes masses de gypse.

Nº 3. Le calcaire marin à cérites, recouvert de marnes et de calcaire siliceux, et ayant au-dessous de lui des sables et des grès calcaires.

Nº 4. Les lignites, leurs sables et les argiles plastiques avec leurs lignites pyriteux, la première formation d'eau douce de MM. Cuvier et Brongniart.

Nº 5. La grande masse de craie ou la formation crétacée, dont la partie supérieure est à l'état de tuf tendre et craïeux, le milieu, dur et pierreux, et la partie inférieure, colorée par la chlorite, est connue sous le nom de glauconie. Dans les parties supérieure et intermédiaire, on trouve de nombreuses couches de silex disséminés plus ou moins régulièrement.

Nº 6. Les argiles, les marnes lumachelles et le calcaire corallique avec les calcaires pyriteux.

Nº 7. Les différentes formations des calcaires oolitique, zoophytique, compacte et jurassique.

Nº 8. Le calcaire marneux des lias, le calcaire à gryphites, et les grès des lias avec leurs argiles, les gypses et le sel.

Nº 9. Les grès bigarrés, les argiles et leur formation psammitique.

Nº 10. Les arkoses, les terrains houillers et leurs argiles schisteuses impressionnées.

N° 11. Les terrains intermédiaires et toutes leurs formations.

N° 12. Enfin le terrain primitif de la chaîne des Vosges, ou les granits, les gneis et autres roches primitives.

Dans la superposition des différentes formations qu'on vient de voir, il existe des couches terreuses ou pierreuses plus ou moins perméables, dans lesquelles s'infiltrent les eaux des vallées ou bassins supérieurs. Ainsi, par exemple, près de Sézanne, les eaux qui coulent en *A* à la jonction de la craie n° 5, et des terrains n° 4, 3, 2 et 1, qui la recouvrent, s'écoulent sur la masse de craie ou s'infiltrent dans son intérieur, si la partie supérieure a éprouvé des accidens postérieurement à la formation, et y forment une nappe d'eau *A' A'*, qui tend à remonter au-dessus de la surface de la terre, et à reprendre le niveau de leur point de départ *A*, partout où elle trouve des issues, et par conséquent par les issues artificielles qu'on y perce à l'aide de la sonde, tel que le puits foré *A A'*.

De même les puits forés *B'*, *C'*, *D'* et *E'*, descendus aux profondeurs convenables, atteindront les nappes d'eau qui proviennent des bassins supérieurs, savoir le puits *B' B'*, celles qui s'infiltrent en *B* dans les environs de Vitry, sous les craies n° 5 et les argiles ou marnes des lumachelles du calcaire corallique n° 6;

Le puits *C' C''*, les eaux provenant du bassin *C* aux environs de St.-Dizier et qui s'infiltrent entre les marnes des lumachelles et les calcaires corallique et pyriteux n° 6, et les différentes formations des calcaires oolitique, zoophytique, compacte et jurassique n° 7, et forment la nappe d'eau *C' C'*;

Le puits *D' D'*, les eaux du bassin d'Épinal en *D*, entre les diverses formations du calcaire lias n° 8 et celles du calcaire n° 7 qui les recouvrent, et sous lesquelles les eaux forment la nappe *D' D'*, dont les eaux reprendraient leur niveau à la hauteur du bassin *D*, par le puits *D' D'*;

Enfin le puits *E' E'*, les eaux d'un bassin supérieur de la chaîne des Vosges supposé en *D*, dont les eaux s'infiltrent entre les psammites, les arkoses et leurs argiles n° 10 et le terrain de formation intermédiaire n° 11, en formant entre ces terrains une nappe d'eau *E' E'*.

Nous devons faire observer qu'en désignant, dans cette coupe, les cinq nappes d'eau *A' B'*, *C*, *D'* et *E'*, nous n'avons pas entendu dire que par des sondages on ne rencontrerait, dans l'étendue de ces terrains, que ces cinq niveaux d'eau seulement, nous pensons au contraire qu'il en existe un plus grand nombre, et qu'on en trouvera même plusieurs dans chaque formation ; mais nous avons du nous réduire à ce petit nombre d'exemples plus que suffisant pour l'explication de la théorie des fontaines jaillissantes artificielles, percées suivant la méthode artésienne.

TABLE

ANALYTIQUE ET RAISONNÉE

PAR ORDRE DE MATIÈRES.

Pages

Épitre. VII

Explication des frontispices. XV

Table analytique et raisonnée des matières. XXV

Avant-propos. 1

Recherches sur l'origine ou l'invention de la sonde 3

Ancienneté de l'art du fontenier-sondeur, 5. Baguette mystérieuse; baguette divinatoire ou verge d'Aaron, 6. Utilité de la sonde dans l'art d'exploiter les mines, 8; dans l'art du fontenier pour percer les puits artésiens, 9; dans l'agriculture pour la recherche de la marne, le dessèchement des terrains humides, 9; dans l'architecture, 10. L'époque de l'invention de la sonde est inconnue, 10. Plusieurs peuples s'en disputent l'invention, 10. Prétentions des Allemands et des Anglais, 10. La France est mieux fondée, 12. Recherches à cet égard, 12. Bernard de Palissy est le premier qui ait décrit une sonde et l'art de s'en servir, 15. Les Chinois paraissent faire usage de la sonde depuis très long-temps, 16.

Pages

EMPLOI DE LA SONDE POUR LE PERCEMENT DES FONTAINES JAILLISSANTES........................ 20

La fontaine jaillissante de Modène décrite par Bernardini Ramazzini, 20. Dominique Cassini fait connaître en France l'art de percer les fontaines jaillissantes, 22. Bélidor a décrit la manière de faire les puits forés, 23. Traité publié à Londres, en 1781, par le Français Le Turc, 27. Ancienneté de l'art du sondage en France, 28. Les puits forés appelés *puits artésiens* 28.

ÉTAT DE L'ART DE FORER LES FONTAINES JAILLISSANTES EN FRANCE........................ 28

Concours pour l'établissement des puits forés, par la société d'encouragement, 28. Programme du concours, 30. Conditions exigées pour faire un puits foré, 30; 1° Étude de la constitution physique du sol, 30; 2° Disposition ou manière d'être de la surface du pays, 31; 3° Choix du sondeur, 33; 4° Persévérance nécessaire pour assurer le succès d'un sondage, 35. Le manuel de l'*Art du fontenier-sondeur*, présenté par M. Garnier, remporte le prix proposé par la Société d'encouragement, 39. Médailles données à MM. Beurier d'Abbeville, 40; à M. Hallette d'Arras, 41; à M. Coquerel, 42; à MM. Samuel Joly père et fils de St.-Quentin, 43; à M. Mulot d'Épinay, 43.

CONCOURS DE LA SOCIÉTÉ ROYALE ET CENTRALE D'AGRICULTURE POUR L'ÉTABLISSEMENT DES PUITS FORÉS EN FRANCE........................ 44

Pages

Conditions du programme, 44.

DES PUITS FORÉS EN ANGLETERRE.............. 46

Les puits forés très-nombreux en Angleterre, 46. Fontenier-sondeur de Londres, 47. Opinion des Anglais sur le succès des puits forés, 48. Principaux puits, 49. Nature des eaux des puits forés, 50. Influence de la mer sur les eaux des puits forés, 52. M. Baillet a fait connaître la même influence sur la fontaine jaillissante de Noyelle-sur-Mer, 53.

DES PUITS FORÉS DU ROYAUME DES PAYS-BAS.... 53

On ne trouve ces puits que sur les frontières des Pays-Bas, vers la limite de France, 53.

PUITS FORÉS DE LA BASSE-AUTRICHE........... 54

Cassini les a fait connaître, mais depuis lui personne n'en a parlé, 54.

PUITS FORÉS DE L'ITALIE................ 54

Puits forés de Modène et Bologne, 44. Spallanzani a parlé de ces puits dans ses lettres sur l'origine des fontaines, 55.

PUITS FORÉS DE LA CHINE................ 55

Puits forés de la Chine décrits par les missionnaires, décrits par l'abbé Imbert dans les Annales de la propagation de la foi, 55. Les puits salants de la Chine dégagent du gaz hydrogène, 58. Profondeur de ces puits, 58. Puits de feu, 60.

PUITS FORÉS EN AFRIQUE................ 63

Shaw a décrit la manière de faire les puits en

Pages

Afrique, 63. Eau jaillissante, appelée par les Arabes, la *mer au-dessous de la terre*, 64.

Puits forés dans les États-Unis............ 64

L'art des puits forés connu depuis long-temps, suivant Darwin, 64. Opérations de sondage de M. Lévi Disbrow, 65. M. Dickson publie à New-Brunswick, en 1826, un essai sur l'art de forer la terre pour obtenir des eaux jaillissantes, 66. Sa théorie de l'ascension des eaux, 67.

Précis géologique ou Examen analytique des différentes formations du globe terrestre relativement a la marche souterraine des eaux.............................. 70

Motifs de ce précis, 70. Exposé du précis, 72. Sa division, 72. Coupe géologique de France, 72.

I. Des terrains primitifs...................... 72

Définition des terrains primitifs, 72. Les granits, 73; les gneis, 74; les schistes micacés, 75; les phyllades, 76; les eurites porphyres, 77; les diabases et amphybolites, 77; les serpentines et euphotides, 78; les quartz, 79; les calcaires primitifs, 79.

II. Les terrains intermédiaires.............. 80

Définition des terrains intermédiaires, 80; les traumates et les schistes traumatiques, 80; les calcaires intermédiaires, 81; les granits et porphyres intermédiaires, 82; les gneis, schistes micacés et serpentines intermédiaires, 83. Les quartz intermédiaires, 84; les amphybolites intermédiaires, 84; les gypses, 85.

Pages

III. Des terrains secondaires.................. 85

Définition, 85; les grès, 85. Les calcaires secondaires, alpin, jurassique et craïeux, 38. Les gypses secondaires, 91.

IV. Des terrains tertiaires.................. 92

Définition, 92; les argiles plastiques, 92; le calcaire marin à cérites, 95; le calcaire silliceux, 96; le gypse et ses marnes, 96; les marnes, 98; les sables et les grès, 98; le calcaire d'eau douce et les meulières, 99. Observation sur ces formations, 99.

V. Les terrains d'alluvion.................. 100

Leur division, 100; les limons, 101; les forêts souterraines, 101; les sables, 101; les ossemens fossiles, 101.

VI. Les terrains volcaniques.................. 102

I° les formations trachytiques, 102; les trachytes lithoïdes, 102; les trachytes émaillés, 103; les trachytes vitreux, 103; les pumites, 103; les phonolites, 103; les brêches ou tufs volcaniques, 104.

II° Les formations basaltiques pyroïdes........ 104

Les laves dolérites, 104; les basaltes lithoïdes, 105; leurs cavernes, 105; les basaltes cellulaires, 106; les basaltes variolites, 106; les brêches et tufs volcaniques, 106.

Application du précis géologique aux différens terrains du territoire français........ 108

Pages

Série de toutes les formations décrites ci-dessus, d'après deux grandes coupes de la France, l'une du nord au sud, l'autre de l'est à l'ouest, 108.

Première coupe prise depuis Mézières dans les Ardennes, en passant par Laon, Soissons, Paris, Orléans, Bourges, Aubusson, l'Auvergne et ses volcans, Aurillac, Alby, Castres, Carcassone, Quillans et Mont-Louis dans les Pyrénées, 108.

Seconde coupe depuis Colmar et les Vosges, Épinal, St-Dizier, Vitry-le-Français, Sézanne, Coulommiers, Paris, Mantes, Meulan, Rouen et la mer au Havre, 113.

CONSIDÉRATIONS PHYSIQUES OU RECHERCHES D'HYDOGRAPHIE SOUTERRAINE RELATIVEMENT AU JAILLISSEMENT DES PUITS FORÉS............ 118

Généralités, 118. De l'eau dans l'atmosphère, 118. Quantités d'eau évaporée et qui tombe annuellement, 118. Ces quantités varient suivant les climats, 119. Eau qui tombe par la rosée, 120. Action des forêts et des montagnes sur les nuages, 121. Infiltration des eaux dans la terre, 122. Formation des sources, 122. Sources jaillissantes, 122. Dégagement d'air dans les sources, 124; de gaz, d'acide carbonique, 125. Eau souterraine dans les cavernes, 126. Fentes, puisards, gouffres, entonnoirs, 127; leurs communications avec les cavernes, 128. Rivières qui se perdent, 129. Opinion de Pline et de Sénèque à leur égard, 129. Fontaines intermittentes, 132. Influence de la

Pages

mer sur les eaux des sources et sur les puits forés, 135. Eaux froides et chaudes ou thermales, 136.

I. SOURCES DANS LES TERRAINS PRIMITIFS....... 138

Sources fréquentes et nombreuses, mais peu abondantes, 138. Gouffres, puits naturels ou puisards des terrains primitifs, 139. Nature et qualité des eaux, 140. Eaux gazeuses, sulfureuses, salines, 142. Cause du surgissement des eaux thermales, 142. Variations de leur température, 143. Exemples de ces variations, 143.

II. SOURCES DES TERRAINS INTERMÉDIAIRES...... 144

Infiltrations, 144. Variations de qualité suivant la nature du terrain, 145. Cavernes et lacs souterrains, 146. Amas de glaces dans les cavernes, 147. Cavernes des gypses, 148. Sources thermales, exemples, 148.

III. SOURCES DES TERRAINS SECONDAIRES........ 149

Abondance des sources, 149. Cavernes et glacières naturelles, 149. Gouffres et puisards, leur communication avec les cavernes, 150. Exemples, 150. Causes des gypses, 151. Sources du calcaire ammonéen, du calcaire oolitique, du calcaire craïeux, 150. Niveaux d'eau au-dessous de la craie, 153. Sources minérales et thermales, 153. Jaillissement simultané d'eau douce et d'eau minéro-thermale, 154.

IV. SOURCES DES TERRAINS TERTIAIRES.......... 155

Infiltrations nombreuses et abondantes, 155. Argiles plastiques, calcaire marin, gypse, marnes,

Pages

sables, grès, calcaire d'eau douce, pierres meulières, argiles, 155. Qualité des eaux, 156. Dégagement de gaz hydrogène sulfuré, 157. Eaux jaillissantes, 158. Conditions pour que les eaux soient ascendantes, 158.

v. Sources des terrains d'alluvion.......... 159

Sources nombreuses et abondantes, 159. Gouffres, entonnoirs, bétoires, dans lesquels se perdent des rivières, 159. Exemples, 159. Sources jaillissantes, et exemples; fontaines de Moïse, sources d'Alvarado, sources du Loiret, 160.

vi. Sources des terrains volcaniques......... 162

Lacs dans les terrains volcaniques, 161. Exemples, 161. Cavernes et sources, 162. Sources de Royat en Auvergne, 162. Fontaine jaillissante, 163. Sources de Geysers en Islande, 163. Torrens d'eau rejetés par les volcans, 164. Torrens de boue noire charbonneuse, 165. Qualités et température des eaux, 166.

Appendice. Sources d'eau douce jaillissantes dans la mer.......................... 168

Sources jaillissantes sur les bords de la mer, 168; au milieu des eaux de la mer, 169. Description de la source de Batabano, par Humboldt, 169; de celle de la Spezia par Spallanzani, 170.

Observations sur la cause du jaillissement des eaux des puits forés ou fontaines artésiennes.......................... 172

Explication du jaillissement des fontaines arté-

Pages

siennes par la théorie des jets d'eau ou celle des siphons, 172. Opinion de M. Dickson de New-Brunswick, 172. Opinion de M. Azaïs, 173. Opinion insérée dans le Recueil industriel et manufacturier, 175. Connaissance de la marche souterraine des eaux par les travaux des mines et des carrières, 177. La cause du jaillissement des eaux thermales est celle du jet de l'éolypile, 178; et celle des eaux gazeuses, celle du jet d'eau de la fontaine de compression, 178. Opinion de M. Hachette, 179. Fontaines jaillissantes naturelles, 179. Fontaines jaillissantes artificielles à l'aide de la sonde, 180. Probabilité de succès dans tel ou tel terrain, 180; mais non dans tout terrain, 181. Conditions nécessaires pour le jaillissement des eaux des puits forés, 182. Motifs qui s'opposent au jaillissement des eaux, 183. Application du bélier hydraulique ou d'une pompe aux puits forés dont les eaux ne s'élèvent pas au-dessus de la terre, 185. Rappel des conditions nécessaires pour faire un puits foré, 185.

RECHERCHES sur les puits forés en France, à l'effet de prouver la possibilité d'en établir dans d'autres terrains que dans les terrains craïeux et marneux de nos départemens du Nord.. 188

Observations et impossibilité de faire un état général de tous les puits forés de France, 188.

1. DÉPARTEMENT DE LA SEINE.......................... 189

Puits forés à Clichy chez le président Crozat de

Pages

Tagny, 189; à Drancy près le Bourget, 190; à l'École militaire, 190; au Wauxhall de la rue de Bondy, 191; rue de Rohan, chez le comte Dubois, 191; chez M. Bellart, à Paris, 191; rue St.-André-des-Arts, 192; rue St.-Lazare, chez M. le duc de Bassano, 192; rue de Charonne, chez M. Richard Lenoir, 193; dans l'île St.-Louis, 193; à l'abattoir de Grenelle, 194; au collége Ste.-Barbe, 194; à St.-Denis, chez M. Carruyer, 194; à la glacière de Gentilly, chez M. Durup de Baleine, 195; à Enghien-les-bains, 195; à Aunay, près de Sceaux, 196; à Épinay près de St.-Denis, chez Mme la marq[ise] de Grollier, 196; à Surennes, chez M. le baron de Rotschild, 199; à Villers-la-Garenne, par M. Mullot, chez M. le maréchal Gouvion de St.-Cyr, 200; au port de St.-Ouen, par MM. Flachat, 201; sur le plateau de Mont-rouge, 202.

II. Seine-et-Oise 202

Puits forés en 1757, à Chateau-Fragnier, 202; en 1786, dans le parc de Rambouillet, 202; en 1827, dans l'île de la papeterie d'Écharçon près de Mennecy, 204.

III. Seine-et-Marne 204

En 1787, puits foré fait à Courtalin, par Dufour, 204; en 1820, puits forés faits par Fortbras d'Amiens à la papeterie de Ste.-Marie, 204.

IV. Oise 204

Puits forés fait par Fortbras dans la cour des prisons de la ville de Beauvais, 205; et dans les

Pages

prisons de la cour d'assises, 205; de M. Poittevin, à Tracy-le-Mont près de Compiègne, 205; au château de Moustiers, chez M. de la Garde, 206.

v. AISNE.. 207

C'est à M. Coquerel, ingénieur des mines, que ce département doit ses puits forés, 207; à St.-Quentin chez M. Samuel Joly, 207; M. Dupuis, 208; M. Philippe, 209. Le conseil municipal de St-Quentin fait faire des fontaines artésiennes, 210. Sondage fait à Quelly, par M. Fortbras, 210.

vi. EURE.. 210

Puits forés à Gisors, chez MM. Davilliers-Lombard et Cie, 210. Travaux de M. Mullot, 212. Puits forés de M. de la Roque de Chamfrey, à Séry-Fontaine, 212; aux Andelys, par M. Beurier, 212.

vii. EURE-ET-LOIRE.. 212

Puits forés à la Ferté-Vidame, par Ségard de Lillers, 212. Puits de Champ-Romain près de Châteaudun, 213. De M. Guillot, à la papeterie du Mesnil sur l'Éstrée près de Dreux, 214; à la papeterie du Sausset près Anet, 214.

viii. LOIRET.. 214

Puits artésien de M. Léorier-Delisle, à Buges, 214. M. Benoît-la-Tour fait faire à Orléans un puits foré par MM. Flachat, 215.

ix. SEINE-INFÉRIEURE.. 216

Puits foré de la citadelle du Havre, fait par Ségard, en 1792, 216. Nécessité de faire des puits

Pages

forés aux environs de Rouen, Fécamp, St.-Valery, Dieppe, Tréport, Aumale, Gournay, etc., 218. Probabilités du succès, 218. Recherches faites de 1795 à 1805, entre St.-Nicolas D'Aliermont, Dampierre et Meulers près de Dieppe, 219. Détails de ces recherches, 219. Niveaux d'eau reconnus, 222. Comparaison du Puits foré fait à Cheswick près de Londres, 226. Puits forés de M. Turgis à Elbeuf 227; de MM. Jacques et Pierre Grandin d'Orival, 228; de M. Victor Grandin, 229.

x. Pas-de-Calais........................... 231

Puits forés de Lillers, de 1126, 231. Puits foré par Vassal, à 150 mètres, 232; par Kerlin, entre Aire et Lillers, 232; de Gonnchem, 232; à St.-Pol, 233; à Fontès, 233. Avantages des fontaines artésiennes pour les usines en hiver, 233; puits forés à Blingel, 234; à Nédonchelle et St.-Venant, 234; à Ardres, Choques, Annezin, Aire, Merville, Béthune, 234; de St.-André décrit par Bélidor, 235; de la citadelle de Calais, par M. Bellonet, 235. Buses ou tubes de bois préférés aux tubes de fer en Artois, 236. Sondeurs de l'Artois, 236.

xi. Nord.................................. 236

Puits forés de M. Hallette à Roubaix, 236. Difficultés qu'il éprouva dans le puits de M. Mimerel, 239. Puits de M. Décat Crousez, 239. Piquet filtre de M. Hallette, 241. Sondage de l'abbaye de Marchiennes, 244. Fontaine jaillissante du Tillery, perdue, 244. Sondage d'Aniches, 245. Puits fo-

Pages

rés de Marquetti, 245. Rouissoirs alimentés par des puits forés, 245. Fontaines forées de St.-Amand, 246.

XII. ARDENNES.......................... 247

Sondage de Prix près de Mézières, 247.

XIII. MOSELLE.......................... 249

Sondage de Creutzwald, par M. de Gargan, ingénieur en chef des mines, 249.

XIV. ALLIER.......................... 249

Association de propriétaires pour faire des puits forés, 250. Rapport de M. le marquis de St.-Georges, 250. Sondage dans le jardin de la pépinière de Moulins, 251. Sondage chez M. Descolombiers à Pontlung, 251. Puits foré de M. le Cte. de Ballore, 252. Sondage à St.-Pourçain, 256.

XV. PUY-DE-DÔME.......................... 256

Sondage entrepris par M. Burdin, ingénieur en chef, 256. Puits du canton d'Aigueperce, 256.

XVI. HÉRAULT.......................... 258

Puits foré dans les environs de Montpellier, 258.

XVII. VAR.......................... 259

Sondage de M. Charles Bazin aux mines de la Cadière, 259.

LETTRE *de M. de Buffon*, à M. Feuillet, maire de la Fère, sur la sonde du fontenier et les sondages de puits forés.......................... 261

NOTICES sur les doubles puits forés du port de

Pages

St.-Ouen, par MM. Flachat frères, lues à l'Académie Royale des Sciences et à la Société Royale et centrale d'Agriculture, par M. le Vte Héricart de Thury.................. 266

Première Notice........................... 266

Description du port de St.-Ouen, 268. Recherches sur les divers sondages faits dans les environs de Paris, 270. Sondage d'exploration, 273. Puits foré, 274. Observations, 277. Résumé et conclusion, 278. Coupe géologique du puits foré artésien de St.-Ouen, 281.

Seconde Notice........................... 286

Recherches de la seconde nappe d'eau, 286. Travaux pour y parvenir, 288. Sables que ramènent ses eaux, 289. Résumé, 290.

Troisième Notice.......................... 293

Nouveau puits foré de 66^m^,607, dans lequel MM. Flachat reconnaissent six nappes d'eau, dont cinq ascendantes, 293. Eau jaillissante à 66^m^,60 de profondeur, 297. Ses caractères, 297. Résumé et conséquences, 298. Observations, 299.

Note supplémentaire........................ 302

Puits foré fait par M. Fraize, entre Thuir et Perpignan, 303. Eau jaillissante, 303. Puits foré à Perpignan sur la place Royale, pour la fontaine que fait faire M. Desprêz, 304. Services rendus par M. Jaubert de Passa au département des Pyrénées-Orientales, pour l'établissement des puits fo-

Pages

rés, la culture en grand du mûrier, et la filature de la soie à la vapeur, 304.

AUTEURS ET OUVRAGES à consulter sur les puits forés.. 305

DESCRIPTION DES PLANCHES.................................... 312

TABLE GÉNÉRALE DES MATIÈRES.............................. 321

AVANT-PROPOS.

Les considérations géologiques et physiques, sur le gisement des eaux souterraines, relativement au jaillissement des fontaines artésiennes, furent un ouvrage commandé par la Société royale et centrale d'agriculture.

Cette société venait d'annoncer le concours qu'elle ouvrait dans l'intention d'encourager l'établissement des puits forés, dont les résultats sont si avantageux pour l'agriculture et les arts industriels, elle voulait joindre à son programme une instruction particulière sur le degré de probabilité, que présentait telle ou telle formation de terrain, pour les fontaines jaillissantes des puits forés.

Invité à rédiger cette instruction, je consentis trop légèrement peut-être à me charger de la commission. Après avoir examiné la question, je fus effrayé de la tâche que j'avais à remplir et du peu de tems qui m'était accordé pour faire le travail demandé.

En effet, le programme du concours était imprimé; il était annoncé; déja même des exemplaires en étaient distribués; il devait être répandu immédiatement, et adressé à toutes les académies et sociétés d'agriculture du royaume.

Ne pouvant plus reculer, je me décidai, mais non sans peine, à m'occuper de l'instruction que demandait la société royale. Aidé du Manuel sur l'art du Fontenier-Sondeur, de M. GARNIER, qui avait remporté le grand prix proposé par la société d'encouragement, en l'année 1825 (1); mais généralisant la question et l'envisageant sous un point de vue tout différent, je me hâtai de rassembler quelques principes fondés sur la géologie et la physique; je les appuyai des résultats que présentaient les puits forés les plus connus, et j'en tirai des conséquences, que la

---

(1) L'art du Fontenier-Sondeur, ou Manuel élémentaire et pratique de l'art de percer les puits artésiens, par M. GARNIER, Ingénieur en chef des mines.

Rapport fait à la Société d'encouragement, en séance publique, le 30 octobre 1821, sur le concours ouvert pour le Manuel de l'art du Fontenier-Sondeur, par M. HÉRICART DE THURY.

Société royale d'agriculture approuva, et dont elle ordonna l'impression sous le titre de *Considérations géologiques et physiques sur les eaux jaillissantes des puits forés*.

Cet opuscule a obtenu un succès auquel je ne pouvais nullement prétendre, d'après la précipitation avec laquelle les *Considérations* avaient été traitées et rédigées. Les auspices sous lesquels elles parurent ont dû en faire la fortune et en assurer le succès. Le programme du concours sur les puits forés les avait annoncées; elles ont été rapidement distribuées. L'édition en est entièrement épuisée, et quoique la plupart des sociétés d'agriculture, de sciences et arts de nos départemens les aient imprimées dans leurs annales ou bulletins, elles sont encore journellement demandées.

Il faut donc reproduire ces Considérations; mais aujourd'hui que l'attention publique est généralement fixée sur les puits forés, et que partout on cherche à les multiplier, j'ai senti, avant de traiter de nouveau les questions d'hydrographie souterraine que présentent les eaux jaillissantes des puits forés, j'ai senti et reconnu la nécessité de faire précéder mes Considérations de quelques recherches; 1°

sur l'origine de ces puits, et par conséquent sur celle de la sonde; et 2° sur l'état de l'art de percer ces puits dans les différens pays qui les ont adoptés. J'y ai joint en outre un précis géologique de la formation des terrains de nos continens, pour pouvoir établir d'une manière plus positive le gisement des eaux dans chaque espèce de formation.

Je n'ai cependant pas la prétention de donner un traité complet sur cet important sujet; il faudrait pouvoir y apporter plus de tems que ne me le permettent mes fonctions et mes autres travaux. Mon but est uniquement de répondre aux nombreuses demandes qui me parviennent journellement, sur le degré de probabilité du succès des puits forés qu'on se propose de percer, dans tel ou tel pays; heureux si je puis parvenir, d'une part, à propager et à répandre l'établissement de ces puits, et d'autre part à empêcher les tentatives souvent dispendieuses, qui pourraient être faites dans certains pays, où il n'y a aucune probabilité d'obtenir des fontaines jaillissantes, par les puits forés.

RECHERCHES

SUR L'ORIGINE

OU L'INVENTION DE LA SONDE.

L'ART du fontenier-sondeur est pratiqué depuis des siècles : il est une application de l'art de rechercher les mines à l'aide de la sonde. Cet art doit être très-ancien, et cependant nous n'en trouvons aucune trace, aucune indication quelconque, dans les premiers traités de l'art d'exploiter les mines. Agricola (1), le père des métallurgistes, n'en fait aucune mention.

---

(1) George Agricola, médecin allemand, naquit à Glauchen en Misnie, en 1494. Ce fut en visitant les mines et conversant avec les mineurs qu'il acquit les profondes connaissances qui le placèrent au-dessus de tous les anciens dans cette partie. Tout ce qu'il avance est exact; son style est d'une élégance remarquable. Morhoff Polyhistor l'a nommé le prince de ceux qui ont écrit sur les métaux. Parmi les différens ouvrages qu'il a composés, on distingue particulièrement son traité, *de re metallicâ*, en 12 livres; Bâle, 1546; réimprimé en 1558 avec le traité, *de artu et causis subterraneorum*. Agricola mourut à Chemnitz

Comme toutes les branches de l'industrie humaine, l'art du mineur a été long-tems abandonné à une aveugle routine et aux préjugés les plus vulgaires et les plus absurdes. Tiré de la classe indigente et la moins instruite, le mineur, dans ses pénibles travaux, a dû nécessairement se livrer avec passion aux rèves brillans que son imagination lui présentait dans la découverte des secrets et des trésors de la nature. Sa profonde ignorance, son avidité et son extrême propension au merveilleux, ont été autant de motifs qui ont dû le porter à consulter, sur le succès de ses recherches, tous ceux qui ont pu ou su flatter sa passion, encourager ses désirs, et lui promettre l'accomplissement de ses vœux. Une fois sa crédulité asservie par le fait des promesses, le mineur bientôt ne sut plus tenter une seule recherche, sans avoir préalablement consulté les devins, les sorciers, les magiciens, et tous les moyens devinatoires ou les conjurations qu'ils surent employer, pour donner plus de merveilleux et de prépondérance à leurs décisions.

Parmi les moyens de ces adeptes, doit être placée *la baguette mystérieuse ou devinatoire*, autrement nommée *verge d'Aaron*, qui doit une partie de

---

en Misnie, en 1555. Ses ouvrages sont toujours recherchés et très-estimés.

sa réputation, moins aux recherches que fit à son sujet le célèbre *Kircher* (1), et à la théorie qu'il en donna dans son *Mundus subterraneus*, qu'à d'heureux hasards, qui quelquefois ont favorisé cette espèce d'astrologie souterraine. Des découvertes importantes ont quelquefois, il est vrai, paru suivre les prédictions incertaines de cette fameuse baguette, et des métaux précieux ou des sources abondantes ont semblé obéir à

---

(1) Kircher (Athanase), érudit et profond mathématicien, après avoir professé à Fulde et à Wurtzbourg en Franconie, se retira en France, d'où il passa à Avignon et de là à Rome où il mourut en 1680. Ses ouvrages, pleins d'érudition, sont remarquables par les singularités qu'il y a entassées. Il fut un des savants les plus distingués de son tems. Il a écrit également sur les mathématiques, la physique, l'histoire naturelle, la phylologie, l'histoire, les antiquités, etc., etc. Ses ouvrages, publiés de 1651 à 1677, composent plus de 40 volumes, la plupart in-folio. Les plus recherchés sont ceux qui traitent des antiquités, tels que I° son *Latium*, id est, *nova et parallela Latii, tùm veteris, tum novi Descriptio*, 1671, *in-f°*; II° l'*OEdipus Ægyptiacus*, Romæ, 1652-1654, 4 vol. in-f°; III° L'*Obeliscus Ægyptiacus*, in-f°; IV° L'*Obeliscus Pamphilius*, in-f°; V° *Ars magna lucis et umbræ*, in-f°, Romæ, 1646, 2 vol.; VI° *Mundus subterraneus*, Amsterdam, 1678, 2 vol. in-f°; VII° *China illustrata*, 1667, in-f°; VIII° *Arca Noë*, in-f°; IX° *Turris Babel*, 1679, in-f°; X° *Scrutinium physico-medicum contagiosæ luis*, Leipsick, 1671; XI° *Mundus magnus*, in-4°; XII° *Magia Catoptrica*, etc., etc., etc.

la voix de ses prophètes ou partisans; mais ces hasards n'étaient réellement dus qu'à la présence du minerai dans *les têtes ou affleuremens* des filons et des couches ou des veines minérales, ou bien à l'existence d'un niveau d'eau, ou d'un courant souterrain à des profondeurs limitées par celle des puits destinés à nos besoins.

Plus éclairé aujourd'hui, le mineur a réduit l'art de rechercher les mines en principes fondés sur l'observation et sur la connaissance ou l'étude des terrains; ainsi les filons ou les couches qui trahissent et découvrent leur existence en un point quelconque de la surface de la terre, sont facilement déterminés dans toute leur étendue, puisque, pour découvrir les autres, il ne faut que profiter des connaissances que nous devons à l'expérience, suivre le fil de l'analogie, et, par son moyen, établir des principes, qui sont ou doivent être modifiés successivement, par de nouvelles analogies, c'est ainsi que les gîtes des minerais connus fournissent journellement des inductions nouvelles sur leur prolongement dans le sein de la terre.

Lorsque ces gîtes sont à peu de profondeur et proches de la surface de la terre, des travaux peu dispendieux, des tranchées ouvertes, des puits et des galeries de recherche, nous amènent facilement à une découverte certaine;

mais quand les filons, couches et veines, ou les sources sont à de grandes profondeurs, et qu'on ne peut employer avec économie les moyens qui précèdent, alors on doit avoir recours à la sonde.

La sonde est un instrument dont se sert le mineur, soit qu'il veuille reconnaître les diverses couches d'un terrain inconnu, leur nature, leur ordre successif, leur interposition par des sources ou des amas d'eau, soit qu'il veuille s'assurer par de nouvelles observations de la continuité de la pente et de la direction d'une couche déja connue sur plusieurs points.

Dans les mines, la sonde sert à faire communiquer l'air, et à faciliter l'écoulement des eaux des travaux qu'on veut abandonner : on l'emploie pour éviter la dépense d'un puits ou d'une galerie: comme, en déterminant la dureté des couches, elle met à portée d'établir, avec connaissance de cause, des travaux sur des points solides, enfin elle donne les moyens de prévenir les inondations qu'occasionneraient les eaux amassées dans les anciens travaux.

Entre les mains des fonteniers, elle fait jaillir et couler à la surface de la terre cet élément précieux qui manquait à l'agrément et à l'utilité publique.

Dans l'agriculture, on va chercher avec la sonde, sous un sol infertile, la marne qui doit donner de la vigueur à ce sol et lui faire produire des récoltes abondantes : comme, lorsque les terrains sont humides et marécageux, par l'effet du séjour des eaux qui ne peuvent s'y infiltrer, à cause d'un banc impénétrable d'argile ou de pierre, on facilite au moyen de quelques trous de sonde percés dans ce banc, l'écoulement des eaux de la surface, et on rend à la culture des terrains qui étaient perdus pour elle.

Enfin cet instrument est nécessaire et utile à tous les arts qui ont des relations directes ou immédiates avec les substances minérales ; ainsi, celui qui exploite la tourbe, celui qui fabrique la porcelaine, la faïence, la poterie, les verres, la brique ou la tuile, l'ingénieur qui veut fonder sous les eaux une pile solide, l'architecte qui veut asseoir les bases d'un monument durable, etc., etc., tous ont également besoin de la sonde, et de connaître la manière de se servir de ce précieux instrument.

Son invention et ses auteurs nous sont également inconnus. Les Allemands en réclament la priorité, parce qu'ils ont cru les premiers en avoir fait la description. Les Anglais ont la même prétention, et quoiqu'ils ne nous aient point donné de traité du sondage comme les Allemands, ils sont peut-être plus fondés à en réclamer la découverte, puisque 1° La sonde est plus particulièrement employée pour la recherche des mines de houille que pour les mines métalliques; 2° que c'est par son moyen, que les Anglais ont découvert chez eux, depuis plusieurs siècles de belles et nombreuses mines de ce précieux combustible, tandis que les Allemands, qui se sont plus particulièrement livrés à l'exploitation des mines métalliques, ont dû se trouver plus rarement dans le cas de l'employer; 3° Enfin que cet instrument, dans beaucoup de pays, a été et est encore connu sous le nom de *tarrière-anglaise*.

Il est cependant assez remarquable que l'une des premières descriptions de la sonde, publiée en Angleterre, l'ait été en 1781 par un Français réfugié à Londres, qui en avait étudié la manœuvre en Flandre, et qui proposait d'apprendre aux Anglais l'usage de la sonde, et de vendre les modèles de toutes ses parties et instrumens, pour la somme de trois guinées (1).

---

(1) Description des procédés mécaniques en usage en Flandre, pour la construction des fontaines jaillissantes et perpétuelles, par M. Le Turc, *professor of the military Sciences*. Londres, 1781, in-8°, avec planches.

Il serait difficile, ou pour mieux dire impossible, d'adopter aujourd'hui les principes de Le Turc sur l'hydrographie souterraine et le jaillissement des eaux des puits forés. Quant aux descriptions qu'il donne des instrumens et de leur manœuvre,

L'ouvrage allemand de *Délius*, sur l'art d'exploiter les mines, donne bien une description de la sonde ; mais elle est empruntée de l'ouvrage de *Geis*, imprimé à Vienne, en 1770. Ces deux auteurs n'ont fait ni l'un ni l'autre aucune recherche historique sur son origine.

Monnet, dans son Traité d'exploitation, s'est également servi de l'ouvrage de M. Geis, pour la description de la sonde, qu'il appelle *perçoir de montagne* ; mais il ne parle nullement de sa découverte.

Les deux encyclopédies alphabétique et méthodique donnent des détails sur divers sondages, et la manière de se servir de la sonde ; mais aucune recherche sur son origine et sa découverte.

Un auteur allemand de l'avant-dernier siècle, dans un Traité sur les machines hydrauliques, fait la description d'une sonde, dont le manche était en bois, et qui était destinée à *creuser un puits*. Cet auteur, qui au reste ne nous donne pas une idée bien avantageuse de l'art de sonder à cette époque, semble en rapporter l'origine au commencement de son siècle.

La France a également des droits à réclamer

---

nous ne pourrions conseiller de les prendre pour guides dans un sondage.

la priorité de la découverte de la sonde, quoiqu'elle ne paraisse pas l'avoir connue long-tems avant les nations voisines.

Bernard de Palissy (1), qui vivait dans le sei-

---

(1) Bernard de Palissy, né à Agen, faïencier à Saintes. Il peignait sur verre et cultivait la Chimie et tous les arts qui y ont rapport. Il naquit au commencement du XVIe siècle. Il se livra d'abord à l'arpentage et au dessin, puis à la peinture, et parcourut les principales villes de France, en recueillant des observations sur les antiquités, les arts, l'histoire naturelle. De retour à Saintes en 1539, Palissy s'y livra à l'étude de la peinture, en même tems qu'à l'art de la faïencerie. Il fut chargé, en 1543, de lever la carte des marais salants de la Saintonge. Ce travail lui rapporta une somme assez considérable qu'il consacra à de nouveaux essais sur les émaux et la faïencerie. Mais ayant manqué ses opérations, il tomba dans la misère, ainsi qu'il l'expose dans *son art de la terre*, avec une naïveté et une simplicité bien propres à intéresser en sa faveur. Enfin il réussit, après seize années d'essais, à découvrir la composition des émaux; ses belles poteries qu'il appelait ses *rustiques figurines*, le firent connaître à la cour de la manière la plus avantageuse. Henri II, le connétable de Montmorency et tous les grands seigneurs lui demandèrent des vases et des figures pour l'ornement de leurs jardins. Le Parlement de Bordeaux, ayant, en 1562, ordonné l'exécution de l'édit contre les protestans, le duc de Montpensier donna une sauve-garde à Palissy, et quoique son atelier fût déclaré un lieu de franchise, il fut détruit par l'ordre des juges de Saintes: le roi fut obligé de le réclamer pour lui sauver la vie. Appelé à Paris, il fut logé aux Tuileries, où il forma le premier cabinet d'histoire naturelle, dans lequel il

zième siècle, et qui avait successivement parcouru en observateur philosophe et naturaliste, l'*Artois*, la *Flandre*, le *Brabant* et d'autres pays, où cet instrument est en usage aujourd'hui, pour la découverte des fontaines jaillissantes, ne dit point que la sonde y fût alors employée, soit pour les mines, soit pour les sources et fontaines; d'où on pourrait peut-être conclure, 1° qu'elle

---

ouvrit, en 1575, un cours d'histoire naturelle et de physique, qu'il continua jusqu'en 1584. Les hommes les plus instruits et les plus grands seigneurs de la cour assistaient à ses leçons. Ses profondes connaissances, ses travaux et ses services ne purent lui faire trouver grace aux yeux des ligueurs. Il fut arrêté par ordre des Seize, et enfermé à la Bastille. Henry III alla l'y visiter et lui témoigna tout l'intérêt qu'il prenait à sa situation, en l'engageant à renoncer à la religion reformée: *Sire*, lui répondit Palissy, *ceux qui vous contraignent ne pourront jamais rien sur moi, parce que je sais mourir*. Le duc de Mayenne ne pouvant le délivrer, retarda l'instruction de son procès. Il termina, vers 1589, à 90 ans, une vie honorée par de grands talens et de rares vertus. A un génie extraordinaire, il joignait beaucoup de probité, de candeur et une ame forte. Palissy était très-savant: son style simple et clair a quelque chose de la vivacité et de l'énergie de Montaigne. On a de lui: I° *Déclaration des abus et ignorance des médecins, œuvre très-utile et profitable à un cœur studieux et curieux de sa santé*. Lyon, La Rochelle 1557, in-8°; Palissy publia cet ouvrage sous le nom de P. Brailler, apothicaire à Lyon. II° *Recepte véritable par laquelle tous les hommes de la France peuvent apprendre à*

n'était point en usage avant lui, puisque Bernard de Palissy, qui s'adonnait particulièrement à la recherche des eaux et des fontaines, et à tous les moyens d'en découvrir, n'en parle point; et 2° qu'on pourrait peut-être lui en accorder l'invention puisque, dans son *Traité de la Marne*, il décrit de la manière suivante, un instrument qu'il avait conçu, qui est absolument l'analogue de notre sonde, ou mieux, qui en est le premier élément.

Extrait du Dialogue entre Théorique et Pratique SUR LA MARNE.

C'est *Pratique* qui parle, et comme il est fa-

---

multiplier leurs trésors, in-4°, La Rochelle, 1563 ou 1566. Palissy divisa cet ouvrage en quatre livres : le premier traite de l'agriculture et en particulier des engrais; le second, de l'histoire naturelle des pierres, de leur formation et de leur accroissement; le troisième, du jardin; le quatrième est le plan d'une ville fortifiée. III° *Discours admirable sur la nature des eaux et fontaines tant naturelles qu'artificielles, avec plusieurs autres excellents secrets des choses naturelles, plus un Traité de la Marne*, etc., Paris, 1580, in-8°. Ce sont des dialogues entre *théorique et pratique*, dans lesquels Palissy, sous le nom de pratique, rend compte de ses travaux et de ses expériences, avec une admirable simplicité. En 1777, MM. Faujas de St.-Fond et Gobet, ont publié en un vol. in-4°, les divers ouvrages de Palissy devenus très-rares.

cile de le présumer, c'est elle qui donne des leçons à *Théorique.*

PRATIQUE. « Si je voulais trouver de la marne « en quelque province, où l'invention ne fût en« core connue, je voudrais chercher toutes les « terrières, desquelles les potiers, briquetiers et « tuiliers se servent en leurs œuvres, et de cha« cune terrière, j'en voudrais fumer une portion « de mon champ, pour voir si la terre serait ameil« leurée ; *puis je voudrais avoir une tarrière bien « longue, laquelle tarrière aurait au bout de der« rière une douille creuse*, en laquelle *je plante« rais un bâton*, auquel *y aurait par l'autre bout, « un manche au travers, en forme de tarrière,* « et ce fait, j'irais par tous les fossés de mon hé« ritage, auxquels *je planterais ma tarrière, jus« ques à la longueur de tout le manche, et l'ayant « tirée dehors du trou, je regarderais dans la con« cavité*, de quelle sorte de terre elle aurait ap« porté, et l'ayant nétoyée, j'ôterais le premier « manche, et en *mettrais un beaucoup plus long, « et remettrais la tarrière dans le trou que j'aurais « fait premièrement, et percerais la terre* plus *pro« fond*, par le moyen du second manche ; et par « tel *moyen ayant plusieurs manches de diverses « longueurs*, l'on pourrait savoir quelles sônt les « terres profondes, et non-seulement voudrais-je « fouiller dans les fossés de mes héritages, mais

« aussi par toutes les parties de mes champs, « jusqu'à ce que j'eusse apporté au bout de ma « tarrière quelque témoignage de ladite marne, « et ayant trouvé quelqu'apparence, lors je vou- « drais faire, en icelui endroit, une fosse telle « comme qui voudrait faire un puits.

« Théorique. Voire, mais s'il y avait du roc au- « dessous de ces terres, comme l'on voit en plu- « sieurs contrées, que toutes les terres sont fon- « cées de rocher?

« Pratique. A la vérité cela serait fâcheux; « toutefois en plusieurs lieux les pierres sont fort « tendres, et singulièrement quand elles sont en- « core en la terre : pourquoi me semble *qu'une « torsière les percerait aisément*, et après *la tor- « sière*, on *pourrait mettre l'autre tarrière*, et par « tel moyen on pourrait trouver des terres de « marne, *voire des eaux pour faire puits, les- « quelles bien souvent pourraient monter plus « haut que le lieu où la pointe de la tarrière les « aura trouvées : et cela se pourra faire, moyen- « nant qu'elles viennent de plus haut, que le fond « du trou que tu auras fait.*

« Théorique. Je trouve fort étrange de ce que « tu dis que si le roc m'empêche de percer la « terre, qu'il faut aussi percer le roc; et si c'est « du roc, qu'ai-je faire de le percer, vu que je « cherche de la marne?

« Pratique. Tu as mal entendu, car nous sa-
« vons qu'en plusieurs lieux les terres sont faites « par divers bancs, et en les fossoyant, on trouve « quelquefois un banc de terre, un autre de sa- « ble, un autre de pierre et un autre de terre « argileuse........ »

Cette description de l'instrument de Bernard de Palissy, ne convient-elle pas à la première ébauche d'une sonde, et ne semble-t-elle pas être la première idée de celui qui a dû en être l'inventeur? L'homme qui, le premier de tous les naturalistes, à la vue des coquilles fossiles que renferme notre sol, osa avancer que la mer en avait autrefois couvert les continens, pouvait certes bien inventer la sonde. En effet, il est évident qu'il ne manque rien à l'instrument de Bernard de Palissy, que de changer ses alonges de bois en tiges de fer, et d'en joindre plusieurs ensemble. Quant à l'art de s'en servir pour obtenir des eaux jaillissantes, il semble que la manière dont s'exprime Palissy est assez positive pour que nous lui en accordions l'honneur et la priorité.

Les Chinois, ce peuple extraordinaire, et si digne d'observation à tous égards, les Chinois qui ne revendiquent la priorité d'aucune découverte, et qui semblent avoir connu et pratiqué tous nos procédés, et toutes nos inventions, paraissent connaître depuis long-tems l'usage de la sonde du mineur, et en avoir fait l'application dans l'art du fontenier. Nous ne savons pas s'ils l'ont employée pour obtenir des eaux jaillissantes à la surface de la terre, mais il est clairement démontré, par les lettres des missionnaires qui ont visité l'intérieur de ce vaste empire, que la sonde y est parfaitement connue et employée depuis long-tems. Il est seulement à regretter que les missionnaires qui ont décrit la manière dont les Chinois se servent de cet instrument, pour le percement des puits destinés à élever les eaux salées, n'aient point été plus instruits dans les sciences physiques, leurs descriptions laissant beaucoup à désirer sous le rapport de l'art.

Au reste, nous ignorons à quelle époque ce peuple, qui connaît si bien l'art de fondre et de traiter les métaux, de fabriquer la poudre; qui cultive les vers à soie, et fabrique les plus riches étoffes de soie depuis tant de siècles; qui nous a appris l'art de faire la porcelaine, les papiers de tenture, les papiers de soie, etc., etc., nous ignorons, dis-je, à quelle époque ce peuple industrieux a commencé à faire usage de la sonde; si ce sont les Européens qui l'ont introduite chez eux, ou si c'est au contraire à ce peuple que nous la devons.

EMPLOI DE LA SONDE
POUR LE PERCEMENT DES FONTAINES JAILLISSANTES.

Les progrès des arts se développent comme les inventions ; les premiers pas sont souvent rapides, mais plus souvent aussi l'exécution présente des difficultés qui en retardent ou qui en suspendent le cours et la propagation. Ainsi, l'art de faire les puits forés, long-tems demeuré stationnaire, semble être en même tems resté la propriété exclusive de ce petit nombre de pays qui les avaient adoptés, et cela au point que, non seulement l'usage s'en est à peine répandu au-delà de leurs limites, mais que personne même dans ces pays n'en a fait connaître les avantages, et n'a publié la manière de les établir.

L'ouvrage le plus ancien, dans lequel nous trouvons quelques données certaines sur l'emploi de la sonde du mineur, pour le percement des puits, est celui que publia en 1691, Bernardini Ramazzini, professeur au lycée de médecine de Modène, dans son traité physique et hydrostatique sur le jaillissement des fontaines ou puits forés de cette ville (1). Ce petit ouvrage, aujourd'hui très-rare, renferme des recherches du plus grand

(1) De fontium mutinensium admiranda Scaturigine tractatus physico-hydrostaticus. Bernardini Ramazzini. Mutinæ, 1691.

intérêt, 1° sur l'état ancien de tout le pays arrosé par le Pô, que l'auteur divise en régions cispadane et transpadane, 2° sur la nature des terrains du duché de Modène; 3° sur les cours d'eau; 4° sur l'origine des eaux jaillissantes; 5° sur leur nature; 6° sur la manière de percer ces puits, *terebratio*, à l'aide de la sonde ou tarrière, *ingens terebra*; 7° enfin sur l'excellente qualité des eaux que procure le perceur de ces puits, *terebrator puteorum*.

Il est réellement digne de remarque que, d'après les avantages que ces puits ont généralement présentés partout où on en a établi, il n'ait été publié, en France ou dans l'étranger, aucun traité sur un art qui intéresse aussi essentiellement l'agriculture et les manufactures. L'ouvrage de Ramazzini a été long-tems le seul qui ait fait mention des puits forés; aussi l'usage de ces puits ne s'est-il que très-lentement répandu, et n'est-il encore borné qu'à quelques cantons de France, d'Italie, de la basse Autriche, de l'Angleterre et des États-Unis.

C'est à Dominique Cassini, appelé d'Italie en France par Louis XIV, il y a plus d'un siècle et demi, et bientôt après, élu membre de l'Académie des sciences, que nous devons la connaissance des fontaines jaillissantes de Modène et de Bologne, le traité de Ramazzini n'y étant point parvenu, ou ne s'y trouvant que dans quelques bibliothèques, dans lesquelles il était resté ignoré.

« Dans quelques endroits du territoire de Mo-
« dène et de Bologne, dit Cassini (1), pour avoir
« des jets d'eau, même des puits les plus profonds,
« on creuse la terre jusqu'à ce qu'elle paraisse
« gonflée par la force de l'eau, qui coule et qui
« presse par dessous. Alors on construit un dou-
« ble revêtissement, dont on remplit l'entre-deux
« d'un corroi de glaise bien pétrie. On continue
« ensuite à percer plus bas, en suivant le re-
« vêtissement, jusqu'au moment de percer la
« source. Alors on perce le fond avec une longue
« tarrière qui donne issue à l'eau. La tarrière
« étant retirée, l'eau sort avec impétuosité; elle
« remplit le puits en entier, et, par son écoulement
« continu, elle sert à arroser toutes les campagnes
« voisines. *Peut-être, ces eaux viennent-elles, par*
« *des canaux souterrains, du haut du mont Apen-*
« *nin, qui n'est qu'à dix milles de ce territoire.* »

Cassini ajoute que dans la basse Autriche, qui est environnée des montagnes de la Styrie, les habitans se procurent de l'eau à peu près de la même manière : ils creusent d'abord jusqu'à ce

(1) Histoire de l'Académie royale des Sciences, année 1671, p. 144.

qu'ils trouvent la glaise; alors ils prennent une grande pierre épaisse de six pouces, percée dans le milieu; c'est par ce trou que l'on perce ensuite la glaise avec la tarrière, et que l'eau remonte avec impétuosité, de manière à remplir promptement le puits, et même à couler par dessus ses bords.

Enfin Cassini avait fait faire au fort Urbain, un puits foré dont l'eau jaillissait naturellement à quinze pieds de hauteur, au-dessus du rez-de-chaussée, d'où elle retombait dans un bassin de marbre destiné pour l'usage du public. Ayant soutenu l'eau dans un tube, pour déterminer jusqu'à quelle hauteur elle pouvait s'élever, il reconnut qu'elle montait jusqu'au sommet des maisons.

Après Cassini, Bélidor, qui publia en 1729 la science de l'ingénieur, paraît être celui qui, en France, a parlé des puits forés avec le plus de connaissance; mais ce n'est encore, ainsi qu'on va en juger, que très-succinctement qu'il en fait mention, après avoir parlé des puits ordinaires (1).

« Il se fait, dit-il, une autre sorte de puits, ap-
« pelés *puits forés*, qui ont cela de particulier, que
« l'eau monte d'elle-même jusqu'à une certaine
« hauteur, de sorte qu'il ne se faut donner aucun

---

(1) Bélidor, Science de l'Ingénieur, liv. IV, chap. 12.

« mouvement pour l'avoir, que la peine de la pui-
« ser dans un bassin qui la reçoit. Il serait à sou-
« haiter que l'on en pût faire de semblables en
« toutes sortes d'endroits, ce qui ne paraît pas
« possible, puisqu'il faut des circonstances, du
« côté du terrain, qu'on ne rencontre pas toujours.
« Car, comme ces puits sont occasionnés par les
« eaux qui, partant de quelques montagnes voi-
« sines, se sont fait un chemin souterrain pour
« aller jusqu'à une certaine distance, où elles sont
« ensuite retenues par des bancs de terre glaise ou
« de pierre qui les empêchent de se perdre, il faut
« que ces bancs puissent être percés avec les tar-
« rières, et que l'eau qui est dessous soit capable
« de monter d'elle-même, dans un tuyau vertical
« jusqu'au rez-de-chaussée, ce qui est la principale
« circonstance; or supposant que tout cela se ren-
« contre, voici comme ces sortes de puits se font.

« On creuse d'abord un bassin de grandeur ar-
« bitraire, dont le fond doit être plus bas que le
« niveau auquel l'eau peut monter d'elle-même,
« afin de la recevoir; on prend ensuite un pilot
« d'une longueur et d'une grosseur convenables;
« on perce dans toute sa longueur, avec les tarrières
« ordinaires, un trou de trois pouces de diamètre,
« et on le garnit de fer par les deux bouts, dont
« celui qui doit entrer en terre doit être le plus
« aigu qu'on pourra; on enfonce ce pilot avec le

« mouton autant qu'il est possible, et, lorsqu'il « n'y a plus moyen de le faire entrer plus avant, « on emploie la tarrière qui doit achever de percer « le puits. Ces tarrières ont trois pouces de dia- « mètre et environ un pied de gouge, le reste du « corps étant d'un pouce de gros, plus ou moins, « et de douze pieds de longueur. On enfonce cette « tarrière dans le canal du pilot, et on perce à « l'ordinaire tous les bancs qui se rencontrent, « ayant soin de la vider de tems en tems de la « terre dont elle se remplit. Si la longueur de cette « première tarrière ne suffit pas pour arriver jus- « qu'à l'eau, on y ente une seconde branche, une « troisième, etc., tant que la profondeur le de- « mande, et l'on continue de forer et vider le trou « successivement, jusqu'à ce qu'enfin on ait trouvé « de l'eau en abondance, ce que l'on reconnaît « lorsqu'elle monte le long du pilot jusque par « dessus; alors on se sert d'un tuyau de plomb « pour la conduire dans le bassin.

« Quand on a une fois trouvé l'eau, et qu'on « voit qu'elle vient en abondance, il faut bien se « garder de percer plus avant, crainte d'ouvrir les « bancs de pierre ou de terre glaise qui seraient « au-dessous de l'eau, parce qu'il pourrait arriver « qu'y trouvant une issue plus aisée à parcourir « que le chemin du canal, elle ne cesse sur le « champ, ou au bout de quelque tems, de monter.

« On fait de ces sortes de puits en Flandre, en « Allemagne et en Italie; j'en ai vu un au monas- « tère de Saint-André, à une demi-lieue d'Aire en « Artois; l'eau est si abondante, qu'elle donne plus « de cent tonneaux par heure; elle s'élève à dix « ou douze pieds au dessus du rez-de-chaussée, « et retombe dans un grand bassin, par plusieurs « fontaines qui font un fort bel effet....

« Il y a des situations où, sans avoir des mon- « tagnes dans le voisinage, on peut encore faire « des puits dans le même goût; car s'il y a des ri- « vières ou lacs qui soient plus élevés que le rez- « de-chaussée de l'endroit où l'on est, il est évident « que si ces eaux communiquent jusques-là, elles « pourront remplir le puits et même déborder, « comme cela arrive, en plusieurs endroits, lors- « que les rivières viennent à grossir.

« On peut ajouter que, dans les endroits où l'eau « ne pourra pas monter assez près du rez-de-chaus- « sée pour être reçue dans un bassin, ces puits ne « laisseront pas d'être utiles, si, faisant tomber « l'eau dans quelque réservoir aussi haut qu'elle « pourra monter, on peut lui donner de là un écou- « lement dans quelque autre lieu voisin plus bas « que le réservoir, ce qui pourra se faire par un « aqueduc souterrain, ou même par un syphon « qui passe à fleur de terre, et alors on fera tomber « l'eau, qui sortirait du canal ou du syphon, dans

« un bassin, comme on le pratique ordinairement « dans tous les lieux où il y a des fontaines voi« sines; ou bien, sans faire tout cela, on élevera « l'eau au-dessus du rez-de-chaussée par le moyen « d'une pompe, pourvu que cette hauteur ne passe « point 29 ou 30 pieds, ne pouvant la faire mon« ter plus haut, par les raisons que j'ai données « dans le discours sur les effets de l'air, qui est à la « fin de mon cours de mathématiques.

« Dans les lieux qui sont fort élevés, on ne ren« contre guères toutes les conditions qu'il faut « pour faire des puits forés, pas même des puits « ordinaires, à moins qu'ils ne soient d'une pro« fondeur excessive, comme celui de Charlemont, « et encore quelquefois ne parvient-on pas à ren« contrer la bonne eau. »

Ainsi que nous l'avons dit plus haut, les divers ouvrages publiés sur les mines, et sur les instrumens employés dans leur exploitation, ne font aucune mention de l'invention de la sonde du fontenier, ou de l'application de la sonde du mineur à l'art du fontenier. Dans tout le cours du siècle dernier, il ne fut publié sur cet art aucun autre traité que celui que Le Turc imprima à Londres en 1781; enfin, l'on ne trouve dans les encyclopédies alphabétique et méthodique que des descriptions d'ailleurs très-superficielles de quelques opérations de sondage, sans jamais parler de l'origine de la sonde, de son inventeur, et du peuple qui l'a le premier mise en usage.

Quoi qu'il en soit de l'invention de la sonde, de son application dans l'art d'exploiter les mines, comme dans celui de faire des puits forés; de l'époque où elle a commencé à être mise en usage; enfin, du peuple auquel nous devons ce précieux instrument, il paraît prouvé et incontestable : 1° Que l'art du fontenier sondeur est pratiqué avec le plus grand succès, depuis plusieurs siècles, dans nos départemens du nord, ainsi que dans les provinces du nord de l'Italie; 2° que, quel que soit celui de ces deux pays qui a le premier fait des puits forés, la dénomination de puits artésiens, ou de fontaines artésiennes, n'en a pas moins généralement été reçue et adoptée; ce qui semble confirmer l'opinion que leur origine est réellement française.

ÉTAT DE L'ART DE FORER LES FONTAINES JAILLISSANTES EN FRANCE.

Concours pour l'établissement des puits forés par la Société d'encouragement.

Pénétrée des avantages que présente l'établissement des puits forés, pour notre industrie et notre agriculture, la Société d'encouragement voyant avec peine qu'il n'existait aucun manuel sur cet art important, la description publiée à Londres, en 1781, par Le Turc, le seul ouvrage jusqu'alors écrit sur les puits forés, ne pouvant remplir le but qu'elle se proposait; la Société d'encouragement, reconnaissant la nécessité 1° d'éclairer nos fonteniers-sondeurs, qui ne possèdent leur art que par la pratique et les erremens de leurs prédécesseurs, 2° de perfectionner leurs procédés, 3° de multiplier ces puits, 4° de les rendre, s'il est possible, plus simples, plus faciles à exécuter et moins dispendieux, 5° de les mettre à la portée des habitans des campagnes, qui n'ont communément pour eux et pour leurs bestiaux, que des eaux de marres, trop souvent infectes ou corrompues, et bien souvent encore à sec pendant l'été, de manière à les obliger à aller chercher de l'eau à plusieurs lieues de distance; 6° enfin, de faire déterminer les vrais principes d'après lesquels les puits artésiens peuvent être pratiqués avec succès, la Société d'encouragement demanda en 1818, à ses comités d'agriculture et des arts mécaniques, de lui présenter le programme d'un concours, *pour le manuel, ou la meilleure instruction élémentaire et pratique, sur l'art de perçer ou forer à l'aide de la sonde du mineur ou du fontenier, les puits artésiens, depuis ving-cinq mètres de profondeur, jusqu'à cent mètres et au-delà.*

Programme du concours.

Chargé par les deux comités de rédiger le programme de ce concours (1), je cherchai d'abord à me rendre raison de la différence des opinions émises dans les discussions à l'égard de ces puits, dont les avantages bien constatés ne pouvaient être révoqués en doute, mais dans le percement desquels on avait échoué complètement dans divers pays, et je reconnus : 1° que ces puits ne peuvent être généralement établis partout, que c'était à tort que quelques personnes, en exposant leurs avantages, avaient assuré qu'on pouvait en établir indistinctement en tous lieux, et qu'il suffisait, à cet égard, de percer à de grandes profondeurs ; et 2°, que leur établissement était subordonné à certaines conditions, qu'il était essentiel d'examiner et d'approfondir, avant de se déterminer à en faire percer.

Ces conditions sont : 1° La constitution physique ou la nature du sol dans lequel on veut faire un puits foré. 2° La disposition ou la manière d'être de la surface du pays et des environs. 3° Le choix du sondeur, et 4° la persévérance.

1° La constitution physique du sol doit être étudiée avec le plus grand soin. Telle ou telle nature

---

(1) Bulletin de la société d'encouragement, Programme des prix proposés pour l'année 1822.

de terrain exclut la présence des eaux qui peuvent ne se trouver qu'au-dessous; ainsi, les sables et les masses de pierres qui présentent, dans toute leur épaisseur, des pores, des fentes, des fissures et des retraites en tous sens, ne laissent aucun espoir d'y trouver de l'eau. On ne peut également se flatter d'en trouver dans les grandes masses calcaires du Jura et des Alpes; ainsi que dans les formations des terrains primitifs homogènes; c'est dans les terrains qui présentent différentes formations successives et alternées, qu'on peut espérer de trouver les sources ou les grandes nappes d'eau comprimées jaillissantes; et c'est particulièrement au passage, ou mieux, à la superposition des couches de terres ou pierres perméables et imperméables qu'on les trouve; mais jamais dans les grandes formations homogènes et compactes, à moins qu'elles ne soient accidentées et tourmentées dans leur intérieur, comme les calcaires caverneux. Nous donnerons quelques développemens à cet égard dans notre précis géologique.

2° La disposition ou la manière d'être de la surface du pays ou de ses environs peut augmenter ou diminuer les probabilités du jaillissement des eaux des puits forés; mais elle n'a cependant pas toujours, à cet égard, une influence directe ou immédiate. Les pays de grande plaine offrent moins de chances que ceux des montagnes et des vallées; surtout lorsque, d'après la nature de leurs différentes espèces de couches de terres et de pierres, les eaux s'infiltrent à de grandes profondeurs, ou lorsque ces pays sont composés, sur une grande épaisseur, d'une seule et même nature de terrain, d'où on voit qu'il est essentiel de bien reconnaître la manière d'être du pays, et de s'assurer, si on est dominé par des hauteurs et de quelle nature elles sont, ces hauteurs pouvant renfermer des niveaux d'eau supérieurs, ou des réservoirs d'eau comprimés, qu'un coup de sonde peut faire jaillir à la surface, en donnant issue à une de leurs branches ou ramifications inférieures.

Ainsi dans nos grandes plaines de la Champagne, uniquement composées de craie et, faute d'eau, frappées de stérilité, on a percé des puits jusqu'à 40, 50, 60 mètres et au-delà, sans y trouver d'eau; la masse de craie fendillée dans toute sa hauteur, laissant les eaux s'infiltrer et se perdre dans les terrains inférieures, par ses innombrables fissures et retraites. Cette grande formation craieuse repose sur des terrains plus ou moins compactes et imperméables, qui retiennent les eaux, c'est donc, jusques dans ces terrains, qu'il faut descendre pour les chercher. Quelquefois dans sa partie inférieure, la craie non fendillée est elle-même assez compacte pour les retenir, et l'on trouve en effet, dans divers pays, des niveaux d'eau plus ou moins abondans, à diverses hauteurs dans la masse de craie, et si ces eaux sont comprimées, ou si elles proviennent de réservoirs souterrains plus élevés, et placés dans les montagnes qui dominent, elles formeront, par les puits forés, des eaux jaillissantes.

La nature du terrain, ses différentes formations, et les dispositions physiques, ou la manière d'être de la surface du sol, sont deux conditions essentiellement liées, qu'il est important de bien étudier, avant d'entreprendre les puits forés, et nous pensons qu'on ne saurait trop s'éclairer à cet égard, pour éviter des entreprises dispendieuses et mal combinées.

3° Le choix du sondeur doit être fait avec discernement. L'art de faire des puits forés n'est pas un art purement mécanique, et que puisse pratiquer indistinctement tout sondeur : il peut répondre, au plus, du succès, dans un pays où il a percé et vu percer un grand nombre de puits; mais toutes les fois qu'il sortira de ce pays, où il a constamment vu la sonde lui rapporter la même nature de terrain; qu'on le transportera dans des contrées où il trouvera des terrains d'une formation toute différente, et qui lui opposeront des difficultés qu'il n'a jamais rencontrées, ce praticien sera promptement découragé et on le verra abandonner ses travaux, en annonçant qu'il n'y a aucun espoir d'obtenir des eaux jaillissantes. Nous n'avons vu que trop d'exemples de ces sondeurs, d'ailleurs fort habiles chez eux, entièrement déroutés à l'aspect du pays dans lequel ils étaient appelés. Heureux encore, quand ils déclarent de bonne foi que l'opération qui leur est confiée passe leurs connaissances. Nous sommes loin d'exiger des simples sondeurs, des études approfondies en minéralogie et en géologie; il serait cependant à désirer qu'ils en eussent quelques notions, pour pouvoir indiquer positivement la nature des terrains qu'ils traverseront; qu'ils connussent enfin les premiers élémens de ces sciences. Il serait également essentiel que le sondeur eût quelques notions d'hydraulique, de charpente et de serrurerie, afin de pouvoir lui-même faire ou diriger les réparations nécessaires à ses équipages, à la sonde et aux pompes qu'il doit employer.

On serait bien dans l'erreur, si on pensait qu'il suffit de faire l'acquisition d'une sonde, et de percer la terre, pour obtenir des eaux jaillissantes : tel mineur serait même un excellent sondeur pour rechercher de la marne, du plâtre ou de la houille, qui ne pourrait faire un puits foré, ne connaissant pas les travaux à faire pour le dégorger, au moment de la rencontre des niveaux d'eau qui l'ensablent et l'engorgent, ou même le comblent entièrement par les sables, graviers et cailloux qu'elles entraînent en jaillissant : tel autre perdrait tout le fruit de ses travaux, en enfonçant trop promptement les tubes d'isolement, sous le prétexte de prévenir ou d'arrêter ces accidens, et repousserait ainsi dans les terres, les eaux qui, pour s'élever, chercheraient à rompre les obstacles qui s'opposeraient à leur ascension. Le choix du sondeur, je le répète, demande à être fait avec discernement, et du moment qu'on est décidé à faire les frais d'un puits foré, surtout s'il doit être profond, tels que ceux des plaines de la Beauce et de la Champagne, il faut prendre un habile entrepreneur de sondages, réunissant aux connaissances physiques, cette sage théorie qui sait elle-même pratiquer ou mettre au besoin la main à l'œuvre.

4° Enfin les conditions que nous venons d'exiger pour assurer le succès des puits forés, seront encore insuffisantes, si l'on n'est véritablement *armé de la ferme volonté de faire et d'obtenir ;* autrement de la *persévérance*, que je regarde comme une condition non moins essentielle que les autres. Il n'est que trop commun de voir des propriétaires se décourager, dans le percement d'un puits foré, lorsqu'il passe quarante à cinquante mètres de profondeur, soit à raison de la dépense qu'ils n'avaient pas prévue d'avance, soit à cause des accidens ou difficultés que présente le forage, soit à cause de l'inconduite des ouvriers sondeurs, soit enfin par suite de la fatigante monotonie des matières rapportées par la sonde, lorsqu'elle descend par exemple dans ces grandes masses de craie, qui ont plus de cent mètres d'épaisseur, et dont la constante uniformite peut en effet décourager un propriétaire, qui, n'ayant aucune connaissance en minéralogie et en géologie, croit qu'à quelque profondeur qu'on sondera chez lui, on trouvera toujours la même nature de terrain, sans jamais obtenir l'eau qu'il attendait dès les premiers mètres du percement. En fait de persévérance, je doute qu'il soit un exemple plus remarquable, que celui de la vénérable marquise de Grollier, nonogénaire, paralytique et aveugle, qui résista à toutes les observations qui lui furent faites, pour la détourner de son projet de faire un puits foré sur le point le plus élevé de son parc à Épinay, près de Saint-Denis, *répondant qu'à tort on voulait lui faire renoncer au bonheur qu'elle se promettait, au dernier de ses jours, celui de donner aux habitans de son village, des eaux douces, salubres et jaillissantes, au lieu des eaux infectes et hydro-sulfureuses de tous les puits du pays.*

Dans le programme du concours par lequel la Société d'encouragement proposa deux prix; le premier de trois mille francs, le second de quinze cents francs; je demandai, qu'outre le manuel, ou l'instruction élémentaire et pratique sur l'art de percer ou forer des puits artésiens, à l'aide de la sonde, les concurrens fissent connaître, 1° les localités où ces puits peuvent être établis avec avantage, en y joignant les coupes géologiques, ou les profils des terrains traversés par ces puits.

2° Les caractères d'après lesquels on peut reconnaître que les puits seront établis avec succès, dans un pays où ils ne sont pas encore connus.

3° Les causes ou les motifs qui doivent les exclure, ou empêcher d'en percer dans tel ou tel pays.

4° La dépense comparée du percement de ces puits, dans diverses espèces de terrains, suivant et à raison des profondeurs.

5° Les accidens et inconvéniens auxquels ces puits peuvent être sujets et les moyens d'y remédier.

6° Enfin, la Société demandait aux concurrens de joindre à leurs mémoires, la description détaillée de la sonde du fontenier et de tout son attirail, avec les plans, coupes et profils nécessaires, dressés sur différentes échelles indiquées dans le programme.

Les intentions de la Société furent remplies ; elle atteignit le but qu'elle s'était proposé ; celui d'obtenir un Manuel élémentaire et pratique sur l'art de percer les puits artésiens. Dans le nombre des pièces envoyées au concours, se trouvait un Mémoire ayant pour titre : *De l'Art du fontenier-sondeur, ou Mémoire sur les différentes espèces de terrains, dans lesquels on doit rechercher des Eaux souterraines, et sur les moyens qu'il faut employer pour ramener une partie de ces eaux à la surface du sol, à l'aide de la sonde du mineur et du fontenier.*

« En lisant ce Mémoire, disions-nous dans notre rapport sur le concours, en séance publique de la Société, le 3 octobre 1821 (1). On ne tarde pas à s'apercevoir que l'auteur, M. Garnier, ingénieur en chef au corps royal des mines, également versé dans la théorie et dans la pratique, possède parfaitement toutes les parties de l'art du sondeur, et qu'il a fait une étude approfondie des sciences qui s'y rapportent. D'après la manière heureuse dont il a rempli le cadre déjà si étendu qui lui était tracé par le programme, et qu'il a largement développé, on doit le félici-

(1) Bulletin de la Société d'encouragement, n° CCVII, p. 269.

ter de ne s'être pas astreint à suivre rigoureusement la marche indiquée par le programme, et la commission éprouve un véritable plaisir à vous annoncer, que l'auteur de ce mémoire a fait plus, et beaucoup plus, que vous n'aviez demandé aux concurrens; car il a, non-seulement rempli toutes les condition exigées, et donné d'excellentes réponses à toutes les questions; mais il a encore joint à son travail une foule de détails du plus grand intérêt, pour la plupart absolument neufs ou inconnus, qui ont dû exiger des recherches aussi longues que difficiles et peut-être même dispendieuses.

«Les bornes dans lesquelles nous avons dû nous renfermer, disions-nous en terminant notre rapport, ne nous ont pas permis de donner une analyse plus étendue de ce Mémoire; mais nous espérons cependant avoir mis la Société à portée de s'en faire une idée exacte, et de mesurer en quelque sorte l'étendue de la route que l'auteur a parcourue. Aussi croyons-nous pouvoir assurer à la Société, que sa commission a trouvé dans ce Mémoire, l'ouvrage qui nous manquait; cet ouvrage attendu depuis si long-temps : *Un Traité complet de l'art du sondeur, et en particulier de celui du fontenier ou perceur de puits artésiens.*»

Sur les conclusions du rapporteur, la Société décerna son grand prix à M. Garnier dont le mémoire fut imprimé par ordre du gouvernement; et quant au second prix, elle décida que la somme de quinze cents francs, qui lui avait été affectée, serait convertie en trois médailles de cinq cents francs chacune, pour être décernées en séance publique, aux trois propriétaires ou mécaniciens, qui auraient introduit ces sortes de puits, dans un pays où il n'en existait pas.

Depuis cette époque, la Société persistant dans ses intentions d'encourager l'établissement des puits forés, a en effet décerné chaque année des médailles, aux sondeurs ou mécaniciens qui les avaient introduits, dans des pays où il n'en existait pas encore.

Ainsi, dans sa séance publique du 6 février 1822, elle accorda une de ces médailles à messieurs Beurrier père et fils, demeurant à Abbeville, département de la Somme. Ces habiles sondeurs avaient foré un grand nombre de puits, dans différens quartiers d'Abbeville, dans la vallée de l'Authie, à Doullens, à Rouval, dans la vallée de la Maïe, à Crecy, à Rue, à Noyelle-sur-Mer, etc. Ils se recommandaient encore par des perfectionnemens apportés aux instrumens de sondage, notamment à ceux qu'on nomme *tarauds*, et qui servent à donner aux bouts des tuyaux ou buses, la forme qui leur est nécessaire pour s'emboîter exactement les uns dans les autres.

En 1827, une autre médaille fut accordée à M. Hallette, ingénieur mécanicien, à Arras, département du Pas-de-Calais, pour des percemens de puits forés à Roubaix, département du Nord, où de nombreux essais avaient été tentés infructueusement, soit par des particuliers, soit par l'autorité, et où le manque d'eau était tel, que jamais on n'avait pu essayer avec succès ces belles teintures, qui depuis ont tant ajouté à la prospérité des fabriques de cette ville, et que pour les teintures ordinaires et même pour l'abreuvement des chevaux, on n'avait, en été, d'autre ressource que la petite rivière de Marque, qui coule à près d'une lieue de distance, et où on ne peut aller s'approvisionner qu'avec de grands frais et beaucoup de perte de tems.

Enfin, au concours de 1828, la Société d'encouragement, d'après nos observations, crut devoir envisager d'une manière plus étendue, les conditions de son programme, et au lieu de restreindre les récompenses dans le cercle des propriétaires ou mécaniciens qui auraient introduit l'usage des puits forés, dans un pays où il n'en existait pas, elle décida que les concurrens seraient divisés en trois classes.

1° Les ingénieurs des mines et des ponts-et-chaussées, qui, par suite de leurs connaissances géognostiques ont provoqué le forage des puits artésiens, ou sont parvenus à décider des propriétaires ou des mécaniciens à en entreprendre.

2° Les propriétaires qui ont fait des sondages, soit dans l'intérêt de l'industrie manufacturière, soit dans l'intérêt de l'agriculture.

3° Les mécaniciens ou fouteniers-sondeurs, qui ont exécuté les sondages, ou qui en ont fait à leurs propres frais.

La première médaille d'or fut décernée à M. Coquerel, ingénieur des mines, dans les départemens de l'Aisne, de l'Oise et de la Somme, qui avait conseillé et dirigé l'exécution des puits forés du collége, des deux prisons et des deux couvens de la ville de Beauvais; celui de l'usine vitriolique de Quelly, près de Lafère; celui de Moyenneville, dans la vallée de l'Aronde; ceux de la ville de Saint-Quentin; les quatre puits de la manufacture de MM. Samuel Joly et fils de la même ville; celui que M. le préfet de l'Aisne faisait percer dans l'une des cours du Dépôt de mendicité, au pied de la montagne de Laon.

Au sujet de la médaille d'or des ingénieurs, il fut fait mention des travaux de M. le chevalier Polonceau, ingénieur en chef des ponts-et-chaussées, dans le département de Seine-et-Oise, de M. de Gargan, ingénieur des mines du département de la Moselle, et de M. Parot, ingénieur des mines, dans le département des Ardennes.

La seconde médaille d'or fut décernée à MM. Samuel Joly et fils, manufacturiers à Saint-Quentin, pour les puits forés qu'ils ont fait faire dans leur usine du faubourg d'Ile, lesquels fournissent en abondance de très-belles eaux, et servent à tous les besoins de leur blanchisserie.

La première mention a été accordée à M. Dupuis, propriétaire d'une ancienne et belle blanchisserie, située dans le faubourg Saint-Martin à Saint-Quentin, sur la rive droite de la Somme, pour le percement de deux puits forés, dont les eaux jaillissantes sont très-pures et conviennent parfaitement pour toutes les opérations qu'exige le blanchiment des toiles.

Et la seconde à M. Poitevin, qui avait fait percer en 1828, quatre puits artésiens, dans sa filature de Tracy-le-Mont, près de Compiègne.

Enfin, la troisième médaille, réservée pour les mécaniciens ou fonteniers-sondeurs, fut décernée à M. Mulot, serrurier mécanicien à Épinay, près de Saint-Denis, qui a percé, dans le parc de madame la marquise de Grollier, deux puits forés, dont les eaux jaillissantes s'élèvent à un mètre au-dessus du sol, et par conséquent, à 17 ^{m} 50 au-dessus des eaux moyennes de la Seine.

Concours de la Société royale et centrale d'agriculture pour l'établissement des puits forés en France.

Tel était en France l'état de l'art du sondage des puits forés en 1828, lorsque la Société royale et centrale d'agriculture, qui, de son côté, ne laisse échapper aucune occasion d'encourager tout ce qui peut contribuer à ouvrir de nouvelles sources de prospérité et de fertilisation, pensant que, les succès obtenus récemment dans les départemens de la Seine, de Seine-et-Oise, de Seine-et-Marne, de l'Oise, de l'Aisne, etc., etc., étaient de puissans motifs pour provoquer de nouvelles recherches, par un concours général, annonça qu'elle distribuerait dans sa séance publique de 1830, trois prix; le premier de trois mille francs, le second de deux mille francs, et le troizième de mille francs, aux propriétaires, cultivateurs, ingénieurs ou mécaniciens qui auraient percé un ou plusieurs puits forés, dont l'eau s'élèverait à la surface du sol.

Les concurrens, dit le programme, feront connaître, par un procès-verbal:

1° Le site et la profondeur des puits forés ;

2° Le volume d'eau que ces puits donnent en vingt-quatre heures ;

3° La température de l'eau dans l'intérieur des puits.

Ils joindront à ce procès-verbal, des échantillons de terres et pierres, pris dans les diverses couches de terrain traversées par la sonde, avec la note des épaisseurs de ces couches, et les mémoires de toutes les dépenses de sondage.

Les concurrens seront tenus de faire constater par les autorités locales, MM. les ingénieurs des mines ou des ponts-et-chaussées, et les membres des Sociétés savantes, s'il en existe dans le département, les faits énoncés dans les procès-verbaux qu'ils enverront au concours.

La Société, d'après le rapport qui lui sera fait par la Commission chargée de l'examen du concours, accordera les prix aux travaux de sondage qu'elle jugera les plus utiles à l'agriculture, et les plus dignes, sous tous les rapports, d'obtenir les récompenses proposées.

Et pour faciliter aux concurrens les moyens de reconnaître les terrains les plus propices, ou les plus favorables, pour le percement des puits forés, la Société décida qu'elle publierait, à la suite de son programme, les considérations géologiques et physiques, qu'elle m'avait chargé de rédiger, sur le gisement des eaux dans le sein de la terre, et sur les causes de leur jaillissement. Ce sont ces considérations que je vais reproduire, la première édition étant entièrement épuisée, mais avec de nouvelles recherches propres à éclairer la question.

Avant de les présenter, je donnerai un précis géologique très-succinct, sur les différens terrains ou formations, qui constituent le globe terrestre, afin de ne laisser aucun doute, sur le sens des expressions que j'ai employées dans ces considérations, plusieurs personnes m'ayant adressé des questions sur la nature des terrains et les moyens de les reconnaître.

Mais jettons préalablement un coup d'œil rapide sur l'état de l'art de percer les puits artésiens, dans les autres pays.

DES PUITS FORÉS EN ANGLETERRE.

Les puits forés sont très-nombreux en Angleterre, et cependant il n'y a pas plus de cinquante ans, dit-on, qu'ils y sont en usage. On les y multiplie aujourd'hui de toutes parts; le besoin et l'exemple ont suffi pour les faire adopter de préférence aux anciens puits, dont on n'obtenait que des eaux généralement chargées de matières étrangères, tandis que celles des puits forés sont toutes, ou presque toutes parfaitement pures.

On trouve de ces puits dans les campagnes, dans les plus petites communes, comme dans les plus grandes villes ; chez les habitans des plus modestes hameaux et les simples artisans, comme chez les plus riches propriétaires ou manufacturiers.

La mauvaise nature des eaux qu'on avait anciennement à Londres et l'excellente qualité des eaux des puits forés, ont beaucoup contribué à répandre l'usage de ces puits. En 1825, une compagnie de sondeurs-foreurs de puits, annonça par son prospectus, qu'elle ne donnerait que l'eau, qui est sous la grande masse d'argile, et qui serait de 12 pour cent plus douce que l'eau de rivière, et de 90 pour cent plus douce que celles des sources voisines de la surface. Il n'en fallut pas davantage pour lui assurer promptement de nombreuses demandes, d'après le succès obtenu généralement dans les puits forés précédemment.

Il existe à Londres de nombreux fonteniers-sondeurs, qui se transportent dans tous les comtés de l'Angleterre, où ils sont appelés, pour forer des puits (1).

---

(1) Les prix des différens sondeurs sont à peu près les mêmes, ainsi on compte pour les premiers 10 pieds 4 pence le pied.

Seconds	10	» 8
Trois^es	10	1 sh.
Quat^es	10	1 sh. 4 p.

Plus absolus que nous, les sondeurs anglais pensent que, quel que soit le niveau du terrain, et la constitution physique du pays, on peut se procurer sur tous les points, des fontaines jaillissantes, pourvu que l'on perce aux profondeurs convenables; mais ils n'admettent pas généralement le principe émis par plusieurs, que *l'eau*,

---

et ainsi de suite. Les buses de ferblanc coûtent 1 shilling le pied, de sorte que pour un puits foré de

50 pieds ang.	ou	47 pieds de roi,	le forage revient à	62 f. 50 c.,	la buse à	62 f. 50 c.,	ensemble	125 f.
100	—	94	———	229 f. 17 c.,	—	125 f.	—	354 f. 1
200	—	188	———	875 f.	—	250 f.	—	1125 f.
300	—	281	———	1937 f. 50 c.	—	375 f.	—	2312 f. 5

Le prix du tuyau, qu'on enfonce d'abord dans la terre pour contenir le gravier, n'est pas compris ici, et l'on fait d'ailleurs payer un prix additionnel pour la terre pierreuse, les roches et les sables mouvans que l'on peut rencontrer. Le travail du treuil et des tiges se fait avec célérité et d'une manière très-ingénieuse.

Il y a des ouvriers qui emploient des buses de fonte, par préférence à celles de ferblanc, dont le tems n'a peut-être pas encore fourni une assez longue expérience.

On a foré anciennement au fond de plusieurs puits de Londres, et on s'est servi, dans leur percement, de buses de métal, qui quelquefois ont 2 pouces et demi, et d'autres fois jusqu'à huit pouces de diamètre. Il y en a un près de Londres, fait il y a plusieurs années, dans un endroit élevé de 36 pieds au-dessus de la haute marée, et qui a 370 pieds de profondeur; l'eau y monte jusqu'au niveau de la haute marée; elle vient de trois sources découvertes dans le forage, dont l'une, dans la glaise plastique et les deux autres, dans la craie qui est au-dessous.

empruntée aux sources souterraines, peut jaillir au-dessus de la surface de la terre, indépendamment de toute pression gravitante.

Du reste, ils pensent tous qu'on peut percer et multiplier, dans un très-petit espace, plusieurs puits artésiens, sans porter aucun préjudice aux puits déja forés, et que les eaux jaillissantes de ces puits proviennent d'infiltrations souterraines des réservoirs de hautes montagnes souvent très-éloignées.

La profondeur à laquelle se font les sondages en Angleterre, est très-variée. Ainsi on cite des puits forés de 50, 60, 80, 100, 150 mètres et au-delà.

Beaucoup de ces puits donnent des eaux jaillissantes au-dessus de la terre; mais dans le plus grand nombre elles se maintiennent au-dessous. Ce ne sont pas toujours les puits les plus profonds qui donnent des eaux jaillissantes au-dessus de la surface, et souvent même l'eau est encore à plus de 20 et de 30 mètres de l'orifice dans des puits de cent mètres, mais les eaux qu'ils produisent sont inépuisables et sont élevées par des pompes (1).

---

(1) Dans le grand nombre de puits forés en Angleterre, il en est qui méritent d'être cités pour les particularités qu'ils ont présentées lors de leur approfondissement sur des nappes d'eau souterraines, tels que 1° celui du jardin de la Société d'horti-

La nature des eaux n'est pas constamment la même; ainsi l'on cite dans le même pays des puits, de différentes profondeurs il est vrai, qui

---

culture de Cheswick sur la Tamise, entre Londres et Richmond, et dans lequel on a obtenu des eaux jaillissantes à la surface de la terre, de 329 pieds de profondeur dans la craie.

2° Celui de M. Brook à Hammersmith, qui, ayant percé la terre, à 360 pieds dans son jardin, sur un diamètre de 4 pouces et demi, obtint un jet d'eau si abondant que dans quelques heures le terrain assez vaste, sur lequel sa maison venait d'être élevée, se trouva totalement rempli d'eau. Toutes les cuisines sous les rez-de-chaussée furent noyées, dans un voisinage de plus de 50 toises à la ronde, et le mal fut tel que le magistrat intervint sur un grand nombre de plaintes, exprimant la crainte que les maisons ne s'enfonçassent dans le sol ou ne fussent démolies par dessous. Deux hommes tentèrent envain d'arrêter ce cours d'eau en enfonçant dans le tube une pièce de bois taillée en bouchon, qui fut constamment rejetée. Un troisième ouvrier ne fut pas plus heureux : on essaya le fer en place du bois, tous les efforts furent insuffisants : enfin, un ingénieur proposa d'insérer, les uns dans les autres, des tuyaux d'un diamètre toujours décroissant, et l'on maîtrisa enfin cette eau impétueuse, qui avait causé les craintes les plus vives et même des ravages sérieux.

3° Celui de M. Lord, maître de pension à Tooting. Le jet ayant été fermé, l'eau agit en-dessous avec une telle puissance, qu'elle se fit jour tout autour, à une grande distance (plus de 15 toises) et qu'elle aurait entraîné les murs de la propriété, si l'on ne s'était hâté de lui donner un cours libre. Cette fontaine serait digne d'une très-belle place publique par son élévation, sa *torrentueuse abondance*, plus de 600 litres par minute.

4° L'eau jaillissante du puits foré du pharmacien de Tooting, donnent des eaux plus ou moins chargées de carbonate de fer, de sulfate de chaux, d'hydrogène sulfuré, de muriate de soude, de carbonate

---

voisin de M. Lord, fait tourner une roue de 1 m. 60 de diamètre, et meut une pompe qui élève l'eau jusqu'au comble d'une maison à trois étages.

5° Dans le puits de Scherness, la sonde, à 328 pieds de profondeur, s'enfonça tout-à-coup de plusieurs pieds, l'eau s'éleva aussitôt à 189 pieds de hauteur, et parvint en peu d'heures à 8 pieds au-dessus de terre. Ce puits et celui de Queenborough suffisent non seulement aux besoins de la garnison, à ceux des habitans, mais encore à tous les vaisseaux qui viennent à l'entrée de la Medway.

6° Un autre puits a été percé à Scherness, à l'embouchure de la Tamise, sur une langue de terre très-près de la mer. Après 300 pieds d'argile on traversa un banc de gravier et à l'instant même les eaux jaillirent avec impétuosité et remplirent le puits.

7° Un des puits forés qui fournissent le plus d'eau est celui de la fabrique de cuivre laminé de Shears, à Merton en Surry, dans lequel on a trouvé un niveau qui donne 200 gallons d'eau jaillissante par minute.

8° L'évêque de Londres a fait forer, en 1824, à Fulham près de la Tamise, un puits de 317 pieds, dont 67 dans la craie, et qui donna 30 gallons d'eau par minute à 6 pieds d'élévation, et 50 à 60 à fleur de terre. Dans les hautes marées, elle fournit de 70 à 80 gallons.

9° A Richmond, la duchesse de Buccleuch fit percer, en 1822, jusqu'à 257 pieds, non loin de la Tamise; l'eau jaillissante s'est élevée jusqu'à 28 pieds au-dessus de la surface de la terre dans un tube. La température est de 15 d. 5/9 centigrades.

10° A Kingston en Surry, on a foré, en 1825, un puits de

4.

de soude; etc., etc. mais généralement ces puits donnent des eaux de bonne qualité, quand ils sont descendus dans les sables qui séparent les craies des argiles, ou ceux qui séparent les argiles plastiques des glaises du calcaire marin. Les eaux des puits forés dans la craie sont également très-bonnes.

Quelques-uns de ces puits présentent, comme les puits ordinaires des bords de la mer, un mouvement journalier d'élévation et d'abaissement, qui est l'effet de l'action immédiate du flux et du reflux. Ce mouvement, qui est très-sensible sur les puits d'une petite profondeur ou sur ceux qui sont percés à peu près aux niveaux des hautes et basses marées, est insensible sur les puits très-profonds, et sur ceux qui sont éloignés du littoral. Les sondeurs anglais connaissent très-bien cet effet, et ils ont égard, pendant les opé-

---

353 pieds qui produit 50 gallons à la surface de la terre, étant maintenue dans les tubes, l'eau s'élève jusqu'à trente pieds de hauteur.

11° Le duc de Northumberland vient de faire au-dessus de Cheswick un puits foré de 620 pieds de profondeur dans la craie qui a donné un volume d'eau considérable jaillissant de 4 pieds au-dessus de la surface de la terre.

On connaît actuellement en Angleterre plus de 500 puits forés, mais il y en a au plus un tiers dans lesquels les eaux s'élèvent au-dessus de la surface de la terre.

rations du forage, aux oscillations diurnes qui en sont le résultat.

M. Baillet a décrit, dans le Bulletin de la Société d'encouragement (1), l'action de la marée sur la fontaine jaillissante de Noyelle-sur-Mer, où elle a même été mise à profit pour conserver les eaux que le flux fait élever dans le bassin.

L'art du forage des puits est aujourd'hui porté à un très-haut degré de perfection en Angleterre; mais nous ne connaissons encore aucun traité, théorique ou pratique, publié sur l'art de percer ces puits. On ne trouve dans les journaux scientifiques ou périodiques, et dans quelques ouvrages de géologie, que des descriptions particulières de forages, qui présentent plus ou moins d'intérêt.

PUITS FORÉS DU ROYAUME DES PAYS-BAS.

Il existe dans quelques parties du royaume des Pays-Bas, voisines et limitrophes de la France, des puits forés, déja anciens, qui ont été, dit-on, percés à la même époque que ceux de nos provinces du nord.

L'usage de ces puits y est restreint à quelques

(1) Bulletin de la Société d'encouragement pour l'industrie nationale, 1822, p. 175. Rapport de M. Baillet sur les puits forés à Abbeville, par MM. Beurrier, sondeurs.

cantons seulement, et l'abondance des eaux dont on jouit, presque généralement dans les Pays-Bas, s'oppose à ce que ces puits s'y multiplient davantage.

PUITS FORÉS DE LA BASSE-AUTRICHE.

Cassini, ainsi que nous l'avons déja dit, rapporte que, dans la Basse-Autriche, au pied des montagnes de la Styrie, on perce des puits à l'aide de la tarrière, et que l'eau y remonte avec une telle impétuosité, que, non-seulement elle remplit immédiatement la totalité des puits, mais que souvent même elle déborde par dessus la margelle. Il est assez remarquable que depuis, aucun auteur n'ait fait mention de ces puits, qui auraient dû attirer l'attention des voyageurs, et que nous ignorions quelle est précisément la contrée où ces puits sont en usage, et quels sont les procédés employés dans leur percement.

PUITS FORÉS DE L'ITALIE.

Nous avons déja parlé des puits forés des états de Bologne et de Modène, et de la description qui en fut faite, en 1691, par Bernardini Ramazzini, l'auteur le plus ancien qui ait écrit sur cette matière.

Il ne paraît pas que les autres états du nord

de l'Italie aient essayé de percer des puits semblables.

Dans sa lettre sur l'origine des fontaines, l'abbé Spallanzani donne quelques détails sur celles de Modène, mais nous ne connaissons aucun ouvrage italien, sur l'art d'établir les fontaines jaillissantes par les puits forés. On nous a cependant assuré qu'il avait été publié en Italie, il y a peu d'années, un traité sur cette importante matière : mais, jusqu'à ce jour, nos recherches ont été infructueuses, nous n'avons pu nous le procurer.

PUITS FORÉS DE LA CHINE.

On trouve dans les lettres édifiantes, une lettre de l'évêque de Tabraca, missionnaire en Chine, dans laquelle il parle des puits forés de Ou-Tong-Kiaò, près de Kiating; mais sans dire les moyens employés pour les percer : « Ces puits, dit-il, sont « percés à plusieurs centaines de pieds de pro- « fondeur, très-étroits et polis comme une glace, « mais je ne vous dirai pas par quel art ils sont « creusés : ils servent pour l'exploitation des eaux « salées. »

Les rédacteurs des annales de l'association de la propagation de la foi (1), ont inséré dans le

(1) Annales de l'association de la propagation de la foi, fai-

n° XVI, pour le mois de janvier dernier, deux lettres de M. l'abbé Imbert; la première datée de Ou-Tong-Kiaò, septembre 1826. Elles confirment pleinement ce qu'avait avancé l'évêque de Tabraca. Il est à regretter que l'abbé Imbert, ainsi qu'il le dit lui-même, ne soit pas plus instruit dans les sciences physiques. On voit qu'il a recueilli avec bonne foi, mais sans discernement, tous les détails et les renseignements qui lui ont été donnés, et que, ne pouvant en vérifier l'exactitude, il a dû nécessairement être induit en erreur sur plusieurs points.

Quoi qu'il en soit, nous allons donner l'extrait de ces deux lettres, parce qu'elles démontrent évidemment, quoique les procédés soient mal décrits, que les Chinois connaissent depuis longtems l'art de forer les puits à l'aide de la sonde du mineur. Ces lettres présentent d'ailleurs plusieurs particularités dignes de fixer l'attention des géologues et des minéralogistes.

Il existe, dans le canton de Ou-Tong-Kiaò, quelques dixaines de mille puits, dans un espace de dix lieues de long sur quatre à cinq de large. Chaque puits coûte mille et quelques cents taëls (le taël vaut 7 fr. 50 c.).

---

sant suite aux Lettres édifiantes. Lyon, chez Rusand, libraire, n° XVI, janvier, 1829.

Ces puits ont 15 à 1800 pieds français de profondeur, et n'ont au plus que cinq à six pouces de diamètre.

Pour les percer, on commence par placer en terre, un tube de bois de trois à quatre pieds de longueur, surmonté d'une pierre de taille, percée d'un orifice de cinq à six pouces. Ensuite on fait jouer dans ce tube un mouton ou trépan d'acier de 3 à 400 livres pesant. Ce trépan est crénelé en couronne creuse ou concave en dessus et ronde en dessous. Un homme, monté sur un échafaud, fait basculer un levier qui soulève le mouton du trépan à deux pieds de hauteur, et le laisse tomber de son poids. Si on ne trouve pas d'eau dans le percement, on en jette de tems en tems quelques sceaux pour délayer les matières et les réduire à l'état de bouillie. Le trépan du mouton d'acier est fixé à une bonne corde de rotin, fixée à la bascule. On y attache un triangle de bois; un homme assis près de la corde, à chaque levée de bascule, prend le triangle et lui fait faire un demi-tour, afin que le trépan tombe dans un sens contraire. De six en six heures on relève les ouvriers, et on travaille jour et nuit. Quand on a creusé quelques pouces, on retire le trépan, dont la concavité supérieure s'est remplie de matières triturées. Quelquefois, en perçant ces puits, on perd la perpendicularité et l'on est obligé d'abandonner le percement : quelquefois aussi, l'anneau qui suspend le mouton du trépan se casse ; alors il faut cinq à six mois pour le broyer avec d'autres moutons (1).

Suivant la nature de la roche, on perce jusqu'à deux pieds en vingt-quatre heures. On met au moins trois ans pour creuser un puits. Lorsqu'on est arrivé à la profondeur des eaux salées, on place une pompe pour les élever (2). Leur évaporation se fait au charbon de terre. Ces eaux donnent un cinquième, et quelquefois un quart, d'un sel qui est souvent âcre.

Ces puits dégagent presque tous beaucoup d'air inflammable (gaz hydrogène). Il y a des puits qui ne donnent pas d'eau salée et seulement de l'air inflammable ; on les appelle *puits de feu*. On ferme leur ouverture avec un tube (il est dit un bambou) et on allume l'air qui s'en échappe ; il brule continuellement avec une flamme bleuâ-

---

(1) Il est impossible de broyer les tiges de sonde et le trépan, avec des moutons, comme le dit M. Imbert. Il est évident qu'il n'a pas vu la manœuvre des sondeurs et qu'il s'en est tenu à leurs rapports.

(2) M. Imbert dit qu'on place au fond du puits un *tube de bambou*, au bout duquel il y a une soupape. Nous pensons 1° qu'il y a erreur, que ce sont des tubes de métal et peut-être de *tombac* (alliage de cuivre et de zinc) et non de bambou, et 2° qu'il s'agit d'une pompe que M. Imbert n'aura point vue et qu'il n'a pu expliquer ou décrire.

tre de trois à quatre pouces de hauteur et d'un pouce de diamètre.

Quand on perce les grands puits d'eau salée, on trouve ordinairement, à mille pieds de profondeur, une huile bitumineuse qui brûle dans l'eau. On en recueille par jour jusqu'à quatre et cinq jarres de cent livres chacune (1).

Par une seconde lettre du 13 septembre 1827, datée de Tsélicou-Tsing (puits de l'eau coulante), M. l'abbé Imbert dit, que les puits de ce pays ont jusqu'à mille, dix-huit cent, deux mille pieds et plus de profondeur, et qu'ils sont percés, comme ceux de Ou-Tong-Kiaò, avec le trépan à tête de fer, crénelé en couronne, pesant 300 livres et plus.

Il y a, dans ce pays, plus de mille puits d'eau salée; chaque puits a un tube de bambou, pour le dégagement de l'air inflammable qu'on allume avec une bougie, mais qu'on éteint quand on veut puiser l'eau salée, pour éviter les explosions.

---

(1) Cette huile est infecte : elle sert pour éclairer les halles et les ateliers des salines. Les mandarins en achètent, par ordre du prince, des milliers de jarres, *pour calciner des rochers sous l'eau*. Un bâteau fait-il naufrage, on trempe une pierre dans cette huile, on l'enflamme et on la jette dans l'eau. Alors un plongeur, et plus souvent un voleur, va chercher ce qu'il y avait de plus précieux sur ce bâteau. Il serait important pour les sciences et les arts de vérifier ce que dit M. Imbert à ce sujet.

Dans une des vallées de ce pays, se trouvent quatre puits qui donnent du feu, *en une quantité vraiment effroyable*, et point d'eau salée, quoiqu'ils en donnassent dans le principe. Il y a quelques années, on a creusé un de ces puits jusqu'à *trois mille pieds* de profondeur, pour y retrouver de l'eau salée, mais ce fut en vain. Il en sortit soudainement *une énorme colonne d'air, qui s'exhala en nombreuses particules noirâtres*; (je l'ai vue de mes yeux, dit M. Imbert.) Elle ne ressemblait pas à de la fumée, mais à la vapeur d'une fournaise ardente. Cet air s'échappe avec un bruissement et un ronflement affreux qu'on entend de fort loin; *il pousse et respire continuellement*, il n'aspire jamais (1).

---

(1) L'orifice de ce puits est surmonté d'un encaissement en pierre de taille, de six ou sept pieds de hauteur, de crainte que, par inadvertance, maladresse ou mauvaise intention, quelqu'un ne mette le feu au gaz qui s'échappe de son embouchure (ce malheur est en effet arrivé au mois d'août 1827). Le puits est au centre d'une vaste cour, et de quatre grandes halles ou ateliers dans lesquelles sont les chaudières à évaporer les eaux salées. Lorsque le feu fut mis à la bouche de ce puits, il y eut une explosion affreuse, avec un tremblement de terre assez fort; à l'instant même toute la surface de la cour fut en feu. La flamme, qui avait environ deux pieds, couvrit toute la surface du terrain. Quatre hommes se dévouèrent et portèrent une énorme pierre sur l'orifice du puits; elle fut aussitôt renversée (la

M. l'abbé Imbert pense, que ce prodigieux dégagement de gaz hydrogène, qui s'exhale de la plupart des puits d'eau salée, et particulièrement de ceux dont les eaux sont taries, provient d'un volcan. Il m'est impossible de partager son opinion à cet égard, et je me crois d'autant plus fondé à la rejetter, que, dans sa première lettre, il dit, que, dans le percement de ces puits, on trouve des mines de charbon de terre, dont

---

lettre dit, *elle vola en l'air*). Trois hommes furent brûlés, le quatrième échappa au danger; ni l'eau ni la boue ne purent éteindre ce feu. Enfin, après quinze jours de travaux opiniâtres, on apporta de l'eau en grande quantité sur la montagne voisine, on en forma un grand réservoir, dont on lâcha l'eau tout-à-coup; elle éteignit le feu aussitôt. Ce fut une dépense très-considérable.

Sur les quatre faces de ce puits, à un pied de terre, sont quatre *énormes* tuyaux (la lettre dit *bambous*, il est évident que ce ne sont pas des *bambous*) qui conduisent l'air sous les chaudières d'évaporation. Ce seul puits chauffe plus de trois cents chaudières, qui ont chacune sous leur milieu, un tuyau de *bambou*, conducteur de feu, et terminé par un tuyau de terre cuite, percé de trous d'un pouce. Les rues, les halles et tous les ateliers sont éclairés par l'air inflammable, au moyen de tuyaux de *bambou*, et comme on ne peut consumer entièrement tout le gaz qui s'échappe de ce puits, l'excédant est conduit hors de l'enceinte de la saline, par un tube, à l'orifice duquel il forme encore de grandes gerbes de feu, flottant et voltigeant de deux pieds de hauteur.

La surface du terrain de la cour est extrêmement chaude;

quelques-unes sont très-abondantes; mais que, d'après la quantité d'air inflammable qui s'en exhale, on ne peut allumer des lampes dans les mines, et que les ouvriers sont réduits à y travailler à tâtons, ou en s'éclairant avec un mélange de sciure de bois et de résine, qui brûle sans flamme et ne s'éteint pas. Quant à moi, je pense, que c'est de ces mines que s'exhale ce gaz hydrogène, par l'effet de l'incendie spontaùné de la houille, et que c'est à cette même cause qu'il

---

elle brûle sous les pieds. En hiver même, les ouvriers sont à demi-nus. Ce feu est extrêmement actif. Les chaudières de fonte, qui ont plusieurs pouces d'épaisseur, sont calcinées en peu de mois. Ce feu ne produit presque pas de fumée, mais une odeur très-forte de bitume, que l'on sent à plus de deux lieues de distance. Sa flamme est rougeâtre; elle n'est point fixe ou enracinée à l'orifice des tubes, comme le serait celle d'une lampe; elle voltige à environ deux pouces de l'ouverture. En hiver, les pauvres, pour se chauffer, creusent la terre ou le sable d'un pied environ de profondeur, ils s'asseyent autour du creux, et allument au moyen de paille embrasée le gaz qui s'échappe du centre; ils comblent ensuite ce creux avec du sable et le feu s'éteint.

Pour élever les eaux salées, on se sert de pompes, mises en mouvement par un manège attelé de bœufs. Ces eaux sont reçues dans une vaste citerne, d'où un chapelet hydraulique, mû par quatre hommes, les élève dans un réservoir supérieur; enfin de ce réservoir, elles sont conduites et distribuées dans les chaudières.

faut attribuer l'extrême chaleur du terrain, que M. Imbert dit exister près des puits de feu, plusieurs couches de houille embrâsée se trouvant probablement à peu de profondeur.

Il est difficile de croire qu'avec une sonde, telle que l'a décrite M. l'abbé Imbert, on puisse forer à mille, deux mille et trois mille pieds et même au-delà. Je pense qu'il y a erreur dans ce nombre, ou que les Chinois sont bien plus avancés que nous, dans l'art de forer des puits, à l'aide de la sonde, et dans cette dernière supposition, il est alors bien à regretter que la description que nous en donne M. Imbert ne soit pas plus exacte.

Au reste, il paraît que ces puits ne donnent pas d'eaux jaillissantes au-dessus de la surface du sol, puisqu'ils sont tous armés de pompes. Quant à leur nombre, il est bien permis de douter, qu'il y en ait quelques dixaines de mille, dans un seul canton, et que ces puits aient 1,000, 2,000 et 3,000 pieds de profondeur, ainsi que le dit M. Imbert.

DES PUITS FORÉS EN AFRIQUE.

L'Afrique paraît offrir des exemples de puits forés, ou plutôt elle possède des puits qui ont de l'analogie avec nos puits forés. M. Baillet, inspecteur divisionnaire au corps royal des mines (1)

(1) Rapport fait le 6 février 1822, par M. Baillet, au nom du

cite, d'après Shaw, les puits percés au milieu des plaines immenses de la Barbarie, et du fond desquels l'eau sort avec impétuosité, quand on a percé le banc de pierre semblable à de l'ardoise qui recouvre, ce qu'on appelle dans le pays, *Bahar-laht-el-reel*, ou la mer au-dessous de la terre.

DES PUITS FORÉS DANS LES ÉTATS-UNIS.

Suivant Darwin (1), l'Amérique possède depuis long-tems des puits forés. On voit à Hartford, dans le Connecticut, un ruisseau créé par l'art, et dont les eaux, qui n'ont pas cessé de couler, depuis plus de cent ans, proviennent d'un trou de sonde qu'on a percé dans un puits de 70 mètres de profondeur et dont on a agrandi l'ouverture au moyen de la poudre.

On ignore à quelle époque et par qui, l'art de forer les puits fut introduit aux États-Unis; on sait seulement que dans une saline des États

---

Comité des arts mécaniques, sur les fontaines forées (puits artésiens) et les instrumens de sondage de MM. Beurrier, fondeurs fontainiers à Abbeville, département de la Somme.

Voyez le Voyage de Barbarie, par Shaw, p. 169.

(1) Voy. Phitologia or the philosophy of agriculture and gardening. London, 1800. Voy. aussi Travels through America. London, 1789.

de l'ouest, un fabricant de sel voulut s'assurer, si, avec la tarrière du mineur, il parviendrait à découvrir la masse de sel qui fournissait l'eau salée à son usine, et qu'il ne put y parvenir; mais qu'en creusant au fond de son puits, avec la tarrière, il obtint un jet d'eau salée qui augmenta considérablement les produits de la saline.

En 1823, M. Levi Disbrow, après avoir été prendre connaissance de quelques opérations de sondage, faites daus les États de l'ouest, se détermina à essayer de faire des puits dans le New-Jersey, pour y procurer de l'eau douce. Son premier essai fut fait, en mai 1824, dans la distillerie de M. Bostwick, où il obtint, de la profondeur de 55 mètres, un beau jet d'eau, d'un mètre au-dessus de la surface de la terre, et à 13 mètres 30 centimètres au-dessus du niveau de la Raritan.

Depuis le percement de ce puits, on en a successivement foré plusieurs à New-Brunswick, à la City-Jersey, à Alexandria sur la rivière d'Hudson, à New-Yorck, à Albany, à Haper, à Baltimore, à Horsimus, à New-Hope, à Philadelphie, etc., etc. et, d'après les puits qu'ils y ont percés, les sondeurs ont acquis la preuve de l'existence de plusieurs nappes d'eau souterraine, 1° dans les terrains d'alluvion; et 2° dans les grès des schistes ardoisés et autres terrains secondaires analogues.

Les détails du forage des puits, qui ont été faits dans les années 1824 et 1825, aux États-Unis d'après les instructions, ou par les soins de M. Disbrow, ont été publiés à New-Brunswick, en 1826, par M. Dickson, sous le titre d'*Essai sur l'art de forer la terre pour obtenir des eaux jaillissantes, avec quelques réflexions propres à former une nouvelle Théorie de l'ascension des eaux* (1). Mais avant lui, M. Skinner, éditeur du fermier américain, les avait déja fait connaître en partie.

Après la description de ces puits, M. Dickson dit, que jusqu'à ce jour, les savants prétendent qu'on ne peut obtenir d'eau jaillissante à la surface de la terre, que par l'effet de la pression et du voisinage des hautes montagnes, mais qu'il va chercher à démontrer : 1° qu'on peut, par le sondage, se procurer de l'eau jaillissante en quelque lieu que l'on veuille faire un puits foré, et que l'eau peut s'élever à la surface de la terre indépendamment de toute pression gravitante.

---

(1) An essay on the art of boring the earth, for the obtainment of a spontaneous flow of water, with hints towards forming a new theory for the rise of waters. New-Brunswick, 1826.

Nous regrettons de ne pouvoir suivre M. Dickson dans les recherches auxquelles il se livre pour démontrer ses deux propositions, au sujet desquelles, il examine la manière dont ont dû être formées les hautes montagnes du globe terrestre, par l'effet d'une grande révolution qui à boursoufflé la surface de la terre, en laissant dans son intérieur d'immenses excavations, dans lesquelles se précipitent, du fond de la mer, d'énormes volumes d'eau, qui sortent de plus en plus de la sphère des lois de la gravitation, en passant plus immédiatement sous l'influence de la force centrifuge, qui repousse les matières gravitantes. Plus le corps est dnr, dit l'auteur, et plus grande est la vélocité avec laquelle il descend, et plus grande aussi doit être la force et la densité de l'agent nécessaire pour le faire remonter; et comme c'est par l'effet du feu central, que les montagnes ont été soulevées, c'est encore le même agent, qui rejette à la surface, ces énormes masses d'eau, qui se sont précipitées du fond des mers, dans les entrailles de la terre; mais elles sont arrêtées dans leur fuite, par les gaz et les vapeurs aqueuses, qui occupent les passages souterrains, par lesquels elles tendraient à s'échapper, comme elles s'échappent de fait par certains volcans.

M. Dickson admet en outre, pour cause de

l'ascension des eaux, l'action de la capillarité, qui doit agir entre les particules des sables et des pierres, comme nous la voyons agir sous nos yeux, à travers une foule de corps, tels que le bois, le linge, le papier, etc.; c'est, ajoute-t-il, par la combinaison de l'action et de la réaction de ces différentes causes, et de la force centrifuge, que, semblable à la circulation du sang dans les animaux, l'eau, présente dans tous les points du globe, circule et s'élève, obéissant aux lois de l'attraction et de la répulsion, chacune de ses particules recevant en outre une impulsion, qui la force perpétuellement à tourner sur son axe. D'où, en dernière analyse, il conclut: 1° qu'il y a dans la terre une force expansive innée (la chaleur latente) qui, non-seulement, empêche la matière de graviter trop près du centre, mais qui force les fluides et les gaz de monter à la surface; et 2°, que, comme l'eau est toujours poussée en haut, on doit obtenir un jaillissement spontané et continu, en quelque endroit qu'on fore la terre, pourvu que l'on perce à la profondeur convenable.

Si nous nous sommes abstenus de suivre l'auteur dans tous ses raisonnemens, nous pensons cependant, que l'analyse que nous venons de donner de sa théorie, suffira pour la faire apprécier. Son essai est au reste d'un très-grand intérêt par les faits qu'il présente, et qui, pour la plupart, étaient inconnus jusqu'à ce jour : comme par les recherches auxquelles il s'est livré, et par les détails qu'il donne sur les puits forés des États-Unis.

PRÉCIS GÉOLOGIQUE

OU

EXAMEN ANALYTIQUE DES DIFFÉRENTES FORMATIONS DU GLOBE TERRESTRE,

RELATIVEMENT

A LA MARCHE SOUTERRAINE DES EAUX.

On m'a demandé de caractériser et de décrire les différentes natures de terrain, avant de parler des eaux qui peuvent s'y trouver; me faisant observer que, dans ma première édition des Considérations, je me suis servi de dénominations, qui sont adoptées, il est vrai, par les minéralogistes et les géologues, mais qui sont étrangères à la plupart des propriétaires, manufacturiers et cultivateurs qui voudraient faire forer des puits artésiens.

Lorsque je publiai ces Considérations, je pensai ne devoir entrer dans aucun détail sur la formation, et sur les dénominations des différens terrains qui constituent notre globe, parce qu'il me parut suffisant, pour répondre à la demande de la société royale et centrale d'agriculture, d'examiner la question du gisement des eaux souterraines, et les causes probables de leur jaillissement; d'ailleurs, convenait-il de présenter un traité de géologie au sujet des puits forés?

Aujourd'hui on me demande d'exposer un simple aperçu de la constitution physique du globe, ou le rapport de l'ordre et de la manière d'être des masses et des superpositions qui le composent, afin de pouvoir suivre, avec les connaissances indispensables, la marche souterraine des eaux.

Pour répondre aux demandes, je crois donc devoir examiner rapidement les différentes formations de notre globe. Je suivrai, à cet égard, un de nos plus érudits géologues, M. Daubuisson de Voisins, élève de l'école de Werner, et ingénieur en chef au corps royal des mines, sa géognosie (1) établissant la concordance de celles des écoles française et allemande.

Ce n'est cependant point un système de géologie que je tracerai ; j'éviterai toute espèce de théorie, et je me bornerai à une simple exposi-

---

(1) Traité de géognosie, ou Exposé des connaissances actuelles sur la constitution physique et minérale du globe terrestre, par Daubuisson de Voisins, 3 vol. in-8°. Paris, Levrault, 1828.

tion des faits les plus universellement reconnus et adoptés, à la division des formations de terrains, et à la description succincte des masses qui composent chacune d'elles.

Ainsi je passerai rapidement en revue, 1° les terrains primitifs, 2° les terrains intermédiaires, 3° les terrains secondaires, 4° les terrains tertiaires, 5° les terrains de transport, enfin 6° les terrains volcaniques, et je ferai l'application de ce précis géologique au territoire français, au moyen de deux grandes coupes géologiques, l'une du nord au sud, de Mezières à Mont-Louis dans les Pyrénées, en passant par Paris, et l'autre de l'est à l'ouest, de Colmar à Rouen, en passant également par Paris, ces deux coupes présentant toutes les formations de ces divers terrains.

I. DES TERRAINS PRIMITIFS.

§ 1. Les terrains primitifs ou de formation primordiale, sont ceux qui ont été formés avant tous les autres. On les trouve, à toutes les hauteurs, dans la structure du globe, et aux plus grandes profondeurs auxquelles l'homme ait pu porter ses fouilles, comme aux plus hautes sommités des grandes chaînes de montagnes. Ils présentent en général les caractères d'une précipitation faite tranquillement, avec cristallisation plus ou moins parfaite; enfin ils ne contiennent point de traces de végétaux ou d'animaux; seulement quelques roches renferment des fragmens d'autres roches; ce qui établit évidemment différentes époques de formation.

§ 2. Ces terrains se composent 1° des granits, 2° des gneis, 3° des schistes micacés, 4° des phyllades, 5° des eurites porphyres, 6° des diabases amphiboles, 7° des serpentines euphotides, 8° des quartz et 9° des calcaires grenus.

§ 3. L'ordre de formation de ces différentes masses n'est pas constant; elles ne se succèdent pas partout, et la plupart manquent même dans beaucoup de localités. En général, les masses prédominantes sont les granits. Il paraît aussi que ce sont les plus anciennes; après les granits, les gneis, les schistes micacés et les schistes phyllades semblent s'être succédés, et souvent ils passent de l'un à l'autre par des passages insensibles.

I. LES GRANITS.

§ 4. Les granits, suivant Werner, dont nous adoptons toutes les descriptions, sont des roches composées essentiellement de quartz, de feldspath, de quartz et de mica ou d'amphibole, intimement agrégés les uns aux autres par une cristallisation immédiate.

§ 5. Ces diverses substances ne sont pas dans les mêmes proportions; souvent l'une domine, mais souvent aussi l'une d'elles manque totalement.

§ 6. Les granits varient par les différentes couleurs, comme par la grosseur de leurs élémens cristallins, qui sont même quelquefois à peine discernables à l'œil.

§ 7. La présence du talc stéatite et de la chlorite modifie les granits, et leur donne, suivant la quantité dont ils en sont pénétrés, une contexture plus ou moins feuilletée.

§ 8. Quelquefois ils sont disposés par couches; mais le plus souvent ils forment de grandes masses continues, sans aucun indice de stratification.

§ 9. Enfin ils paraissent être la formation la plus ancienne de notre globe, et la base sur laquelle reposent toutes les autres. Cependant on trouve quelquefois dans les montagnes, des granits sur des schistes, des calcaires et des serpentines.

II. LES GNEIS.

§ 10. Les gneis ou granits feuilletés sont composés de feldspath, de quartz et de mica, immédiatement accolés les uns aux autres. Leur texture plus ou moins feuilletée ou schisteuse, est due à celle du mica qu'ils contiennent communément; et dont la plus ou moins grande quantité les modifie de manière à en faire trois variétés distinctes. 1° Le gneis granitoïde, 2° le gneis commun, 3° le gneis feuilleté passant aux schistes micacés dont nous allons parler.

§ 11. Les gneis recouvrent les granits; ils sont disposés par couches qui se contournent dans tous les sens, en forme de manteau, ainsi que l'a parfaitement exprimé M. Raumer. Ils alternent avec des couches de granit, de calcaire, de diabase, d'eurite, de phyllade; mais le plus généralement ils accompagnent les granits, et forment, dans beaucoup de contrées, plus de la moitié des terrains primitifs.

III. LES SCHISTES MICACÉS.

§ 12. Les schistes micacés sont des roches d'une texture feuilletée ou schisteuse, composées de quartz et de mica. Les gneis et les schistes micacés n'ont point entre eux de limites fixes; ils passent *insensiblement* de l'un à l'autre; ils sont stratifiés et souvent contournés, ou présentent des plis et des replis, comme si la masse, pour me servir de l'expression de M. Daubuisson (1), *avait éprouvé un mouvement intestin, lorsqu'elle est passée, par la cristallisation, de l'état de mollesse à l'état solide.*

§ 13. Les schistes micacés alternent avec les gneis, les diabases, les calcaires, les quartz; ils semblent former le passage des gneis aux phyllades; enfin, ils constituent une grande partie des terrains primitifs.

IV. LES PHYLLADES.

§ 14. Les phyllades (les schistes de nos anciens minéralogistes) sont des roches simples feuilletées, dont la cassure transversale est mate, terreuse, et plus ou moins grenue. Ils se divisent en feuillets minces, tantôt plats et tantôt contournés; leur couleur est très-variée : ainsi on en trouve de gris, de jaunes, de verts, de blancs, de rouges, de bruns, de noirs, etc. Ils présentent, comme les précédens, des passages insensibles aux schistes micacés et aux gneis.

§ 15. Les strates des phyllades sont en général les mieux suivis et les mieux caractérisés; ils affectent toutes les inclinaisons, et ils sont souvent pliés et repliés, ou contournés. Ils sont fréquemment modifiés par la chlorite, le talc et la silice.

---

(1) Traité de géognosie par Daubuisson de Voisins, tome II, page 85.

§ 16. Enfin les phyllades semblent faire le passage des roches primitives aux roches intermédiaires. La terre qui provient de leur décomposition est généralement favorable à la végétation.

V. LES EURITES PORPHYRES.

§ 17. Les eurites ou porphyres sont des roches composées, dans lesquelles le feldspath est le principe dominant, et dont les divers élémens sont comme fondus les uns dans les autres.

§ 18. Les minéralogistes distinguent quatre variétés principales de porphyre, savoir : 1° Les porphyres euritiques, ou à base de feldspath compacte (ce sont les porphyres proprement dits, tels que les beaux porphyres rouges et bruns d'Égypte); 2° les porphyres kératites à base de quartz; 3° les porphyres siénites ou à base imprégnée d'amphibole (ce sont particulièrement les porphyres verts); et 4° les porphyres terreux.

§ 19. Ces roches appartiennent à différentes époques de formation, ainsi on trouve des eurites 1° entre les granits et les gneis; 2° entre les gneis et les phyllades et 3° dans les terrains intermédiaires ou secondaires.

VI. LES DIABASES ET AMPHIBOLITES.

§ 20. Nous réunirons sous le nom de diabases

et amphibolites; les aphanites, les trapps, les grunstein et les roches de corne, ces roches appartenant à une même suite de formations. Elles sont principalement caractérisées par l'amphibole qui s'y trouve en plus ou moins grande quantité, suivant que les formations sont plus ou moins anciennes.

§ 21. Dans les amphibolites, l'amphibole est presque pur, tandis que dans les diabases, il est mélangé avec du feldspath ou du quartz. Enfin, les aphanites sont des roches d'amphibole pur ou presque pur.

§ 22. En général, ces roches se divisent, suivant leur contexture, en amphibolites, ou diabases grenues ou lamelleuses, compactes, et schisteuses ou feuilletées.

VII. LES SERPENTINES ET EUPHOTIDES.

§ 23. Les serpentines font partie des formations primitives, et s'y trouvent en masses plus ou moins considérables, quelquefois feuilletées, le plus souvent compactes, mates, grenues, tendres ou demi-dures, et de couleur grise, jaune, verte, brune ou noirâtre.

§ 24. Le caractère essentiel de la serpentine est de donner, par la raclure, une poussière d'un gris verdâtre, douce au toucher.

§ 25. Le plus communément la serpentine

se trouve dans les montagnes de gneis et de schistes micacés, alternant avec les calcaires qu'elle modifie très-souvent.

§ 26. L'Euphotide est une variété de serpentine dure ou à base de jade, qui contient du feldspath et du diallage.

VIII. LES QUARTZ.

§ 27. Le quartz constitue souvent de grandes masses dans les terrains primitifs; il y forme même quelquefois des montagnes. Le plus souvent ses masses sont subordonnées aux gneis et aux phyllades. Il prend quelquefois une texture feuilletée, à cause du mica, qui y est si abondant, qu'il passe aux schistes micacés.

IX. LES CALCAIRES PRIMITIFS.

§ 30. Les roches calcaires des terrains primitifs sont grenues, à grains cristallins, plus ou moins gros, translucides et blancs ou grisâtres. En général la contexture cristalline est le caractère de l'ancienneté de ces calcaires; ainsi ceux des granits et des gneis sont plus cristallins, que ceux des phyllades et des terrains de formation subséquente.

§ 31. Les calcaires primitifs forment de grandes masses cristallines, plus ou moins pures, et quelquefois micacées; lorsque les masses calcaires sont mélangées de diverses substances, elles se trouvent en couches plus ou moins épaisses.

II. LES TERRAINS INTERMÉDIAIRES.

§ 32. On désigne sous le nom de terrains intermédiaires ou de transition, ceux qui font le passage des terrains primitifs aux secondaires. Il est difficile, et même impossible, de déterminer rigoureusement les limites de ces terrains, dont les formations les plus anciennes ont une grande analogie, avec celles des terrains primitifs, et dont les dernières contiennent quelquefois des débris d'êtres organiques.

§ 33. Ces terrains se composent : 1° des traumates et des schistes traumatiques ; 2° du calcaire intermédiaire ; 3° des granits et porphyres de transition ; 4° des gneis, schistes micacés et serpentines ; 5° des quartz ; 6° des amphibolites intermédiaires, et 7° des gypses.

I. DES TRAUMATES ET DES SCHISTES TRAUMATIQUES.

§ 34. Les traumates de Daubuisson réunissent les grauwackes des Allemands et les psamites de Brongniart ; ce sont des roches à base de grès, ou même des grès, contenant des fragmens de phyllade, de quartz, d'euphotide, etc., etc. Suivant que les fragmens y sont plus ou moins abondans, ils constituent : 1° des grès à gros grains ; 2° des brèches, si les fragmens sont anguleux, et 3° des poudingues, s'ils sont arrondis.

§ 35. Les traumates forment quelquefois de grandes masses, mais souvent ils sont en couches minces, qui alternent avec les schistes traumatiques, ou phyllades intermédiaires, lesquels contiennent des empreintes végétales, ou des vestiges d'animaux.

§ 36. C'est à ces phyllades qu'appartiennent les schistes talcqueux à empreinte de poisson du Plattenberg, près de Glaris, en Suisse ; les schistes, pierres à rasoir ; les ampélites ou schistes bitumineux ; l'ampélite graphique, etc., etc.

II. LES CALCAIRES INTERMÉDIAIRES.

§ 37. Ces calcaires sont des roches d'une pâte très-fine, avec grains cristallins très-petits. Ce sont en général nos beaux marbres, si riches de couleurs, qu'ils réunissent quelquefois au nombre de quatre, cinq, six et au-delà, avec des nuances variées à l'infini.

§ 38. Souvent le calcaire est disposé en amandes,

ou nodules ovoïdes aplaties, enveloppées de schiste talcqueux (1).

§ 39. Dans quelques-uns de ces marbres, on ne distingue que difficilement les débris d'animaux qu'ils contiennent; mais dans la plupart, ils sont au contraire bien conservés, et si bien distincts, qu'on y reconnaît les zoophytes, les madrépores, les orthocératites, les encrinites, les térébratules, les trilobites, les calcimènes, les paradoxites, etc., etc.

§ 40. Enfin ces calcaires sont coupés en tous sens de nombreuses veines blanches, ou petits filons de calcaire blanc spathique, qui contribuent encore à varier les beaux effets de ces marbres, dont plusieurs sont largement veinés de calcaire talcqueux de différentes nuances.

§ 41. Les calcaires intermédiaires sont souvent caverneux et présentent dans l'intérieur de leur masse des cavernes très-étendues.

III. DES GRANITS ET PORPHYRES INTERMÉDIAIRES.

§ 42. On connaissait déja depuis long-temps des granits de seconde origine, caractérisés par des fragmens de roches primitives, tels que des gneis et des phyllades enveloppés dans la pâte;

---

(1) Tels sont, en grande partie, les beaux marbres colorés des Pyrénées orientales et des départemens voisins.

mais ce n'est que du commencement de ce siècle qu'on a reconnu des superpositions de granit et de porphyre, postérieures à la formation des phyllades à empreintes végétales, et à des couches de calcaire contenant des débris d'animaux, tels que des orthocératites, des pectinites, des trilobites, etc., etc. (1).

§ 43. Ces formations, qui sont plus ou moins tourmentées, tantôt en couches horizontales, et tantôt en couches verticales, sont recouvertes par des masses énormes de porphyre, qui passent insensiblement, dans quelques parties, au granit à grands élémens cristallins et au granit ordinaire; et dans d'autres parties au basalte compacte, ou basalte poreux ou bulleux, et au basalte amigdaloïde.

IV. DES GNEIS, SCHISTES-MICACÉS ET SERPENTINES INTERMÉDIAIRES.

§ 44. Ces roches, dans quelques vallées des Alpes, alternent avec des phyllades à empreintes végétales, des poudingues et des brèches calcaires, contenant des nautiles et des bélemnites.

§ 45. Postérieures à l'existence des êtres organisés, ces roches n'appartiennent pas aux for-

(1) Voyage en Norwège et en Laponie, par MM. de Buch et Hausmann, 1810.

mations primitives, et sont classées dans les terrains de transition.

V. DES QUARTZ INTERMÉDIAIRES.

§ 46. Entre les phyllades intermédiaires, on trouve des masses d'un quartz plus ou moins grenu, et souvent grossier, écailleux et compacte, qu'on ne doit pas confondre avec les grès. Ces quartz alternent avec les phyllades, et appartiennent évidemment à la formation intermédiaire.

VI. DES AMPHIBOLITES INTERMÉDIAIRES.

§ 47. M. Daubuisson, d'après Werner, décrit ainsi les amphibolites intermédiaires : roches, dont la masse principale est un grunstein en partie décomposé, formant des roches à grains fins.

§ 48. Elles sont très-souvent amigdaloïdes; les vacuoles sont ordinairement remplies, en tout ou en partie, de quartz, de spath calcaire, de chlorites, d'épidote, d'augite, etc. Lorsque les nodules calcaires et de chlorite sont décomposées et entraînées par les eaux, ces roches offrent l'aspect de laves et produits volcaniques boursoufflés.

§ 49. Elles se trouvent souvent en bancs plus ou moins épais, alternant avec des couches calcaires à entroques, à ammonites, à térébratules, etc. Ces roches, comme les précédentes, appartiennent aux terrains de transition.

VII. DES GYPSES.

§ 50. Les gypses sont très-communs dans les terrains intermédiaires. Quoique plusieurs géologues aient parlé des gypses appartenant aux terrains primitifs, nous persistons à les regarder comme véritablement intermédiaires : quelquefois, il est vrai, ils sont immédiatement déposés en masses ou amas sur le terrain primitif, et recouverts par des calcaires saccharoïdes schisteux ou micacés, mais le plus souvent ils sont en couches, entre des calcaires compactes, noirs, anthraciteux, et des phyllades intermédiaires.

§ 51. Ces gypses contiennent fréquemment du talc et du mica, souvent on y trouve du souffre, et plus souvent encore du sel marin.

III. DES TERRAINS SECONDAIRES.

§ 52. Les nombreux vestiges d'animaux et de végétaux, qui se trouvent dans les terrains secondaires, en font le principal caractère; ils ne s'y trouvent cependant pas constamment, et leur absence pourrait quelquefois laisser des doutes sur la véritable origine de certaines parties, si on ne considérait l'ensemble des masses déposées les unes sur les autres en forme de sédiment d'une étendue considérable.

§ 53. Ici l'on ne trouve plus de ces roches composées d'élémens variés, combinées suivant les lois de l'affinité, on voit plus d'uniformité; les superpositions sont évidentes; les âges relatifs sont incontestables, et, en général, déterminés par tel ou tel fossile qui leur est propre, et sert à spécifier les masses prises isolément loin de leur gisement.

§ 54. Les terrains secondaires se composent 1° des grès qui comprennent trois formations: les grès de houillères, auxquels appartiennent les terrains houillers, les grès bigarés argileux, et les grès quartzeux; 2° des calcaires secondaires, également divisés en trois époques de formation; et 3° des gypses.

I. LES GRÈS.

§ 55. Suivant la grosseur des grains qui les constituent, les grès se divisent: 1° en grès proprement dits; 2° en poudingues, si les grains ou graviers qui les composent sont d'une certaine grosseur et arrondis; et 3° en brèches, si ce sont des fragmens anguleux.

§ 56. En outre, les grès sont siliceux, argileux, marneux ou calcaires, suivant la pâte ou le ciment qui réunit les grains.

§ 57. Dans la formation des grès de houillère, nous comprenons celle des terrains houillers, composés de couches de grès, alternant avec des couches d'argile schisteuse, à empreintes végétales, et des couches de houille.

§ 58. Les grès de houillères sont très-variés dans leur contexture, puisque, composés de grains de toutes grosseurs, ils passent tantôt aux poudingues, formés de quartz, de schistes micacés, de schistes phyllades, de feldspath, agglutinés par un ciment terreux grisâtre, et tantôt aux argiles schisteuses à empreintes végétales.

§ 59. On trouve dans cette formation des couches calcaires, des argiles pseudo-porphyres, ou fer carbonaté lithoïde, des aphanites ou trapps noirs, etc., etc.

§ 60. Cette formation présente des grès anciens, qui alternent tantôt avec des porphyres terreux, contenant des grains de quartz d'amphibole et de feldspath, et tantôt avec des couches de houille.

§ 61. Les grès rouges des Anglais paraissent faire partie de ces terrains.

§ 62. Le grès bigarré argileux est à petits grains et à ciment argileux ou marneux; il est quelquefois tellement micacé, qu'il passe à l'état de grès schisteux micacé; il alterne avec des argiles rouges chargées d'oxide de fer, et contient du fer carbonaté et hydraté.

§ 63. Les fossiles qui s'y trouvent particulièrement sont de grandes huîtres, des turbinites, des pholades, des pectinites, avec des bois pétrifiés, et des empreintes de feuilles.

§ 64. Enfin le grès quartzeux (quader-sandstein, de Werner) est un grès blanchâtre qui forme des masses de montagnes distinctement stratifiées. On y trouve des musculites, des mytilites et des tellinites, avec de grandes empreintes de feuilles qui ont de l'analogie avec les palmiers.

II. DES CALCAIRES SECONDAIRES, ALPIN, JURASIQUE ET CRAÏEUX.

§ 65. Les calcaires secondaires présentent trois époques de formation :

Les calcaires compactes alpin et jurasique, les calcaires coquillers à trochites et encrines, et le calcaire craïeux.

§ 66. Le calcaire compacte des Alpes est gris, bleuâtre, jaunâtre, rougeâtre, et quelquefois noirâtre; sa cassure est écailleuse, souvent grenue et très-fine. Il est susceptible d'un beau poli.

§ 67. Il forme des strates plus ou moins épais, souvent contournés, et souvent aussi plus ou moins inclinés. Ce calcaire contient des silex disséminés irrégulièrement dans les parties supérieures.

§ 68. Les fossiles y sont inégalement répandus; de grands espaces en sont entièrement dépourvus; mais dans quelques endroits, ils sont au contraire très-abondans et réunis en famille. Ce sont particulièrement les ammonites qui caractérisent ce calcaire; elles y sont accompagnées de madréporites, de corallolites, de numismales, d'huîtres, de buccinites, d'échinites, de bélemnites, etc.

§ 69. Le calcaire compacte du Jura paraît appartenir à une formation postérieure au précédent. Il est souvent chargé d'argile, et forme des couches marneuses, qui alternent avec le calcaire oolitique.

§ 70. Ses couches sont souvent plus ou moins inclinées et quelquefois verticales.

§ 71. Les coquilles sont très-nombreuses dans les couches marneuses.

§ 72. Dans les masses inférieures on trouve les mêmes fossiles que dans le calcaire alpin; les ammonites, les bélemnites, les numismales, etc., et dans les couches supérieures ou moins anciennes, on trouve avec les bélemnites et les ammonites, des turbinites et des térébratules.

§ 73. Il est très-difficile de distinguer ces deux

formations calcaires qui sont confondues par plusieurs minéralogistes.

§ 74. C'est particulièrement dans ces calcaires que se trouvent les grandes cavernes, qui les ont fait désigner sous le nom de calcaire à cavernes (kœlen kalkstein) et les lacs souterrains, les rivières et torrens souterrains dont on a tant parlé au sujet de ces cavernes.

§ 75. Le calcaire coquiller à trochite et encrinite qui a été appelé calcaire horizontal, parce que ses couches, communément déposées au pied des grandes montagnes, sont habituellement horizontales, semble faire partie de la formation des calcaires du Jura. Les trochites, les encrines et les *ammonites nudosi et franconici* caractérisent ce calcaire, qui contient en outre des térébratules lisses, des chamites lisses, des strombinites, des échinites, etc., etc.

§ 76. Enfin c'est à cette même formation qu'appartient le calcaire des pierres à lithographier de la Franconie, remarquables par les empreintes de poissons qu'on y trouve.

§ 77. Le calcaire craïeux où la craie forme la deuxième époque du calcaire secondaire. Sa masse présente des couches irrégulières de silex en tubercules plus ou moins gros.

§ 78. On trouve dans la craie plus de vingt espèces de coquilles, parmi lesquelles on distingue particulièrement les bélemnites, les oursins, les térébratules, les millipores, les huîtres etc., etc.

§ 79. Dans sa partie inférieure, la craie est mélangée de terre verte ou de glauconie; dans sa partie supérieure, elle est généralement pure, blanche, mais fendillée dans tous les sens par de nombreuses retraites.

III. LES GYPSES SECONDAIRES.

§ 80. Ces gypses secondaires comprennent les gypses du calcaire alpin, les terrains gypseux à sel gemme, et les gypses de grès à argile.

§ 81. Les gypses du calcaire alpin se trouvent dans les assises inférieures du calcaire compacte et des schistes marneux ou fétides, avec lesquels ils alternent; ils forment des masses qui varient d'épaisseur, depuis un, deux et trois mètres jusqu'à quinze, vingt et au-delà, traversées par des fissures nombreuses en tous sens, et renfermant des grottes ou cavernes immenses, qui sont probablement dues à la dissolution des masses salifères.

§ 82. C'est dans les gypses des grès avec argile que se trouvent les plus grands dépôts de sel gemme. Les masses salifères sont composées d'argile, de gypse et de sel gemme, et recouvertes par un grès avec argile et oxide de fer, renfermant des ammonites, des madrépores, des tellines, des bois fossiles, du jayet, de l'ambre ou succin, etc., etc.

IV. LES TERRAINS TERTIAIRES.

§ 83. Les terrains tertiaires, formés de matières provenant de la dissolution des terrains antérieurs, sont composés, en prenant ceux des environs de Paris pour exemple : 1° de l'argile plastique avec sable, 2° du calcaire grossier ou mieux du calcaire marin à cérites avec sable et grès, 3° de calcaire siliceux, 4° de gypse et de ses marnes, 5° de marnes, 6° de sable et grès, 7° de calcaire d'eau douce et pierre meulière.

I. LES ARGILES PLASTIQUES.

§ 84. La craie forme le fond du bassin de Paris; sa surface était inégale et irrégulière lorsque l'argile plastique l'a recouverte. Dans quelques endroits la craie présente même à sa surface une sorte de brèche d'argile, de tuf craïeux et de silex, alternant avec des couches irrégulières d'argile et de craie. La ligne de superposition est rarement nette et bien prononcée. Il y a presque toujours mélange des deux formations avec bouleversement plus ou moins confus. Il existe assez communément une nappe d'eau abondante entre la craie et l'argile.

§ 85. L'épaisseur de l'argile plastique varie, depuis quelques centimètres jusqu'à douze et quinze mètres; elle manque quelquefois entièrement. Dans sa plus grande épaisseur, et lorsqu'elle est intacte, la formation argileuse se compose d'un grand nombre de couches diversement colorées et plus ou moins régulières.

§ 86. Souvent on trouve dans sa partie inférieure et quelquefois dans sa partie supérieure, des lignites ou bois bitumineux, contenant du succin et des pyrites; l'épaisseur de ces lignites varie depuis quelques centimètres jusqu'à un et deux mètres. Une terre noire bitumineuse remplace souvent les lignites supérieurs.

§ 87. Les couches supérieures de l'argile sont séparées par des sables gris quartzeux, dans lesquelles on trouve des nappes d'eau plus ou moins abondantes.

§ 88. Une propriété commune aux argiles et en général à tous les terrains argileux est de fournir des réservoirs souterrains aux fontaines et aux sources.

§ 89. L'argile fermentante de Walérius (1) est une argile mêlée de sable quartzeux, plus ou

(1) Walérius. minéral., I, 34.

moins fin, qui s'imbibe d'eau, se gonfle, et soulève avec force des pierres, des quartiers de rocher, des champs entiers et même des maisons. Ces mêmes objets redescendent à leur premier niveau, lorsque les argiles viennent à se dessécher. Les ravages que font éprouver leurs variations de gonflement, sont très redoutés en Russie (1). Ces argiles recèlent presque toujours des nappes d'eau plus ou moins abondantes et, lorsque déposées sur des plans inclinés, elles sont trop gonflées par les eaux, elles déterminent fréquemment des glissemens de terrain et des ébqulemens plus ou moins considérables (2).

---

(1) Géographie de Russie, III, p. 201.

(2) C'est ainsi qu'il y a quelques années à Solutré, près de Macon, après de grandes pluies, les couches argileuses du sommet de la montagne de Solutré, glissèrent sur les bancs de pierre calcaire qui se trouvent au-dessous; elles avaient déja cheminé plusieurs centaines de mètres, menaçant d'engloutir le village, lorsque les pluies cessèrent, et, par suite, la marche de ce terrain mouvant (1). C'est encore ainsi qu'une partie du mont Goïena, dans l'état de Venise, se détacha pendant la nuit et glissa, avec plusieurs habitations qui furent entraînées jusques dans la vallée prochaine. Le matin à leur réveil, les habitans qui n'avaient rien senti, furent fort étonnés de se trouver dans une vallée; ils crurent qu'un pouvoir surnaturel les avait ainsi transportés, et ce ne fut qu'en examinant leur nouvelle situation,

(1) De la Méthérie. Théorie de la terre, t. IV, § 1420.

II. LE CALCAIRE MARIN A CÉRITES.

§ 90. L'argile plastique n'existe pas constamment sous la craie; elle manque partout où la craie se trouvait à une hauteur à laquelle ne pouvait probablement atteindre la déposition argileuse. Alors la craie est immédiatement recouverte par les sables du calcaire marin à cérites; mais le plus communément les deux formations sont séparées par l'argile.

§ 91. La partie inférieure du calcaire marin est particulièrement sableuse et composée d'un sable siliceo-calcaire verdâtre, contenant de la chlorite ou silicate de fer.

§ 92. Souvent ces sables présentent une nombreuse succession de couches de sables et de grès verts, sur huit à dix mètres de hauteur. On y trouve assez communément des nappes d'eau ascendantes; ces sables ont quelquefois plus de trente et quarante mètres d'épaisseur.

§ 93. La masse du calcaire grossier se com-

---

qu'ils aperçurent les traces de la révolution qui les avait si merveilleusement épargnés. Je pourrais multiplier les citations au sujet de ces glissemens; on en trouve un grand nombre de descriptions dans les voyages de montagnes. Les environs de la ville de Meaux en ont offert plusieurs exemples assez remarquables depuis l'ouverture du canal de l'Ourcq.

pose communément de vingt à vingt-cinq couches d'un calcaire plus ou moins dur, alternant avec des marnes et des argiles feuilletées.

§ 94. L'ensemble de la masse peut avoir de quinze à vingt, même jusqu'à trente mètres, sans y comprendre les sables verts. Ce calcaire est remarquable par les nombreuses coquilles marines qu'on y rencontre.

§ 95. Dans la partie supérieure, on trouve des marnes cellulaires ou géodiques, contenant des cristaux de quartz et de calcaire, souvent les couches de marnes présentent des cavités plus ou moins étendues.

III. LE CALCAIRE SILICEUX.

§ 96. Le calcaire siliceux recouvre le calcaire marin, dont il diffère par les coquilles d'eau douce qui s'y trouvent; il forme des couches marneuses, tantôt terreuses, tantôt pierreuses, dures, compactes, très-fines et pénétrées de silice.

§ 97. Les cristaux lenticulaires qu'on y trouve semblent indiquer dans ce calcaire le commencement de la formation suivante.

IV. LE GYPSE ET SES MARNES.

§ 98. La formation gypseuse est une des mieux caractérisées des terrains tertiaires. Dans les divers endroits où elle est intacte, elle présente une alternative de couches de gypse et de marne, remarquable par l'ordre constant de superposition.

§ 99. Dans sa plus grande épaisseur, elle se compose de trois masses ou assises, savoir : l'inférieure ou basse masse; la seconde ou moyenne masse; et la troisième ou haute masse.

§ 100. La masse inférieure, d'environ cinq mètres d'épaisseur, dans laquelle sont des coquilles marines et des silex ménilites, présente une série de couches de gypse lamellaire, de marnes calcaires solides et de marnes argileuses feuilletées.

§ 101. Dans la seconde masse, le gypse augmente et les marnes diminuent; on n'y trouve point de coquilles, mais quelques poissons fossiles. Comme la précédente, elle a cinq à six mètres d'épaisseur; elle est souvent divisée, par l'effet du retrait, en gros prismes informes.

§ 102. La troisième masse, de sept à huit mètres de hauteur, est remarquable par la quantité d'ossemens d'animaux et surtout de quadrupèdes inconnus. Dans la partie supérieure, on trouve des coquilles d'eau douce.

§ 103. Au total, la masse de gypse a, dans sa plus grande épaisseur, de quinze à vingt mètres.

V. LES MARNES.

§ 104. Une grande déposition de marnes calcaires et argileuses recouvre les gypses. Elle présente de nombreuses couches terreuses, blanches, grises, jaunes, vertes et bleuâtres.

§ 105. Dans la partie inférieure, on trouve des bois agathisés du genre du palmier et des coquilles d'eau douce.

§ 106. Au milieu, dans un banc mince et jaunâtre, sont des cythérées, des cérites, des os de poissons.

§ 107. Plus haut, un grand banc de marnes vertes contient des géodes argilo-calcaires, et des boules ou rognons de strontiane sulfatée.

§ 108. Enfin, la partie supérieure se termine par deux couches, renfermant une grande quantité d'huitres bien conservées.

VI. LES SABLES ET LES GRÈS.

§ 109. Une masse de sable, de plus de quarante à cinquante mètres, succède aux marnes que nous venons de voir.

§ 110. Dans la partie inférieure, on trouve quelques coquilles marines éparses et dépareillées.

§ 111. La masse de sable se termine par un grand banc de grès quartzeux, d'une épaisseur très-variable.

§ 112. Au-dessus est une couche de sable calcaire, contenant des coquilles marines, qui forment quelquefois du grès coquillier par leur agglutination avec le sable et un ciment siliceo-calcaire.

VII. CALCAIRE D'EAU DOUCE ET MEULIÈRE.

§ 113. La grande masse de sable est recouverte par des terres blanches, argilo-calcaires, composées de bancs tendres, durs et pierreux, plus ou moins siliceux, avec des coquilles d'eau douce et terrestres, telles que des lymnées, des phanorbes, des hélices, des cyclostomes, etc., etc. Ce calcaire qui couvre souvent de grandes surfaces de terrain, á quelquefois 50, 60, 80 et même 100 mètres d'épaisseur. A Orléans, il a 50 mètres, et à Montpellier plus de 150. Le plus souvent, il recouvre le calcaire marin; on le trouve quelquefois sur le secondaire, et même parfois sur le primitif.

§ 114. Enfin, un dernier dépôt de terre argilo-sableuse et ferrugineuse, verdâtre et brunâtre, termine la formation des terrains tertiaires. On y trouve des couches ou plutôt des masses irrégulières de quartz carrié et de pierres meulières.

OBSERVATION.

§ 115. Les différentes formations que nous

venons de désigner, dans les terrains tertiaires des environs de Paris, ne se trouvent point également partout. Souvent plusieurs d'elles manquent à la fois, et les autres se présentent alors en masses plus épaisses, mais d'ailleurs avec les mêmes caractères.

V. LES TERRAINS D'ALLUVION.

§ 116. Les terrains d'alluvions se divisent en terrains de transport de montagnes, et terrains de transport des plaines.

§. 117. Les premiers se trouvent sur les sommets et les plateaux, où ils ne forment qu'une couche de terre végétale bien mince.

§ 118. Les seconds, déposés sur les flancs des montagnes et dans les vallées, sont les produits de la décomposition des montagnes, qui recouvrent leurs bases et le fond des vallées; ce sont en général des terres, des sables, des graviers et des pierres n'observant aucun ordre régulier de superposition.

§ 119. Les terrains d'alluvion ou de transport des plaines sont principalement formés de sables et d'argiles, de tufs calcaires et de tourbières.

§ 120. Les terrains sablonneux couvrent souvent de grandes étendues de pays : on les trouve dans l'intérieur des terres, comme sur les bords de la mer, où ils forment les dunes.

§ 121. Les terrains argileux ou les limons, sont les dépôts des eaux des fleuves et des mers; ils constituent de très-grandes surfaces.

§ 122. Les tufs calcaires sont anciens ou se forment journellement. Avec des coquilles terrestres et d'eau-douce analogues aux espèces vivantes, et des empreintes de plantes indigènes, les premiers contiennent une grande quantité d'ossemens fossiles d'éléphans, de rhinocéros, de cerfs, etc.

§ 123. Les terrains de transport renferment de grands dépôts de bois, ou des forêts entières enfouies sous des attérissemens de sable et de limon.

§ 124. Les tourbières occupent de grandes places dans ces terrains. On en trouve sur les plateaux de hautes montagnes et dans les vallées. Celles des vallées ont quelquefois de 15 à 20 mètres d'épaisseur.

§ 125. C'est dans les terrains d'alluvion ou d'attérissement, que se trouvent les sables métallifères, dans lesquels on va chercher les paillettes d'or et de platine, l'étain, les diamans, etc.

§ 126. Enfin, c'est encore dans ces mêmes terrains, que sont généralement tous les grands amas d'ossemens fossiles de grands quadrupèdes, qu'on a découverts sous toutes les latitudes et jusque dans la nouvelle Sibérie, où ces grands animaux se trouvent même encore conservés au milieu des glaces.

VI. TERRAINS VOLCANIQUES.

§ 127. Les terrains volcaniques forment deux divisions, 1° les formations trachytiques ou sorties de terre avec indices de l'action du feu, et 2°, les formations basaltiques ou pyroïdes qui présentent les caractères de roches évidemment fondues.

1° DES FORMATIONS TRACHYTIQUES.

§ 128. Ces formations, qui paraissent généralement reposer sur les terrains primitifs, comprennent les trachytes lithoïdes, les trachytes émaillés, les trachytes vitreux, les pumites, les phonolites et les brèches ou tufs trachytiques.

I. LES TRACHYTES LITHOÏDES.

§ 129. Ces roches grises, rougeâtres, brunes ou noirâtres, sont dures, rudes au toucher, fusibles en émail grisâtre. Elles forment des masses considérables sans aucune indication de stratification. Les domites sont des trachytes lithoïdes à cassure grenue et terne ou terreuse.

II. LES TRACHYTES ÉMAILLÉS.

§ 130. Les trachytes émaillés ont un certain éclat perlé ou nacré qui passe quelquefois à l'aspect de la résine; ils sont souvent bulbeux et ressemblent alors aux pumites ou pierres ponces. On les trouve, comme les suivantes, en couches irrégulières, ou coulés au milieu des autres éjections volcaniques.

III. LES TRACHYTES VITREUX.

§ 131. Les trachytes vitreux, qu'il ne faut pas confondre avec les obsidiennes, ou verres et émaux noirs basaltiques, sont des trachytes gris ou verdâtres, à cassure vitreuse, ne présentant aucun caractère de stratification. Ils sont évidemment le produit de courans, ou de coulées volcaniques.

IV. LES PUMITES.

§ 132. Les pumites ou pierres ponces sont des roches à pâte vitreuse, poreuse et fibreuse, fusibles en verre blanc; elles forment des amas, ou bancs irréguliers peu étendus.

V. LES PHONOLITES.

§ 133. Ces roches se distinguent des précédentes, par leur densité, leur compacité, leur texture fissile ou feuilletée, et leur propriété de donner un son clair, par le choc d'un corps dur. Elles sont quelquefois divisées en gros prismes comme les basaltes. Les phonolites se fondent et se vitrifient en verre ou émail d'un gris verdâtre.

VI. LES BRÊCHES OU TUFS VOLCANIQUES.

§ 134. Dans leur destruction, les montagnes de trachyte donnent lieu à des formations de tufs et de brêches, qui se déposent par amas ou attérissemens autour d'elles. Ces formations, souvent anciennes, sont recouvertes par d'autres éjections volcaniques, et souvent par des trachytes. C'est dans ces terrains que l'on trouve les grandes masses d'aluminite, exploitées en Hongrie et dans les états romains, pour la fabrication de l'alun.

II° DE LA FORMATION BASALTIQUE PYROÏDE.

§ 135. Dans cette formation sont réunies les laves dolérites, les basaltes lithoïdes, les basaltes cellulaires, les basaltes variolites, les brêches et tufs volcaniques.

I. LES LAVES DOLÉRITES.

§ 136. Ces laves sont un mélange noirâtre et

intime de diverses substances cristallisées confusément, et présentant une contexture lamelleuse. Elles forment des collines assez étendues, ou des montagnes à plateau peu élevées. Elles se présentent en masses, quelquefois divisées en prismes plus ou moins réguliers.

II. LES BASALTES LITHOÏDES.

§ 137. Ces roches noires ou noirâtres, à texture grenue et presque compacte, dures, difficiles à casser, sont fusibles en émail noir, caractère qui les distingue des trachytes.

§ 138. Les basaltes lithoïdes sont en masses non stratifiées; ils sont souvent divisés verticalement en prismes plus ou moins réguliers de toutes dimensions. Les masses se divisent quelquefois transversalement en grandes plaques.

§ 139. On trouve dans les basaltes ou laves lithoïdes d'immenses cavernes (1).

---

(1) La caverne de Furtur, en Irlande, a plus de 1600 mètres de longueur. Ses parois sont couvertes d'un vernis noir et verdâtre, de verre volcanique. Des stalactites de laves sont suspendues aux voûtes crevassées qui laissent pénétrer quelques rayons de soleil. La plus magnifique de toutes les cavernes connues, est, sans contredit, la grotte de Fingal dans l'île de Staffa, au nord de l'Écosse. Des milliers des colonnes basaltiques soutiennent une voûte majestueuse, sous laquelle la mer roule ses flots, tandis que la clarté du jour y pénètre par un vaste portail.

Faujas de St.-Fond. *Essais de géologie.*

III. LES BASALTES CELLULAIRES.

§ 140. Les parties supérieures des grands courans présentent, assez fréquemment, des basaltes cellulaires ou boursoufflés et scorifiés. Dans la partie inférieure, les bulles, plus ou moins nombreuses, sont quelquefois pleines d'eau. Ces basaltes sont exploités pour faire des meules de moulin.

IV. LES BASALTES VARIOLITES.

§ 141. Les pores ou les bulles des basaltes cellulaires sont souvent remplis de globules de chaux carbonatée; ils forment alors les basaltes variolites. Ils se trouvent en grandes masses, sans aucune indication de stratification, ni aucune structure déterminable.

V. LES BRÈCHES ET TUFS VOLCANIQUES.

§ 142. Les déjections incohérentes des volcans, telles que les sables, les cendres et les scories, altérées et décomposées, puis entraînées, remaniées et agglutinées par les eaux avec des fragmens de laves, forment des agglomérats plus ou moins durs, plus ou moins terreux, qui acquièrent quelquefois une assez grande consistance, pour pouvoir être employés avec succès dans les constructions.

§ 143. Ces brèches et poudingues sont déposés par couches irrégulières, quelquefois très-épaisses, grises, rougeâtres et noirâtres. Souvent ils sont recouverts par des coulées de laves basaltiques d'éruptions postérieures.

§ 144. Enfin les tufs volcaniques sont dus aux torrens d'eau et de boue vomis par les volcans. Tantôt ces éjections sont uniquement boueuses, tantôt elles sont mêlées de cendres et de sables, et tantôt enfin de matières charbonneuses. Souvent dans leur marche elles entraînent des scories, des pumites, des fragmens de lave, de manière à former des brèches et des poudingues, dont il est difficile de les distinguer.

APPLICATION

DU PRÉCIS GÉOLOGIQUE AUX DIFFÉRENS TERRAINS DU TERRITOIRE FRANÇAIS.

---

§ 145. Tout ce qui vient d'être exposé, dans le précis géologique, va trouver une application directe et immédiate, dans les considérations physiques sur le gisement des eaux souterraines, et particulièrement sur celui des eaux ou fontaines artificielles jaillissantes.

§ 146. Pour faciliter à chacun l'examen des chances et probabilités du succès des puits forés, dans telle ou telle espèce de terrain, je crois devoir représenter sous la forme de tableaux synoptiques, la série de toutes les formations du territoire français, au moyen de deux grandes coupes oryctognostiques, l'une du nord au sud, l'autre de l'est à l'ouest, d'après les élémens qui nous ont été donnés par MM. Omalius d'Halloy (1),

---

(1) Mémoires pour servir à la description géologique des Pays-Bas, de la France et de quelques contrées voisines, par J. J. Omalius d'Halloy, conseiller d'état, gouverneur de la province de Namur, in-8°, 1828.

Cuvier et Brongniart (1), Charpentier (2), D'Aubuisson de Voisins (3), etc., etc.

Première coupe prise du nord au sud, depuis les Ardennes jusqu'aux Pyrénées.

§ 147. Cette première coupe, appuyée au nord sur les terrains primitifs, qui sont entre les Ardennes et le Rhin, part de Mezières, où les terrains secondaires sont composés d'arkoses, de psammites de schistes, d'ardoises, de poudingues, de grès des houillères, de calcaire secondaire ammonéen, enfin de calcaire oolitique horizontal, et recouverts, dans le département de l'Aisne, par la grande formation craïeuse. Pl. 1, fig.

§ 148. Avant d'arriver à Laon, la craie disparaît sous les argiles plastiques, et celles-ci sous le calcaire marin à cérites.

§ 149. A Soissons, la vallée de l'Aisne coupe le calcaire marin, jusques dans les sables verts, qui le séparent des argiles, dont la formation

---

(1) Description géologique des environs de Paris, par MM. G. Cuvier et Alex. Brongniart. Paris, 1822.

(2) Essai sur la constitution géognostique des Pyrénées, par J. de Charpentier, directeur des mines du canton de Vaud, in-8°, 1823.

(3) Traité de géognosie, par Daubuisson de Voisins, 2 vol. in-8°, 1829.

est à découvert sur plusieurs points de cette vallée, ou à peu de profondeur.

§ 150. De Soissons à Paris, on ne voit le calcaire marin que dans la vallée de Vauciennes, entre Villers Cotteretz et Levignen; de cette vallée jusqu'à Paris, il n'est plus visible sur aucun point de cette direction, mais il l'est dans les déchirures et vallées voisines, à gauche et à droite de la ligne de section.

§ 151. A Dammartin, on trouve la formation des gypses et de leurs marnes, et au-dessus, les sables et les grès.

§ 152. On descend dans Paris sur la formation gypseuse et d'eau douce. Le calcaire marin n'est pas à découvert sur cette ligne; mais il se relève et se montre dans les quartiers de l'est et de l'ouest de Paris.

§ 153. Le fond du bassin de la Seine est sur l'argile; pluieurs puits l'ont entiérement traversée et ont même fait reconnaître la formation craïeuse qui est au-dessous.

§ 154. Sur la rive gauche de la Seine, le calcaire marin était anciennement à découvert; il est aujourd'hui masqué par les constructions. Il est en grande exploitation dans les carrières de la plaine du midi de Paris. A Antony il s'enfonce sous les gypses et leurs marnes, qui sont à leur tour recouverts, comme au nord de Paris (à

Dammartin), par les sables et les grès, au-dessus desquels sont le calcaire d'eau douce supérieur, et les argiles des pierres meulières.

§ 155. A Étampes, la profondeur de la vallée fait voir toute la composition inférieure de ces grandes plaines qui s'étendent de cette ville jusqu'à Orléans. Les plaines de la Beauce sont essentiellement composées du terrain d'eau douce supérieur, et au-dessous, de grès et de sables.

§ 156. A Orléans, les sables et graviers ou atterrissemens s'étendent sur la rive gauche de la Loire. Dans la Sologne, on trouve d'abord le calcaire d'eau douce et en allant au midi la craie, jusqu'à Vierzon.

§ 157. De Bourges à St.-Amand (département du Cher), le pays offre des sables, des argiles et du calcaire d'eau douce contenant des lymnées et des planorbes; puis une grande déposition d'argile, ensuite le calcaire lumachelle, le calcaire oolitique et le calcaire compacte.

§ 158. Au-delà, on trouve le terrain secondaire inférieur, composé de grès de psammites et d'argiles schisteuses.

§ 159. Enfin le terrain primitif se montre à Boussac et à Aubusson, dans les montagnes de l'Auvergne, qui limitent les trois départemens du Puy-de-Dôme, de la Creuse et de la Corrèze.

§ 160. Au sommet de ces montagnes, sont les

grandes formations trachytiques du Puy-de-Dôme, et au-dessus les terrains volcaniques proprement dits.

§ 161. Au midi d'Ussel, en descendant la vallée de la Dordogne par Mauriac, le terrain primitif est à découvert.

§ 162. Près d'Aurillac, il existe un terrain de calcaire d'eau douce, qui paraît analogue à celui des hautes vallées de la Loire et de l'Allier.

§ 163. Au-delà d'Aurillac, on retrouve les grès, les psammites, les argiles et tous les terrains secondaires, mais recouverts par un lacustre plus ou moins compacte, gris, rempli de planorhes.

§ 164. Près de Figeac, le terrain volcanique surmonte le terrain secondaire, qui s'étend dans la vallée du Lot.

§ 165. En descendant vers Rignac, sur la rive droite de l'Aveyron, le terrain primitif est recouvert par les calcaires secondaires, compactes et jurasiques : de l'autre côté, ou sur la rive gauche de l'Aveyron, on le retrouve dans les montagnes au-dessus d'Alby et de Castries. Au-dessus on voit du calcaire d'eau douce gris compacte, et dans quelques endroits des lignites. Au revers de ces montagnes, en descendant vers Carcassonne, le calcaire secondaire le recouvre entièrement.

§ 166. Dans la vallée de l'Aude, au nord et au sud, on trouve des formations tertiaires dans lesquelles le calcaire lacustre présente souvent des coquilles marine et d'eau douce, mélangées ensemble; au-dessous on trouve le calcaire marin à cérites et numismales; mais en remontant la vallée, on rentre sur les calcaires compactes et jurasiques, depuis Rennes jusqu'à Quillans.

§ 167. A partir de cette ville, commence le terrain intermédiaire ou de transition, qui s'étend jusqu'à Roquefort.

§ 168. Enfin à Roquefort, on trouve le terrain primitif et granitique, sur lequel sont les sources de l'Aude, de la Têt, du Tech, de l'Arriège, et celles de la Segre d'Urgel, en Espagne, au-dessus de Mont-Louis.

Seconde coupe.

§ 169. La seconde coupe du territoire français (fig. 2, pl. I), s'étend de l'est à l'ouest, depuis Colmar, sur la pente orientale des Vosges, jusqu'au Havre. Pl. I, fig.

§ 170. A Colmar, on trouve dans la vallée de l'Ille, des terrains tertiaires recouverts par ceux d'atterrissement.

§ 171. En s'élevant vers les Vosges, on voit d'abord des argiles, le calcaire à gryphites et ensuite le calcaire à encrines et à trochytes, qui recouvre les grès rouges, les psammites et les arkoses.

§ 172. Les terrains granitiques et porphyriques qui constituent la masse des montagnes des Vosges sont recouverts, à leur base, par les mêmes formations sur l'une et l'autre pente.

§ 173. Ainsi au revers, les phyllades, les arkoses, les psammites, les grès et les argiles à lignites, recouvrent également les terrains primitifs, comme on le voit en descendant à St.-Dié, dans la vallée de la Meurthe.

§ 174. De Rembervilliers à Épinal, les calcaires à encrines et à trachytes succèdent aux grès rouges.

§ 175. Les montagnes qui séparent Mirecourt de Neufchâteau, sont de calcaire compacte, de calcaire marneux ammonéen, de calcaire à gryphites; enfin d'un calcaire argileux, qui paraît identique avec le *lias* des anglais.

§ 176. Le bassin de la Meurthe à Neufchâteau est dans le calcaire ooliteux spathique, tantôt feuilleté et tantôt compacte, dont les couches alternent avec du calcaire marneux et des argiles marneuses. C'est dans ces terrains, qu'après s'être perdue à Bazoilles, la Meuse coule souterrainement pendant plus d'un myriamètre, pour reparaître ensuite près de Neufchâteau (1).

---

(1) Essai potomographique sur la Meuse, ou observations

§ 177. De Neufchâteau à St-Dizier, les dernières couches de calcaire oolitique sont recouvertes de couches de marne, d'argile et de sable, alternant avec des calcaires lumachelles, et des calcaires marneux plus ou moins compactes. Ces terrains présentent des sources très-abondantes, et à chaque superposition, il y a communément une nappe d'eau, ainsi qu'on peut le voir dans la planche II. Pl. II.

§ 178. Au-dessus de St.-Dizier commence ce vaste dépôt craïeux qui a été indiqué dans la première coupe, § 147 et 156. Il s'étend à découvert jusqu'à Sezanne, et constitue la majeure partie des plaines de la ci-devant Champagne. Depuis St.-Dizier, la vallée de la Marne est creusée dans la craie, jusqu'à Épernay, où l'on trouve l'argile plastique et les lignites pyriteux.

§ 179. A Sezanne la craie disparaît sous le calcaire siliceux et les limons argileux des pierres meulières : et ainsi qu'on l'a vu à Étampes dans la première coupe, on trouve sous ce calcaire les sables et les grès, § 155.

§ 180. Les environs de Coulommiers présentent les marnes silicéo-calcaires et argileuses, de la formation gypseuse qui est exploitée, dans la

---

sur sa source, sa disparution sous terre et son cours, par M. Héricart de Thury, Journal des mines, t. XII, n° 70, p. 291.

vallée de la Marne, à Quincy, à Carnetin, près de Lagny, et au mont de Mesly, près de Creteil. On retrouve le calcaire siliceo-marneux à Champigny, où l'on traverse la Marne.

§ 181. Le calcaire marin se montre sur la rive droite de cette rivière à St.-Maur; au-dessus sont les marnes spathiques; puis les gypses, qui s'étendent de l'est à l'ouest, au nord de Paris, depuis Carnetin, jusqu'à Meulan.

§ 182. Au-dessus des gypses et de leurs marnes, sont les sables et les grès, qui sont eux-mêmes recouverts par le terrain d'eau douce supérieur, comme dans la Brie.

§ 183. Le calcaire marin continue, sous les gypses, depuis Paris jusqu'à Juzier, au-delà de Meulan. Entre ce bourg et Mantes, la craie, qui avait disparu à Sezanne, se montre à découvert, n'ayant paru dans toute cette longue ligne, que sur trois points seulement; savoir : aux moulineaux de Sèvres, sous Meudon; au Point du Jour, entre Auteuil et Boulogne; et à Bougival, sous la Celle.

§ 184. De Mantes à Rouen, et de cette ville au Hâvre, la Seine coule sans discontinuité sur la craie. La montagne de Ste-Catherine à Rouen, est d'un grand intérêt pour la géologie, en ce qu'elle présente dans son escarpement les trois époques de formation de la craie : dans sa partie inférieure, la craie verte chloritée, au-dessus la craie tuffeau, et dans la partie supérieure la craie blanche.

§ 185. Enfin au Havre et dans les environs on trouve les argiles inférieures à la masse de craie, qui alternent avec des marnes argileuses, des lumachelles et des calcaires marneux plus ou moins compactes, § 177. Entre les différentes superpositions de cette grande formation argileuse, il existe de nombreuses nappes d'eau très-abondantes. La planche II donne toute la composition de ces argiles et leurs différentes nappes d'eau qui seront décrites en parlant des recherches et des sondages faits dans le département de la Seine inférieure. Pl. II.

CONSIDÉRATIONS PHYSIQUES

OU

RECHERCHES D'HYDROGRAPHIE SOUTERRAINE,

RELATIVEMENT

AU JAILLISSEMENT DES PUITS FORÉS.

GÉNÉRALITÉS.

§ 186. De toutes parts l'eau s'élève dans l'atmosphère par l'évaporation.

§ 187. La vapeur aqueuse s'y trouve en quantités très-variables : elle y augmente avec la température du climat et de la saison. Sous les tropiques, elle fait plus des trente millièmes en volume de l'atmosphère; dans nos latitudes, elle en fait 15, 16 et 17 millièmes environ en été, et 5, 6 et 7 millièmes en hiver; enfin elle diminue à mesure qu'on s'elève. Saussure ne l'a trouvée que de deux millièmes sur le mont Blanc. Humboldt de 2 à 3 millièmes dans les Cordilières, et Gay-Lussac à peine de un millième à sept mille mètres de hauteur (1).

(1) La quantité de vapeur aqueuse est de 7, 8 ou 9 millièmes

§ 188. La quantité d'eau qui s'évapore en un an équivaut à une couche d'un mètre environ d'épaisseur.

§ 189. Cette quantité varie suivant le degré de siccité de l'atmosphère, sa température, sa pression et son agitation.

§ 190. Elle diminue naturellement de l'équateur au pôle. Il résulte des observations faites à Paris, que l'évaporation annuelle est de 88 centimètres ou 32 pouces et demi.

§ 191. Réduite en vapeur et répandue dans l'atmosphère, l'eau s'y maintient jusqu'à ce que, par l'effet de quelque cause, elle change d'état et se précipite, tantôt sous une forme visible, telle que les nuages, les brouillards, la pluie, la neige, la grêle, et tantôt sous une forme invisible, comme dans la formation de la rosée.

§ 192. Dans ces divers états, la quantité d'eau, qui tombe annuellement sur la terre, varie suivant les circonstances locales, la température, l'éloignement de la mer, le voisinage des montagnes, celui des forêts, des lacs, des étangs, etc.

§ 193. Dans les climats chauds les pluies sont plus abondantes que dans les pays froids : ainsi

---

de l'atmosphère, à la température moyenne de 11 à 12^{d}; ce qui produirait une lame d'eau de 9 centimètres ou 3 pouces un quart, si elle venait à se précipiter tout d'un coup en entier.

il tombe une plus grande quantité de pluie sous l'équateur que dans nos climats.

§ 194. A Paris, la quantité d'eau qui tombe annuellement est, d'après les observations du bureau des longitudes, de $0^m,540$, ou 20 pouces environ; mais elle excède quelquefois ce nombre. En 1711, elle fut de 26 pouces, tandis qu'en 1723, elle ne fut que de 7 pouces et demi. D'après cent quarante-sept observations, M. Cotte a conclu que, dans notre climat, la quantité moyenne était de $0^m,947$ ou 35 pouces. Ainsi, d'après lui, le terme moyen serait de près d'un mètre ou trois pieds, à peu près égal à la quantité qui s'évapore annuellement § 185.

§ 195. Dans un même lieu les quantités d'eau pluviales recueillies sur les mêmes surfaces, diffèrent suivant leurs hauteurs au-dessus de la surface de la terre. Ainsi, en 1818, il est tombé $0^m,518$ de pluie dans le récipient placé sur le sol de la cour de l'observatoire de Paris, tandis qu'il n'en est tombé que $0^m,432$ dans celui de la terrasse de l'observatoire, placé à 27 mètres plus haut.

§ 196. L'eau qui tombe par la rosée, varie suivant les localités et l'état de l'atmosphère. A Londres, elle n'est que de $0^m,081$ (3 pouces) suivant Kalles, et de $0^m,155$ (5 pouces) à Manchester, suivant Dalton.

Les eaux les plus pures sont les eaux de pluie et de neige fondue; les dernières eaux tombées sont plus pures que les premières.

§ 197. Les montagnes ont une grande action sur les nuages. Elles semblent agir sur eux par attraction. Une partie des brouillards, des rosées, des neiges et des pluies s'arrête et se fixe autour d'elles.

§ 198. Toutes choses égales d'ailleurs, il tombe plus d'eau sur les montagnes que dans les vallées. Dans l'île de St.-Thomas il ne pleut jamais, dit Mercator; mais dans le milieu de cette île, il y a une grande montagne, couverte de forêts, qui est continuellement entourrée de nuages, et d'où il s'écoule des ruisseaux qui fertilisent tout le pays.

§ 199. Le voisinage des forêts exerce une très-grande influence sur l'état de l'atmosphère, comme elles en exercent une très-grande sur les sources qui sont situées dans leur sol. La destruction des forêts, en facilitant l'évaporation des eaux, suspend leur infiltration, et détermine par suite le dessèchement des sources.

§ 200. Grouppés autour des montagnes et des forêts, les nuages se fondent en pluie, leurs eaux s'infiltrent dans la terre, les sables, les graviers, et en général dans tous les terrains, qui, par leur nature et par leurs fentes, fissures et retraites, leur permettent de s'y insinuer, et de s'y frayer un passage, en vertu de leur poids.

§ 201. Les eaux suivent, en s'infiltrant ainsi, les pentes et inclinaisons des différentes couches ou superpositions de terrains, jusqu'à ce qu'elles rencontrent des couches imperméables qui les retiennent et sur lesquelles elles forment des nappes d'eau.

§ 202. Si sur ces couches imperméables, il existe un banc de sable, de gravier, de tuf, ou des couches d'une formation naturellement poreuse, les eaux y établissent leur lit : elles s'écoulent en nappes entre les interstices ou les vides de ces différentes substances, et suivent la pente ou l'inclinaison de la couche imperméable.

§ 203. Partout où, sur les flancs des montagnes et des collines, leurs couches se montrent à découvert ou à peu de profondeur, par l'effet des déchirures, des ravines ou des vallées, les eaux s'y épanchent en formant des sources dans les flancs ou à la base de ces montagnes et collines.

§ 204. Il existe dans l'intérieur du globe des amas ou masses d'eau plus ou moins considérables, qui sont ou en repos, ou animées d'un mouvement plus ou moins rapide.

§ 205. Les jets d'eau naturels et en général toutes les sources surgissant du fond des vallées, sont dues aux eaux qui s'infiltrent dans l'intérieur des montagnes, y descendent à de grandes profondeurs, et souvent bien au-dessous de ces vallées, jusqu'à ce qu'arrivées à des couches imperméables, elles s'y rassemblent et forment souterrainement des nappes ou torrens, qui remontent et s'élèvent à la surface du sol, à travers les ruptures des bancs de pierre ou de roches, dont la déchirure a formé ces vallées (1).

§ 206. Il existe des sources, et même des sources souvent très-abondantes, sur des plateaux et sur des monticules plus élevés que tous les lieux qui les entourent immédiatement; telles, par exemple, que la fontaine de Feyollas, à la cime du mont Ventoux, à plus de 1,800 mètres de hauteur, qui est très-abondante et d'un niveau constant; les sources jaillissantes de la ville de Lillers, en Artois, dans une plaine éloignée de toutes collines; les sources des sommités de l'île Ste.-Hélène (2), les sources du mont

(1) Au pied de la côte de Chatagna, dans le Jura, est une fente dans le rocher, par laquelle, en hiver, l'eau s'élance en un large jet à près de quatre mètres de hauteur et retombe dans un bassin de deux mètres de largeur, d'où elle se précipite ensuite avec la rapidité d'un torrent. En été, cette fontaine est entièrement à sec et produit un vent très-fort. Dans la grotte de St.-Étienne près du château du Malmort sur le bord de la Soulaize (département de l'Isère), est une source qui surgit par jets de diverses hauteurs. *Guettard, Minéralogie du Dauphiné.*

(2) Sur la partie la plus élevée de l'île Ste.-Hélène, est une

Cimone, près de Modène, plus élevées que tout le pays des environs, etc., etc. Ces sources sont dues à des réservoirs qui se trouvent dans quelques montagnes plus ou moins éloignées, et dont les eaux, en s'écoulant souterrainement, trouvent sous ces monticules, et dans leur intérieur, des issues par lesquelles elles reprennent leur niveau, et s'élèvent en jaillissant jusqu'à leur sommet, en suivant la marche du siphon.

§ 207. Les sources sont en général plus abondantes dans les pays montagneux que dans les pays de plaines, § 197-198.

§ 208. L'écoulement ou le surgissement de l'eau est fréquemment accompagné dans les sources d'un dégagement d'air atmosphérique plus ou moins fort; quelquefois même l'air sort avec une sorte d'impétuosité. Michaux cite plusieurs sources qu'il a vues à Dixon Spring et à Northwill, dans le Tenessée, en Amérique septentrionale, dont l'écoulement est accompagné d'un courant d'air très-fort.

§ 209. Le plus souvent l'air se dégage en grosses bulles; en sortant elles produisent tantôt une sorte de sifflement, et tantôt un bruit périodique plus ou moins fort, mais varié, sui-

---

source d'eau qui coule continuellement. Il y a plusieurs autres sources semblables dans l'île.

vant la force de la sortie des bulles. Les sources qui présentent ces dégagemens d'air, ont presque toutes un mouvement d'intermittence plus ou moins prononcé.

§ 210. Dans les mines on voit quelquefois des surgissemens et des écoulemens d'eau, ainsi accompagnés de dégagemens d'air. Les grands puits de recherche qui furent faits à Ruel sous Nanterre, en 1791, pour y découvrir une mine de houille qu'on disait y exister, ont présenté de nombreux exemples de ces dégagemens d'air souterrains, appelés *soufleurs* par les ouvriers mineurs. C'est surtout dans les superpositions de formation différente qu'on les trouvait, et ils étaient quelquefois assez forts pour éteindre les lumières des ouvriers.

§ 211. Les puits forés présentent assez fréquemment ce phénomène, et les sondeurs disent que, souvent la sonde traverse des cavités pleines d'eau, qui donnent de grands dégagemens de bulles d'air.

§ 212. Beaucoup de sources dégagent du gaz acide carbonique. D'autres dégagent du gaz hydrogène sulfuré. Ces gaz se trouvent quelquefois dans les eaux froides, mais plus souvent dans les eaux chaudes, et même dans une quantité qui excède de beaucoup celle que ces eaux pourraient dissoudre sous la pression ordinaire de l'atmosphère.

§ 213. Dans l'intérieur des montagnes; il existe souvent des cavernes qui renferment des amas et cours d'eau, quelquefois même assez étendus pour qu'on les désigne sous le nom de lacs souterrains, de rivières souterraines. Les eaux arrivent dans ces cavernes, par des fentes de rochers, des puits ou des gouffres. Il y a lieu de présumer que c'est dans des cavernes de cette nature que se déversent les lacs sans écoulement, tels que celui de Signy près de Mézières dans les Ardennes et la fontaine sans fond près de Sablé dans l'Anjou.

§ 214. Souvent les fentes des rochers sont à peine sensibles à l'œil, et ne forment alors que de simples fissures, par lesquelles suintent les eaux, mais souvent aussi ces fentes se présentent avec une largeur plus ou moins grande. Ainsi on cite de ces fentes qui ont plus d'un mètre de largeur, sur 15, 20, 25 mètres de longueur et au-delà (1).

(1) Un des plus singuliers exemples de ces fentes, est celui de la fontaine des Fées, qui sort au pied de la montagne de Balassu, près de Romilly, en Savoie. Cette montagne présente une grande fente de toute sa hauteur, avec cette particularité, que cette fente est plus large dans le bas que dans la partie supérieure qui semblerait devoir se rapprocher et se fermer, si un gros bloc de granit, en forme de coin, placé au sommet de la fente, ne s'y opposait.

§ 215. Les puits naturels ou puisards, sont de véritables puits creusés par la nature, plus ou moins profonds, de diamètres très-variés le plus souvent verticaux et cependant quelquefois obliques suivant différentes inclinaisons; leurs parois sont tantôt lisses et unies et tantôt sillonées verticalement ou en spirale, comme aurait pu le produire le frottement des eaux en tourbillonnant sur elles-mêmes.

§ 216. Les gouffres, entonnoirs, cuves ou chaudières, ne diffèrent des puits et puisards que par leurs plus grandes dimensions. Ce sont des excavations quelquefois circulaires et plus souvent irrégulières, d'une plus ou moins grande profondeur, assez communément placées sur les flancs des montagnes et cependant assez fréquemment aussi sur des plateaux. En général, ces gouffres et ces puits sont les uns et les autres remplis de corps étrangers aux masses dans lesquelles ils se trouvent, tels que des sables, des graviers, des galets de toutes grosseurs; souvent on trouve au centre une grosse pierre arrondie soit de granit, soit de grès, soit de toute autre nature.

§ 217. On trouve dans le Jura beaucoup de ces gouffres qui communiquent avec des cavernes souterraines. Le *frais puits* du village de Froté près de Vezoul, après les grandes pluies est remarquable par ses débordemens qui inondent toute la campagne (1). Le *puits d'Ornans* présente le même phénomène, et dans ses débordemens il jette une grande quantité de poissons. Le *puits noir et le puits blanc* près des ruines de l'ancienne ville d'Antres dans le Jura, sont des espèces de gouffres très-profonds par lesquels l'eau sort par torrent après les grandes pluies et les fontes de neige.

§ 215. Ces gouffres sont d'une grande utilité pour l'agriculture, dans les pays argileux et de terres fortes, pour absorber la trop grande quantité d'eau, que la compacité des terres retient à la surface, de manière à nuire aux récoltes, et c'est à cette propriété d'absorber les grandes eaux, qu'elles doivent leur dénomination de *boit-tout*, *bétoires* ou *boistards*, que leur donnent les habitans des campagnes (2).

---

(1) Suivant Piganiol, la ville de Vezoul assiégée, fut délivrée, le 15 novembre 1557, par un débordement subit du *frais puits*, qui, en moins de six heures, inonda la campagne des environs de Vezoul.

(2) Dans divers pays les hommes ont imité l'exemple que leur avait donné la nature, en creusant de grands puisards pour perdre les eaux qui inondent les cultures des terres fortes et argileuses. Nous en citerons pour exemple le dessèchement fait par le bon roi René, de la plaine de *Paluns* près de Marseille. Cette plaine était anciennement un grand bassin maréca-

§ 219. Au fond de ces gouffres et de ces puits, on trouve des issues ou perforations irrégulières, par lesquelles les eaux qui les ont creusés se sont échappées, pour s'épancher à travers les couches perméables, qui se trouvaient dans les montagnes ou dans les cavernes qu'elles recèlent dans leur intérieur.

§ 220. Ces cavernes sont quelquefois assez étendues pour que des ruisseaux et même des rivières y disparaissent entièrement. Après avoir fait un trajet souterrain, à des distances plus ou moins considérables, leurs eaux vont plus loin surgir subitement et forment des ruisseaux et souvent des rivières capables de faire mouvoir de grandes usines.

§ 221. Les rivières souterraines sont dues à des ruisseaux ou à des rivières qui se perdent et disparaissent. Pline en parle avec cette emphase qui lui est familière, et Sénèque en fait mention dans

---

geux, sans écoulement; il fut desséché par des boit-touts ou puisards, creusés dans le sol, dont la partie inférieure est de pierre poreuse et caverneuse. Ces boit-touts nommés *embugs*, dans le pays (*entonnoirs*), sont entourés de murs en pierre sèche : ils reçoivent ainsi les eaux filtrées par les fossés de dessèchement. Cette plaine est aujourd'hui couverte de vignes, d'une grande vigueur et d'un produit extraordinaire. Les eaux vont se rendre par les cavités souterraines, au port de Mion près de Cassis, où elles forment des fontaines jaillissantes.

ses *questions naturelles*. La division qu'il établit est encore celle que nous suivrons à leur égard.

§ 222. Les rivières se perdent peu à peu en s'infiltrant dans des terrains poreux et perméables, ou elles disparaissent subitement dans des gouffres.

§ 223. Dans le premier cas, les rivières suivent leur cours sous terre et reparaissent souvent à peu de distance. Dans le second cas, elles sont entièrement absorbées et ne reparaissent plus sous la forme d'un cours d'eau (1).

---

(1) Il n'y a pas de pays où on ne trouve des rivières qui se perdent dans des attérissements de sable et de gravier. En France nous en connaissons un grand nombre. En Angleterre on en cite plusieurs qui disparaissent dans des terrains sablonneux ou marneux. En Espagne, en Afrique, en Perse, dans l'Inde et en Amérique, on en trouve un grand nombre. Quant aux rivières qui se perdent dans des gouffres, nous citerons particulièrement : 1° la Drôme réunie à l'Aure, dans le Calvados, qui disparaît entièrement au pied d'une colline de calcaire compacte à térébratules à un myriamètre environ de la mer, sur le bord de laquelle on trouve, à marée basse, un grand nombre de sources jaillissantes qu'on regarde comme provenant de cours souterrains de la Drôme; 2° le Rhône, qui se perd et s'engouffre dans des cavités souterraines du défilé du fort de l'Écluse, où il coupe la chaîne calcaire du Jura. Dans les basses eaux il disparaît en totalité pour reparaître à quelque distance de là; 3° l'Aros, dans les Pyrénées, à peu de distance de Serancolin, qui passe sous une montagne et reparait de l'autre côté; 4° la Meuse qui

§ 224. On connaît dans différentes contrées des lacs souterrains plus ou moins étendus. Quelques-uns de ces lacs sont à peu de profondeur sous terre et recouverts par des limons tourbeux et marécageux, d'autres sont à une certaine profondeur dans de grandes cavités ou cavernes. Lorsque les lacs sont sans issue souterraine, ils sont sujets à déborder en remontant à la surface de la terre, et quelquefois ils inondent les prairies voisines (1), § 217.

---

après un cours de 6 myriamètres, disparaît à Bazoilles et reparaît à Noncourt près de Neufchâteau, après un cours souterrain de près d'un myriamètre; 5° le ruisseau de Villers-Coterets, département de l'Aisne, s'engouffre dans un entonnoir de trois à quatre mètres de diamètre, dans lesquels se perdent également tous les torrents qui descendent des hauteurs voisines, sans que cependant jamais il déborde; mais que sont ces divers exemples auprès de celui que présente la magnifique *Rock-bridge* en Virginie, voûte naturelle qui réunit deux montagnes escarpées séparées par une fente ou ravin de 90 mètres (277 pieds) de profondeur? C'est dans cet abîme que s'engloutit le *Ceder-creek*.

(1) Il est impossible de nier l'existence des lacs souterrains: les eaux du *Cephissus, en Béotie*, se perdent dans le marais tourbeux qui recouvrent l'ancien lac *Copaïc* dont parle Strabon. Le lac de l'*Oost-frise*, qui existait dans le XIIe siècle, est aujourd'hui recouvert à sa surface par une croûte tourbeuse et limoneuse, qui s'est peu à peu convertie en terre végétale. Lorsqu'on perce cette croûte on retrouve au-dessous l'ancien

§ 225. Dans les pays de sources salées et de terrain à sel gemme, on voit quelquefois se faire de grands affaissemens de terrain sur des cavités remplies d'eau (1).

§ 223. C'est à une disposition particulière des cavernes et de leurs issues ou dégorgeoirs qu'est dû le phénomène des fontaines intermittentes, dont la cause n'est autre que l'action du syphon représenté par la fente du rocher ou l'issue par laquelle l'eau sort de la cavité.

§ 227. L'intermittence de ces fontaines est très-variée; dans quelques-unes, elle est de plusieurs heures et quelquefois de plusieurs mois: on en cite même dont l'intermittence est de plusieurs années; mais il en existe aussi dans les-

---

lac. Dans le territoire de Livière près de Narbonne, on voit cinq gouffres, nommés *OEliols*, d'une profondeur extraordinaire et qui communiquent avec une grande nappe d'eau souterraine très-poissonneuse. La terre tremble sous les pieds des paysans hardis que la pêche y attire. Buffon rapporte qu'une montagne calcaire des Pyrénées s'abîma en 1678 et qu'un lac souterrain qu'elle recelait causa une forte inondation dans une partie de la Gascogne.

(1) En 1792 on vit un lac se former subitement dans un faubourg de la ville de Lons-le-Saulnier. Plusieurs maisons s'y abîmèrent ainsi qu'une partie de la route de Lyon à Strasbourg. L'affaissement du terrain découvrit un lac souterrain qui était ignoré.

quelles elle n'est que de quelques minutes seulement (1), l'intermittence de ces fontaines n'est pas toujours régulière : plusieurs présentent

---

(1) Les fontaines intermittentes sont un des phénomènes les plus curieux que présente la nature, et l'on conçoit facilement tout le merveilleux qui dut y être attaché dans les tems anciens. Il est peu de pays où les voyageurs n'en citent de plus ou moins remarquables. Nous n'en rapporterons que quelques exemples.

Les plus célèbres sont indubitablement les *geysers* d'Irlande, au nombre de plus de cent, dans un espace de deux milles, et dont nous aurons occasion de parler à l'article des sources des volcans.

Nous citerons ensuite la fontaine de Come, dans le Milanais, connue depuis long-tems et décrite par Pline. Ses intermittences sont d'une heure.

Celle de l'abbaye de Haute-Combe, en Savoie, à 127^{m}, (392 pieds) au-dessus du lac de Bourget. Elle tombe perpendiculairement de l'intérieur de la montagne du Chat, à travers un canal de 0,35 de large environ, tapissé d'une forte couche de carbonate de chaux ; ce qui prouve que les eaux de cette source ne proviennent point du Rhône, comme différentes personnes l'ont avancé ; mais de quelque source placée dans le vallon supérieur de Haute-Combe. Les intervalles d'une chûte à l'autre, sont dans les tems ordinaires, de 20 minutes ; dans les grandes sécheresses elles sont un peu plus longues. A mesure que l'eau descend dans le canal, on entend un bruit sourd dans l'intérieur de la montagne, provenant de l'air chassé ou déplacé par le volume d'eau qui entre dans le même canal, lorsque l'eau a cessé de couler, on entend une forte aspiration semblable à celle d'une pompe foulante et aspirante.

La source intermitente de Puisgros, près et au sud-est de

même des différences qu'il conviendrait d'étudier pour en connaître les causes.

§ 228. Sur les bords de la mer, les sources

Chambéry, coule au lever du soleil, à midi, au coucher du soleil et vers minuit. Ses intermittences varient entre cinq et six heures, suivant les saisons. Son volume d'eau, qui sort d'un large bassin rempli de pierres, est très-considérable.

La fontaine de Fontestorbe, près de Bellesta, dans les Pyrénées, présente une intermittence bien marquée dans les saisons sèches. Alors l'eau coule pendant environ une demi-heure de manière à faire aller un moulin; puis l'écoulement cesse pendant une demi-heure. A l'époque où M. Daubuisson l'observa, elle employait environ 10 minutes à augmenter de niveau, 30' à couler plein et 35' à baisser de niveau. A peine avait-elle atteint le plus grand abaissement qu'elle augmentait de nouveau: elle donnait environ dix fois plus d'eau dans sa plus grande crue que dans sa plus grande baisse.

Dans la fontaine de Colmars, en Provence, les intermittences sont également bien distinctes; l'eau monte et s'abaisse huit fois par heure.

La fontaine de Boulaigne, près Fressinet, à huit kilomètres de Villeneuve de Berg, dans les monts Coyrons, est quelquefois plus de vingt ans sans couler; elle coule ensuite pendant un mois, deux mois, trois mois et quelquefois davantage; mais lorsqu'elle cesse son écoulement continu, elle présente des intermittences assez réguliers, coulant environ une heure et s'arrêtant après pendant le même temps.

Les fontaines intermitentes de Madame et de Boulidon, sur la rive gauche du Gardon, près d'Uzès, présentent dans leur périodicité, une irrégularité très-remarquable, qui mériterait de fixer l'attention des observateurs, à l'effet de reconnaître si éprouvent une influence très-marquée de l'action répulsive et gravitante de la marée. Ainsi on voit sur beaucoup de côtes les eaux des sources se lever et s'abaisser suivant le flux et le reflux.

§ 229. Les nappes d'eau des puits percés sur les côtes, éprouvent la même influence.

§ 230. Quelques sources présentent à cet égard des anomalies extraordinaires dans l'effet produit par l'action de la marée; elles s'abaissent au contraire lors du flux et remontent au reflux. Cet effet est attribué, avec assez de vraisemblance, à la pression qu'éprouvent ces sources de la part de l'air atmosphérique, lui-même refoulé dans les cavités souterraines par les eaux de la mer qui, lors du flux, l'empêchent de se dégager avec ces sources (1).

---

elles sont en rapport, suivant les saisons, avec les crues et les débordemens souvent très-considérables du Gardon. Celle de Madame coule de suite 25 à 90 minutes, et tarit tout-à-fait, de manière que son fond reste à sec pendant dix à quinze minutes: celle de Boulidon s'élève de près de deux décimètres, plus de trente-six fois en vingt-quatre heures.

(1) Certaines sources des bords de la mer sont sujettes à cette singulière anomalie. A mesure que la marée monte, l'eau baisse et elle est arrivée au plus bas, lorsque la mer est arrivée au point le plus élevé, elle reste dans le même état durant une heure, accroissant visiblement lorsque la mer baisse, s'arrêtant ensuite de nouveau, pendant deux heures, pour redescendre une demi-

§ 231. Les eaux de sources et de fontaines, présentent de très-grandes différences dans leur degré de pureté et dans leur température. Les unes sont presque pures, et les autres chargées de gaz ou de dissolutions salines, terreuses ou métalliques. Quant à leur température, elle est à tous degrés; souvent elle est au-dessous de celle de l'atmosphère, telles sont les *eaux froides*, où elle est très-élevée, et quelquefois même jusqu'à celle de l'eau bouillante, telles sont les *eaux chaudes et thermales*.

§ 232. Tant que les eaux coulent dans des terrains qui ne contiennent aucun principe salin, alcalin ou métallique, elles restent dans leur pureté; telles sont celles qui coulent sur le granit vif, ou dans les sables, le calcaire et l'argile purs, elles se rapprochent de l'état des eaux de pluie, et sont très-bonnes et saines.

§ 233. Lorsque les terrains que traversent les eaux contiennent des sels terreux, alcalins ou

---

heure avant la marée. Le même effet se remarque dans un puits de Tréport, en Normandie, proche le port; l'eau y descend quand la marée monte, et elle s'y élève quand la mer descend. Plusieurs puits des bords de la Tamise et des côtes de l'Angleterre présentent les mêmes observations, et nous aurons occasion d'en parler au sujet de l'action de la marée sur les eaux des puits forés sur les bords de la mer.

métalliques solubles, en se chargeant de ces substances et des gaz qu'elles peuvent dissoudre, elles deviennent des eaux minérales et médicinales, ainsi que nous l'exposerons en parlant des sources de chaque espèce de terrain.

§ 234. Souvent les eaux entraînent avec elles des matières qu'elles ne peuvent dissoudre, telles sont celles qui sont chargées de petrole et de bitume, ou de matière noirâtres, visqueuses et fétides (1).

§ 235. Les eaux de puits ont beaucoup d'analogie avec celles des sources et des fontaines, lorsque les puits sont profonds, ou lorsqu'ils reçoivent des eaux provenant de terrains ne contenant aucune matière soluble, tels que les ter-

---

(1) Les eaux de *Tremolai, près de Clermont*, sont noires et déposent des matières gluantes d'une odeur forte et désagréable (*stercus Diaboli*); celles du *Pic de l'Étoile*, ancien volcan du Vivarais, également noires et infectes, sont chargées de bitume huileux, très-fétide, la *font de la Pègue, à Servac*, près d'Uzès, sort en bouillonnant et dépose un bitume noir, gluant, très-inflammable : la fontaine de Gabian, en Languedoc, est remarquable par la quantité de bitume qu'elle entraîne. A cet égard, aucun n'est plus remarquable que la fontaine du *Puits de la poix*, à une lieue de Clermont, dans laquelle l'eau coule avec le pisasphalte dans un très-grand degré de pureté, il s'élève du fond du bassin et vient former sur la surface de l'eau une peau de toute l'étendue du bassin. Telles sont encore les sources du *Puy de la Sau*, près de Montferrand.

rains siliceux, calcaires ou argileux; elles sont même quelquefois aussi pures que celles des meilleures sources.

§ 236. Enfin et en général, les eaux de puits, et surtout des puits peu profonds, sont chargées de sulfates, d'hydrochlorates, de nitrates, et souvent de matières plus ou moins infectes ou même délétères, provenant des infiltrations, des puisards, des égouts et des fosses d'aisances. Ces eaux sont dures et pesantes; elles ne peuvent dissoudre le savon ni cuire les légumes.

I. DES SOURCES DANS LES TERRAINS PRIMITIFS.

§ 237. Les infiltrations des eaux ne se font que difficilement dans les terrains primordiaux ou montagnes primitives; elles y sont même impossibles, lorsque ces terrains présentent des masses homogènes, compactes et sans altération; cependant on trouve assez fréquemment des sources dans ces terrains, mais elles y sont généralement peu abondantes.

§ 238. Le plus souvent l'épanchement des eaux pluviales ou des fontes de neige n'a lieu, dans les terrains primitifs, qu'à la surface des montagnes,

autres roches primitives. Saussure en a cité plusieurs exemples qu'il avait recueillis dans les Alpes (1), et Patrin en a remarqué un grand nombre dans son voyage de Sibérie (2). Le fond de ces gouffres communique toujours avec quelque superposition de deux roches différentes, entre lesquelles les eaux s'infiltrent et vont former des sources au pied des escarpemens et dans les vallées.

§ 242. Les eaux des terrains primitifs varient de qualité, comme les terrains qui les recèlent.

§ 243. Celles qui coulent à la surface des montagnes sont généralement bonnes, douces et salubres.

§ 244. Dans les montagnes granitiques, les sources sont peu abondantes, mais nombreuses. Le *Dsjoebbel-Musa*, ou montagne Moïse, près du mont Sinaï, est composé d'un beau granit rougeâtre, à gros grains. On y trouve une très-grande quantité de belles sources, mais qui ne sont pas assez abondantes pour former des ruisseaux. Ces sources fournissent de l'eau d'excellente qualité, très-estimée des arabes. Les eaux de Vic en Carladec, au pied du Cantal, qui sortent immédiatement du granit sont, suivant Cordier, presque pures.

---

(1) Saussure. Voyage dans les Alpes, § 1238.

(2) Patrin. Histoire naturelle des minéraux, III, 201.

§ 245. Dans les percemens ou travaux des mines, faits dans les filons des montagnes primitives à superpositions, on trouve assez souvent des sources d'eaux pures et abondantes : telles sont les sources des filons de la mine d'or de la Gardette, des filons d'argent des Chalanches d'Allemont, des filons de plomb de la Grave, des cristallières de l'Oisans, etc. etc.

§ 246. Cependant les eaux des terrains primitifs ne sont pas toujours dans cet état de pureté; en s'infiltrant à travers les filons métalliques, les eaux peuvent participer de la nature des diverses substances qui s'y trouvent, telles que le fer et le cuivre sulfurés, et en général les différens sels métalliques et terreux.

§ 247. On trouve dans les calcaires primitifs, des sources plus ou moins abondantes : souvent ils offrent des cavités ou poches, qui sont remplies d'eau, comme celles des cristallières; telles sont les poches pleines d'eau des marbres blancs de Carrare, que les ouvriers disent être d'excellente qualité. Les cavernes sont rares dans le calcaire primitif, mais on en cite cependant divers exemples. La fontaine de Naupoints, au-dessous d'Aulne, dans la vallée d'Erce (1), est un

---

(1) Charpentier. Constitution géologique des Pyrénées.

torrent qui sort d'un gouffre dans le calcaire primitif.

§ 248. Les eaux qui sourdent ou surgissent en bouillonnant dans les terrains granitiques, sont gazeuses, sulfureuses et salines.

§ 249. Ces eaux sont presque toutes thermales et souvent même d'une haute température (1).

§ 250. Lorsqu'elles se trouvent dans les granits compactes ou non feuilletés, ces eaux doivent avoir leur origine dans l'intérieur même de ces roches, ou au-dessous d'elles.

§ 251. Le surgissement des eaux thermales de l'intérieur des terrains primitifs, est probablement dû à des vapeurs qui pressent, dans les cavités souterraines, les eaux qui les produisent, et les forcent ainsi à s'élever à travers les fissures de ces terrains, comme dans l'Eolipyle, la vapeur, en pressant l'eau, la chasse du réservoir et la force à s'élever à plusieurs mètres de hauteur.

§ 252. Il paraît impossible d'attribuer à d'autres causes, les sources d'eau chaudes, que l'on

(1) Dans son Essai de distribution des eaux minérales, d'après la nature des terrains, dans lesquels on les trouve, M. Brongniart a fait, relativement à la température des eaux thermales, des rapprochemens qui mériteraient d'être suivis. (Voyez art. *Eau*, Dictionnaire des Sciences naturelles.)

trouve sur les plateaux les plus élevés des montagnes granitiques, sans aucun indice de stratification, telles que celles des montagnes de Guimaracous et de Gérez.

§ 253. La température des eaux chaudes ou thermales, varie presque autant que les élémens qui s'y trouvent en dissolution, et en toutes proportions, soit par la nature des roches dans lesquelles elles ont leur foyer, soit par l'effet des eaux douces et froides qui s'y mêlent.

§ 254. Souvent la température varie dans les mêmes espèces de roches; ainsi dans les granits, on trouve des eaux thermales, depuis 25 jusqu'à 100^{d} centigrades.

§ 255. Les eaux thermales des gneis, des phyllades et autres roches, présentent les mêmes différences. Ainsi, et en nous bornant à quelques exemples pris en France, nous citerons, les eaux de Bonnes, vallée d'Ossau, dans les Hautes Pyrénées, qui, sortant du granit, varient de 26 à 37^{d}. Une source voisine qui surgit également du granit, mais en traversant ensuite des couches de calcaire primitif superposé, varie de même de 26 à 37^{d}. Les eaux de Cauterez (Hautes-Pyrénées), sortant de granits à petits grains, sont les unes à 20, les autres à 50^{d}. Celles de Barrèges qui viennent, ou du calcaire primitif, ou des calcaires intermédiaires, placés immédiatement sur le granit, varient de 38 à 48^d. Celles de Bagnères de Luchon (Haute-Garonne), provenant du granit et traversant un schiste argileux carboné pyriteux qui le recouvre, sont de 30 à 60^d. Les eaux d'Ax, département de l'Arriège, sortant du granit, varient de 36 à 78^d. Celles de Chaudes-Aigues, près de St.-Flour, au sud du Cantal, qui surgissent des terrains de gneis, de phyllades et de schiste argileux, sont à 88^d. Les eaux de Vic, en Carlades, sortent immédiatement du granit, elles sont presque pures et à près de 100^d. Celles de Vals, près d'Aubenas, département de l'Ardèche, proviennent d'un granit en décomposition et sont à 55^d.

§ 256. Il est souvent difficile de déterminer exactement de quelle formation surgit telle ou telle source, le granit dont elle peut provenir, étant recouvert par des formations postérieures qu'elle ne fait peut-être que traverser, ainsi que nous venons d'en voir plusieurs exemples. Les mêmes différences se représentent pour les sources des terrains suivans.

II. SOURCES DES TERRAINS INTERMÉDIAIRES.

§ 257. Dans la superposition des terrains intermédiaires sur les terrains primitifs, on trouve fréquemment d'abondantes infiltrations, qui, ne pouvant pénétrer dans les masses trop compactes de ces derniers, en suivent souterrainement les pentes ou surfaces sous les terrains intermédiaires. Les exemples de ces infiltrations sont très-nombreux dans les chaînes des Alpes et des Pyrénées, et dans toutes les hautes montagnes.

§ 258. Ces infiltrations s'établissent ainsi des parties les plus élevées des chaînes de montagnes, et s'étendent sous terre, à des distances, comme à des profondeurs dont il est impossible de déterminer les limites.

§ 259. Les eaux de ces gisemens sont généralement douces et de bonne qualité, lorsqu'elles sont près de la surface de la terre.

§ 260. Les montagnes intermédiaires et leur système de superposition, laissent pénétrer les eaux à de plus grandes profondeurs que les montagnes primitives.

§ 261. Elles suivent, dans les terrains secondaires, les pentes plus ou moins inclinées des couches ou des strates de leurs différentes formations.

§ 262. Les eaux de ces terrains sont celles qui présentent le plus de variétés dans leur nature. C'est en effet dans ces terrains qu'on trouve la plupart des sources minérales et thermales.

§ 263. Souvent entre leurs superpositions, il existe des eaux de différentes natures; ainsi il est assez fréquent de trouver des eaux chaudes et des eaux froides, ou des eaux douces et des eaux gazeuses ou minérales, qui surgissent ensemble.

§ 264. En général, les sources d'eau douce sont très-nombreuses dans les terrains intermédiaires; mais aussi elles sont peu abondantes dans les gneis, les phyllades et les schistes.

Dans les montagnes de calcaire intermédiaire dont la stratification est bien prononcée, quoiqu'en grandes couches, les eaux sont plus abondantes, surtout lorsque ces calcaires sont caverneux.

§ 265. Les calcaires de transition présentent de grandes cavernes qui ont souvent plusieurs kilomètres d'étendue, quelquefois larges, très-hautes et spacieuses; d'autres fois étroites, resserrées et étranglées, offrant de distance en distance, et à diverses hauteurs, des chambres plus ou moins vastes, et communiquant par des puits verticaux ou inclinés sous différens angles.

§ 266. La plupart de ces cavernes sont à sec, mais dans un grand nombre, on trouve des amas d'eau plus ou moins considérables, et quelquefois des torrens ou des rivières. Dans la caverne du Diable (*Devil's hole*), dans le Derbyshire, il coule un ruisseau navigable qui, dans quelques endroits, remplit presqu'entièrement la capacité de la caverne, au point que la voûte touche à la surface de l'eau. Celle de Guacharoès, en Amérique, décrite par Humboldt, est remarquable tant par sa direction, qui se maintient rectiligne dans une grande étendue, que par la rivière qui y coule.

§ 267. Au lieu de lacs ou d'amas d'eau, plusieurs de ces cavernes présentent de grands amas de glace pendant l'été : telle est la grande caverne de Fondeurle, située dans le désert de la forêt de Lente, au-dessus de la chartreuse de Bonvante, entre Valence, Die et Grenoble, à 1,600 mètres au-dessus du niveau de la mer (1). Telles sont également la plupart de celles des Bauges et des Alpes (2), et celles des Pyrénées (3).

§ 268. A la base des montagnes calcaires qui recèlent des glacières ou des cavernes, on trouve toujours des sources abondantes, et c'est même

(1) Description de la caverne de Fondeurle et de sa glacière, par Héricart de Thury, *Journal des mines*, t. XXXIII, février 1813.

(2) Les cavernes des Alpes présentent presque toutes des glacières naturelles en été, dans lesquelles on va chercher la glace pour les villes voisines.

(3) Glacière de la caverne de Gavarnie. Ramond, *Voyage au mont perdu*, page 299.

particulièrement dans les calcaires qu'on trouve les plus belles sources ou fontaines.

§ 269. Les gypses des terrains intermédiaires présentent des cavernes souvent très-étendues. Quelquefois ce sont d'immenses excavations qui n'ont aucune issue à la surface du sol et qui renferment de très-grands amas d'eau. Le labyrinthe ou Kougour, sur les frontières de la Sibérie, visité par Patrin, est une suite de cavernes dans les montagnes gypseuses de la vallée de la Sylva. On attribue leur formation à des masses de sel gemme qui étaient renfermées dans le gypse et qui ont été dissoutes par les eaux.

§ 270. Les terrains intermédiaires sont très-riches en sources thermales; mais la plupart de ces sources ne leur appartiennent probablement pas, et proviennent des terrains primitifs qu'ils recouvrent. Cependant, comme c'est dans les roches de transition qu'elles surgissent, on ne peut se dispenser de les classer dans cette formation; telles sont les eaux de Cambon dans les Basses-Pyrénées, de Vichy, de Bourbon-l'Archambaud, de Néris, département de l'Allier, de Bourbon-Lancy, département de Saône-et-Loire, de Cranzac-Sauzay, dans l'Aveyron, de Bagnères-de-Bigorres, dans les Hautes-Pyrénées, d'Ussal, près de Tarascon, Arriége; de Bagnoles, près de Mende, Lozère; de Luxeuil, près de

Vezoul, Haute-Saône, et de Plombières, près de Remiremont, dans les Vosges, etc. etc.

III. SOURCES DES TERRAINS SECONDAIRES.

§ 271. Les grandes masses de calcaire compacte alpin et jurasique des terrains secondaires, disposées par couches puissantes n'offrent pas de sources aussi multipliées que les terrains primitifs ou intermédiaires : mais les sources y sont bien plus abondantes ou plus volumineuses.

§ 272. Ces montagnes et celles de sédiment à couches horizontales qui recouvrent leurs bases, renferment des sources très-variées par leur nature, leur qualité et leur température.

§ 273. Comme celles des terrains intermédiaires, elles contiennent de nombreuses cavernes, dans lesquelles on trouve également des amas d'eau, des lacs, des rivières souterraines et des glaces : telles sont les glacières naturelles de la Chaux-les-Passavent près de Besançon (1); celles d'Orselles, près de Quingey, de Luisans, de l'Arc, de Pierre-Fontaine, près de la Grange au Roi, dans la chaîne de calcaire compacte du Jura.

---

(1) Description des glacières naturelles de la Chaux, par Girod de Chantrans.

§ 274. Les plateaux ou sommets et les vallées supérieures de ces chaînes de montagnes présentent un grand nombre de gouffres ou puisards par lesquels les eaux de la surface se précipitent dans les cavernes.

§ 275. Elles se trouvent à toutes hauteurs dans les montagnes, on en rencontre à leur pied comme à leur sommet. Cependant les cavernes horizontales sont plutôt vers le milieu de la pente de ces montagnes qu'à leur base ou vers leur sommet, tandis que les cavernes verticales ou les puits se trouvent presque toujours vers les plateaux ou sommets : tels sont les puits du Salève, décrits par Saussure, ceux du mont Léris, près de Bagnères, etc.

§ 276. La grotte de la Balme, entre Lyon et Grenoble, celle d'Orcelle, en Franche-Comté, celle de la Grâce-Dieu, dans le Doubs, près de Baume, celle de la Balme, entre Cluse et Maglan, vallée de l'Arve, en Savoie, sont dans le calcaire compacte.

§ 277. En Angleterre, en Allemagne, en Amérique, etc., les plus grandes cavernes sont dans le même calcaire. Les cavernes semblent être un des caractères particuliers de cette formation.

§ 278. Comme les cavernes des calcaires intermédiaires, celles-ci renferment souvent des cours d'eau très-forts et très-rapides, qui donnent naissance à des sources remarquables; telles que celles de Vaucluse (1), de Nîmes (2), de la Laisse (3), de Sassenage (4), de l'Ain (5), etc. etc.

§ 279. On trouve également des cavernes dans les terrains gypseux à sel gemme; et les cours d'eau, qui les parcourent, en dissolvant les masses, y occasionnent de fréquens affaissemens ou éboulemens.

§ 281. Les sédimens supérieurs du calcaire ammonéen, les calcaires argileux, les calcaires à trochytes, encrinites et bélemnites, les calcaires oolitiques, etc., etc., présentent, dans leurs diverses superpositions, des sources abondantes et nombreuses, qui paraissent provenir de réservoirs très-élevés, à en juger par leur propension à monter, lors du percement du terrain dans lequel on les trouve.

§ 282. Lorsque le calcaire crayeux se trouve

---

(1) Histoire naturelle de la fontaine de Vaucluse, par Guérin. — Statistique du département de Vaucluse.

(2) Topographie de la ville de Nîmes et de sa banlieue, 1802. Nîmes.

(3) Albain de Beaumont. Description des Alpes grecques et Cottiennes, 3 vol. in-4°.

(4) Voyage pittoresque de la France (Dauphiné), et Minéralogie de Guéttard.

(5) Depping, Merveilles de la Nature; Cours de l'air, in-12, 1811.

à de grandes profondeurs en terre, et qu'il est recouvert par des formations postérieures, alors il est compacte, et recèle des nappes d'eau plus ou moins considérables, qui doivent, comme les précédentes, provenir des montagnes dont il recouvre les bases.

§ 282. Lorsqu'au contraire le calcaire crayeux se montre à la surface de la terre, ou qu'il se trouve à peu de profondeur, loin d'avoir la compacité qu'il possédait dans les premières circonstances, il n'offre plus qu'une masse fendillée dans tous les sens par de nombreuses fissures ou retraites, qui s'étendent souvent jusque très-avant dans la masse. Alors ce n'est plus qu'à une très-grande profondeur qu'on trouve l'eau dans la craie. Les premières eaux qu'on y rencontre sont le produit des infiltrations de la surface, souvent elles sont à 50, à 60, à 80 mètres, et même au-delà. On cite en Champagne et en Normandie des puits de plus de 100 mètres percés dans la craie.

§ 283. C'est donc au-dessous de cette grande masse de craie, et dans sa superposition sur les argiles des calcaires argileux ammonéens, que sont les nappes d'eau qui proviennent des réservoirs des montagnes, et que l'on voit souvent surgir du fond des grandes vallées des pays de calcaires crayeux.

§ 284. Aussi est-ce particulièrement au-dessous de cette masse de craie qu'il faut aller chercher avec la sonde des niveaux d'eaux jaillissantes, lorsqu'elle se montre au jour et à peu de profondeur, tandis qu'on peut encore se flatter d'en obtenir dans sa partie supérieure, lorsqu'elle est recouverte de diverses formations postérieures, ou qu'elle se trouve à une certaine profondeur.

§ 285. Les terrains secondaires sont en général très-riches en sources minérales et thermales, gazeuses et salines. Elles se trouvent dans les plus anciennes formations de ces terrains, dans les calcaires compactes, les calcaires à ammonites, à trochytes, encrinites, etc., etc. On n'en connaît point dans les terrains crayeux.

§ 286. Comme dans les terrains intermédiaires, il est difficile de déterminer de quelle formation elles proviennent. Nous les voyons surgir à travers les calcaires secondaires anciens; mais elles peuvent venir de formations antérieures.

§ 287. Ces sources présentent assez communément cette particularité, qu'elles sortent de terre et jaillissent avec des eaux douces, et que souvent encore elles sourdent ensemble par les mêmes issues, ou très-près les unes des autres, quoique bien certainement elles aient leur origine dans des gisemens différens. On peut faire cette observation dans la plupart des sources salées et des eaux thermales. Il est quelquefois très-difficile de séparer ces différentes sources et de les empêcher de communiquer ensemble.

§ 288. Dans quelques endroits, ce sont les eaux douces qui paraissent venir de fond, à travers les eaux salées ou thermales, dans d'autres on remarque le phénomène contraire.

§ 289. Ainsi, quelquefois on voit des eaux douces surgir des terrains de gypse et de sel. Dans les salines de Wiliska, en Pologne, il existe des sources d'eau douce au milieu de la masse de sel; en Géorgie, à l'ouest de l'église du monastère de Djvaris, au pied de la montagne Jedadznisi, on voit jaillir d'un rocher imprégné de sel, une abondante source d'eau douce et d'excellente qualité (1).

§ 290. C'est aux formations des terrains secondaires qu'il faut rapporter les eaux thermales gazeuses et salines de Campagne, près de Limoux, département de l'Aude, de Saint-Félix de Bagnières, près de Condal, département du Lot, d'Aix, département des Bouches-du-Rhône, de Gréioux, près de Digne, département des Basses-Alpes, de Balaru, près de Montpellier, département de l'Hérault, de Bourbon-les-Bains,

---

(1) Description du Kéri. Topograp. géorgienne, traduite par Klaproth; Nouveau journal asiatique, N° XI, nov^e 1828.

département de la Haute-Marne, de Salins et de Château-Salins, départements de la Meurthe et du Jura, de Pougens, département de la Nièvre, de Saint-Amand, près de Valenciennes, département du Nord, etc., etc.

IV. SOURCES DES TERRAINS TERTIAIRES.

§ 291. Les terrains tertiaires sont encore plus favorables que les précédens aux infiltrations des eaux, et par conséquent aux sources et fontaines.

§ 292. Les argiles plastiques et leurs sables, le calcaire à cérites, les grès ou sables verts silicéo-calcaires, qui séparent les argiles du calcaire à cérites et paraissent avoir été le commencement de sa déposition, les calcaires spathiques et siliceux, les gypses et leurs marnes inférieures et supérieures, les grandes marnes et leurs argiles, les sables quartzeux et leurs masses de grès, les calcaires d'eau douce et leurs marnes, enfin les pierres meulières et leurs argiles, toutes ces formations, présentent entre leurs superpositions des nappes d'eau plus ou moins abondantes, suivant les hauteurs auxquelles elles se trouvent, et les différentes circonstances ou manières d'être des localités.

§ 293. Ces eaux ont une analogie constante de propriété et de composition dans chaque nappe; elles sont généralement douces et de bonne qualité.

§ 294. Les sels que l'analyse chimique reconnaît dans ces eaux sont, suivant les diverses formations dans lesquelles elles se trouvent, le carbonate de chaux, le sulfate de chaux, le sulfate de magnésie, le sulfate et le carbonate de fer, et quelquefois le gaz hydrogène sulfuré; mais ces différens principes sont toujours dans des proportions infiniment faibles, et tellement minimes, que ces eaux dissolvent parfaitement le savon et cuisent très-bien les légumes.

§ 295. Les eaux qui se trouvent entre les argiles et la craie sont très-pures. Les réactifs n'y découvrent que de légères traces de sels terreux.

§ 296. Celles qui sont dans les bancs de pyrites et de lignites des argiles, contiennent du sulfate de chaux, de fer, de magnésie, d'alumine et de potasse, des muriates de soude, etc., telles sont les eaux de Passy, près Paris, celles du puits foré d'Épinay, près Saint-Denis.

§ 297. Quelquefois ces eaux dégagent, en arrivant au jour, du gaz hydrogène sulfuré, mais une fois ce gaz dégagé, ces eaux deviennent douces et très-bonnes, par le simple contact de l'air atmosphérique, telles sont celles du niveau inférieur de 66 mètres du puits foré, de la Gare de Saint-Ouen, et celles du puits foré de Contigny, dans le département de l'Allier.

§ 298. Les eaux qui se trouvent dans les sables verts chlorités du calcaire marin à cérites, sont de même nature que celles de la craie; elles sont douces et très-pures.

§ 299. Celles des gypses contiennent toujours de la sélénite ou du sulfate de chaux; elles ne peuvent dissoudre le savon, et ne cuisent qu'imparfaitement les légumes; celles des grandes masses argileuses qui recouvrent les gypses sont de même nature.

§ 300. Les eaux du calcaire d'eau douce varient de qualité, suivant les bancs marneux argilo-calcaires fétides, dans lesquels elles se trouvent; lorsque ces bancs manquent dans cette formation, les eaux sont douces et pures; mais lorsque les marnes fétides y sont abondantes, comme dans la partie inférieure de cette déposition, les eaux qui s'y trouvent sont sulfureuses. L'exemple le plus remarquable que nous puissions en citer, est celui que présentent les eaux d'Enghien, contenant du gaz hydrogène sulfuré, du sulfate et muriate de magnésie, du sulfate et du carbonate de chaux, etc., etc.

§ 301. Enfin les eaux qui se trouvent dans les limons argileux des pierres meulières, sont très-bonnes et presque pures, à moins cependant que les terres, dans lesquelles elles s'infiltrent, n'aient point de pente suffisante pour leur écoulement, et ne soient marécageuses, comme certains grands plateaux de la Brie.

§ 302. Quant à leur propension à remonter à la surface de la terre, et à former des fontaines jaillissantes, les eaux qui se trouvent entre la craie et les argiles, celles des argiles, et celles des sables verts et du calcaire à cérites, enfin celles des marnes qui les recouvrent, jouissent de cette propriété, mais il faut que le pays ne soit pas coupé de vallées profondes, qui, mettant les différentes formations à découvert sur les pentes des collines, facilitent l'épanchement naturel des eaux, ou que ces formations soient à une certaine profondeur en terre, et recouvertes par des formations postérieures.

§ 303. Généralement les eaux de tous ces terrains ont la température moyenne du lieu d'où elles sourdent, et sont, ce qu'on appelle *froides* par opposition avec les eaux thermales; cependant dans les puits de 60 à 80 et 100 mètres, elles sont à une température constante de 12, 13 et 14 degrés centigrades.

V. SOURCES DES TERRAINS D'ALLUVION.

§ 304. Comme les précédens, les terrains d'alluvion ou d'atterrissement offrent des eaux douces et abondantes. Elles y sont cependant plus rares, à moins que les dépôts de sables, de graviers et de cailloux ne soient coupés par des couches d'argile ou de sable argileux.

§ 305. Dues aux filtrations de pluie et de fonte de neige, les eaux pénètrent, s'étendent et s'écoulent entre les sables, et s'arrêtent sur les argiles marneuses ou tuffeuses, en y formant des nappes d'eau, que nous allons chercher par nos puits.

§ 306. Les sources les plus abondantes de ces terrains sont celles qui se trouvent dans le plan de leur superposition sur ceux qui leur sont inférieurs et d'une formation antérieure.

§ 307. Ces terrains, souvent d'une grande épaisseur, sans liaison et sans consistance dans toute l'étendue de leur masse, présentent des gouffres, des entonnoirs ou bétoires, dans lesquels se perdent et s'infiltrent des ruisseaux et des rivières qui s'épanchent souterrainement jusqu'à ce qu'elles trouvent des issues par lesquelles elles s'échappent pour former de nouvelles rivières; telles sont les rivières de la Rille, de l'Iton, de l'Avre et du Noyer-Ménard, en Normandie, qui se perdent dans des bétoires ou gouffres que présente le sol de leurs vallées composé de cailloux roulés; telle est encore la rivière d'Hyères, près de Paris, qui se perd dans plusieurs points, notamment à Soulaires, et ensuite entre Sognolle et Ivry-les-Châteaux.

§ 308. Les terrains d'alluvion, d'atterrissement et de sable présentent quelquefois des eaux naturellement jaillissantes, qui proviennent indubitablement de pays plus élevés et probablement de terrains secondaires ou primitifs : telles sont les fontaines de Moïse, près de Suez, décrites par Monge, situées au sommet de monticules de sable amené par les vents, et agrégé par le sulfate de chaux que l'eau de ces fontaines tient en dissolution; telle est la belle source du banc de sable de la plage d'Alvarado, dans le golfe du Mexique : ce banc de sable, il y a quarante ans, avait au plus $0^{m},66$ de hauteur, sur un demi-mille de largeur; aujourd'hui, par suite d'atterrissemens successifs, il forme une colline de plus de 30 mètres de hauteur, au sommet de laquelle les habitans d'Alvarado et les vaisseaux qui fréquentent ce port, envoient journellement chercher de l'eau de la source jaillissante, qui est douce et de bonne qualité; enfin, telle est encore la belle source du Loiret, au château de la *Source Morogues*, près d'Orléans, qui surgit d'un entonnoir très-profond, formé de sable, sur ses bords, et de rocher à son fond, et qui donne une masse d'eau de plus de 30 mètres cubes.

VI. SOURCES DES TERRAINS VOLCANIQUES.

§ 309. On ne trouve que très-peu de sources dans les parties supérieures des terrains volcaniques; cependant il y existe souvent des lacs et des amas d'eau, sur les plateaux et dans les anciens cratères de volcans, ou dans des vallées barrées par des coulées de laves.

§ 310. Le lac de Guéri, au sud de Rochefort, près de la Roche-Sanadoire, en Auvergne, est bien un de ces anciens lacs. Par une branche, ses eaux vont se jeter par la Dordogne, dans le golfe de Gascogne, tandis que par l'autre branche, elles arrivent aux côtes de Bretagne, par la Sioule, l'Allier et la Loire (1).

§ 311. Les lacs de Servière et de Pavin, le premier au nord du Mont-d'Or, et le second au

(1) Legrand, Voyage d'Auvergne, t. II, p. 312.

sud-sud-est, sont évidemment deux anciens cratères de volcan. Ce dernier, sondé avec le plus grand soin par M. Chevalier, inspecteur des ponts et chaussées, en 1770, a été reconnu de 93m,55 (288 pieds) de profondeur (1).

§ 312. Les lacs de Chambon, Fung, Aidat, etc., ne sont que des ruisseaux, qui, arrêtés dans un vallon par une coulée de laves, devinrent des lacs par accident (2).

§ 313. Les montagnes volcaniques recèlent dans leur intérieur des cavernes qui contiennent des lacs souterrains, ainsi que le prouvent leurs sources, leur jets d'eau naturels, les torrens d'eau et les déjections boueuses que rejettent les volcans dans leurs éruptions.

§ 314. Les sources de Royat, dans la vallée de Fontanat, qui alimentent les fontaines de Clermont, sont depuis long-temps connues par leur beauté et leur abondance. La caverne d'où elles surgissent a été décrite par plusieurs auteurs. La grotte de Royat est due à un amas de tuf, de cendres et de scories, recouvert par une énorme quantité de lave balsatique compacte; c'est de ce tuf que s'échappent et jaillissent ces sources magnifiques qui ne peu-

(1) Legrand. Voyage d'Auvergne, t. II, p. 336.
(2) Idem, p. 317.

vent provenir que des lacs supérieurs ou des lacs souterrains qui recèlent les volcans éteints de l'Auvergne.

§ 315. Les terrains volcaniques présentent plusieurs exemples de jets-d'eau ou fontaines jaillissantes, évidemment dus à l'action de leurs feux souterrains. Telles sont les fontaines de Geysers, en Islande (1), dont la plus remar-

---

(1) Les fontaines jaillissantes et intermittentes des Geysers en Islande, sont à six lieues au nord de Skalhot et à douze lieues de la côte, dans un pays plat, présentant une multitude de petits monticules de terres diversement colorées, d'où il sort de fortes sources d'eau chaude chargée de beaucoup de silice. La plus considérable porte le nom de Geyser, elle se trouve sur un monticule de deux à trois mètres de hauteur, qui présente à sa partie supérieure un bassin presque circulaire, semblable à une vaste soucoupe ayant environ quinze mètres de diamètre et un mètre de profondeur. Au milieu il y a une ouverture, qui est l'extrémité supérieure d'un énorme tube cylindrique de trois mètres de diamètre, et qui a été reconnu jusqu'à une profondeur de près de vingt mètres. Le bassin et le monticule sont entièrement de silice. Ce bassin est communément rempli de l'eau la plus pure et la plus limpide, d'une température presque égale à celle de l'eau bouillante; elle se balance dans le bassin; tantôt elle s'enfonce dans le tube, tantôt elle s'élève et se verse par-dessus les bords. Souvent l'ascension se fait avec une telle rapidité qu'il en résulte des jets qui atteignent une hauteur d'environ trente mètres, et même de cent, d'après d'anciens témoignages.

leurs masses étant trop denses et trop compactes pour que les eaux puissent s'y infiltrer.

§ 239. Les sources sont plus abondantes quand les terrains primitifs présentent différentes formations superposées, telles que les gneis, les phyllades, les eurites, les diabases, les quartz et les calcaires primitifs. Les eaux s'infiltrent, soit entre leurs superpositions, soit par les filons et les fentes dont les montagnes sont souvent coupées dans tous les sens et même jusqu'à de grandes profondeurs.

§ 240. Un fait digne d'attention, est celui que présentent certains filons, dans lesquels les cristalliers des Alpes vont chercher les beaux groupes de quartz ou cristal de roche, qui se trouvent dans des cavités, désignées sous le nom de *fours* ou de *poches à cristaux*, et qui sont remplies, tantôt d'eau pure et limpide, et tantôt d'eau chargée de fer, provenant de pyrites en décomposition.

§ 239. Les gouffres et les puits naturels, ou puisards, sont très-rares dans les terrains primitifs; cependant Bergman en a décrit plusieurs qu'il avait remarqués dans les granits de Suède (1). Kalm en a également observés aux États-Unis, tant dans les granits que dans les

(1) Bergman. Géograph. physiq. II, 328.

quable, est le nouveau Geyser, suivant Mackensie (1): lorsqu'il la visita, elle lançait sa colonne d'eau à 50 mètres (150 pieds) de hauteur, sur 5,60 (17 pieds) dans son plus grand diamètre et jaillissait avec une telle vitesse, qu'elle conservait jusque près du sommet les mêmes dimensions et la même force qu'à sa base. Les pierres qu'on jetait dans le gouffre remontaient à l'instant avec la colonne d'eau, et même plus haut, avec une vitesse surprenante. Tel est encore ce volcan de Madagascar qui lance une colonne d'eau assez forte et assez élevée pour être vue de vingt lieues en mer (2).

§ 316. Il n'est pas rare de voir les volcans vomir des torrens d'eau. Lors du tremblement de terre de Lima, en 1746, quatre volcans s'ouvrirent à Lucanos, dans la montagne de la Conception; ils rejettèrent des torrens d'eau qui inondèrent tout le pays. Lors de celui de Lisbonne, deux montagnes situées près de Méquinez, en Afrique, se crevassèrent et il en sortit des torrens d'eau rougeâtre.

§ 317. Quelquefois ces torrens sont d'eau

---

(1) Bibliothèque Britannique; t. 57; et Mackensie Travels in Iceland, p. 212 et suivantes. Ce dernier ouvrage présente des plans et coupes des Geysers, ainsi qu'un essai sur leur théorie.

(2) Ebel. *Ueber den Bau der Erde*, t. II, p. 289.

chaude, brûlante et salée. Le procès-verbal qui fut fait de l'éruption de l'Etna, en 1755, porte qu'il rejeta un grand courant d'eau brûlante et salée; il était même si considérable qu'on lui donna le nom de *Nilo d'aqua* (1). Dolomieu et Hamilton ont observé sur les flancs de ce même volcan, les traces d'un épouvantable courant d'eau chaude, sorti de son grand cratère (2).

§ 318. Dans leurs éruptions, beaucoup de volcans rejettent des torrens de boue liquide, noire, charbonneuse et infecte, accompagnée de dégagemens d'air, de gaz et de différentes vapeurs: tels sont les volcans de Macalouba, en Sicile, visités par Dolomieu; de l'île de Taman, observés par Pallas; ceux de la province de Carthagène, en Amérique, décrits par Humboldt; les Salses de Modène, etc. etc., dont les déjections boueuses sont accompagnées de vapeurs sulfureuses et bitumineuses.

§ 319. Enfin les volcans, dans leurs éruptions aqueuses et boueuses, rejettent quelquefois des poissons et des coquilles; tel celui de Carguarazo, près de Chimboraço, dans son éruption d'eau boueuse de 1678, qui couvrit tout le pays

---

(1) Mémoires des savans étrangers, t. IV.

(2) *Campi Phlegræi.*

d'une fange noire et infecte, et tel encore celui de Peliléo, en 1797, qui, suivant Humboldt, rejeta une grande quantité de poissons pimelodes (pimelodes cyclopum) dans une boue noirâtre, colorée par un principe combustible si abondant, que les habitans du pays l'ont depuis employé en cette qualité.

§ 320. Les terrains de trachytes et de déjections volcaniques renferment beaucoup d'eaux minérales et thermales, qui présentent dans leur température et leur composition, les mêmes circonstances que celles des terrains primitifs, d'où la plupart de ces eaux surgissent peut-être, à travers les produits volcaniques qui les recouvrent.

§ 321. Ces eaux sont plus ou moins chargées d'hydrogène sulfuré, d'acide carbonique, de carbonate et de muriate de soude, de carbonate de chaux, de silice, etc. ; telles sont les eaux du Mont-d'Or, de Saint-Allyre, de Vic-le-Comte, de Châtel-Guyon, près de Riom, de Chap-de-Beaufort, de Chalusset, etc. etc.

§ 322. Ces deux dernières sources sont remarquables par la grande quantité d'acide carbonique qui se dégage du terrain dont elles surgissent.

§ 323. Les eaux de Dax, département des Landes, qui sortent de roches trapéennes recouvertes par des calcaires compactes, présentent cette particularité, qu'à une température de 60 degrés, elles sont presque pures et ne contiennent qu'une très-petite quantité de muriate de magnésie et de sulfate de soude.

APPENDICE.

SOURCES D'EAU DOUCE JAILLISSANTES DANS LA MER.

§ 324. Les bords de la mer présentent dans beaucoup d'endroits des sources d'eau douce, que la marée basse laisse à découvert et qui coulent alors avec plus ou moins d'impétuosité et d'abondance.

§ 325. Nous avons vu l'action du flux et du reflux sur les eaux des nappes souterraines qu'alimentent les puits des côtes de France et d'Angleterre. C'est de ces nappes d'eau que proviennent la plupart des sources que l'on voit jaillir sur les côtes.

§ 326. Quelques rivières, qui se perdent dans des gouffres avant d'arriver à la mer, vont reparaître sur le littoral, sous forme de gerbes et de jets d'eau, après avoir coulé sous terre pendant un certain tems : telles sont les rivières de la Drôme et de l'Aure, dans le Calvados, entre Bayeux et la mer. Ces rivières réunies, arrivées au pied d'une colline de calcaire compacte jurasique à térébratules, disparaissent entièrement dans un gouffre, entre les bancs de ce calcaire, et reparaissent sur le littoral de l'autre côté de la colline, en formant, à marée basse, un grand nombre de sources et de jets d'eau.

§ 327. Suivant Strabon (1), des sources d'eau douce jaillissantes, sur la côte d'Aradus, fournissaient aux habitans de cette ville, l'eau nécessaire pour eux et leurs bestiaux. Dans le port de la Ciotat, dans la Méditerranée, est une source d'eau douce, qui jaillit du fond de la mer.

§ 328. Quelquefois les sources sont au milieu même des eaux de la mer; elles s'y manifestent par l'extrême agitation et le soulèvement des ondes, dans les tems calmes; ainsi Humboldt rapporte que, sur la côte méridionale de Cuba, au sud-ouest du port de Batabano (2) dans la baie de Xagna, à deux ou trois milles nautiques de terre, des sources d'eau douce jaillissent avec tant de force du milieu de la mer, que les petites barques n'en approchent pas sans danger, et que, plus on puise profondément, plus l'eau est douce.

---

(1) Strabon. Geograph, lib. XVI.

(2) Humboldt. Tableaux de la nature, t. I, 235.

§ 329. Une des plus belles sources jaillissantes dans la mer, est celle du golfe de la Spezzia, décrite par Spallanzani (1). Cette source qui s'élève du fond de la mer à sa surface, en y formant une espèce de bouton ou plutôt de mamelon, de 20 à 25 mètres de diamètre, sur trois à quatre décimètres de hauteur au centre de cette circonférence, est composée d'un grand nombre de jets verticaux, très-distincts quand la mer est calme. Ces jets ont une telle impétuosité, ou une telle force jaillissante, qu'il est très-difficile à un bateau de s'arrêter au centre du mamelon. L'abbé Spallanzani parvint cependant à fixer sa nacelle, pour y faire quelques observations. Cette source est à 40 ou 50 mètres de distance de la terre, et à un mille environ de la Spezzia. La profondeur de l'entonnoir dont elle jaillit est de 14 à 15 mètres. Lorsque le plomb arrive dans le voisinage du fond, l'on sent trembler la corde à laquelle il est attaché, et comme on n'observe pas ailleurs ce tremblement, il est clair, qu'en jaillissant, l'eau de la fontaine lui communique ce mouvement. Ce célèbre physicien attribuait l'origine de cette

---

(2) Lettre de l'abbé Spallanzani à Charles Bonnet. Mémoires de la Société Italienne, t. II, 1786.

source, à deux torrens qui descendent de la montagne à trois milles au-dessus de la Spezzia, et qui se précipitent dans un gouffre, où elles disparaissent, pour ressortir sur la côte, et former cette fontaine, qui jaillit à travers les eaux de la mer.

§ 330. Les sources d'eau douce jaillissantes, que l'on trouve ainsi sur les côtes, ou dans certaines îles, ne peuvent provenir que de réservoirs élevés, sur le continent, avec lesquels elles communiquent, par des conduits ou canaux souterrains, remplissant les fonctions de siphon.

OBSERVATIONS

SUR LA CAUSE

DU JAILLISSEMENT DES EAUX DES PUITS FORÉS OU FONTAINES ARTÉSIENNES.

§ 331. Suivant quelques physiciens, la théorie des eaux jaillissantes des fontaines artésiennes a été rapportée, tantôt à celle des jets d'eau, et tantôt à celle des siphons, un puits foré n'étant, dit-on, que la seconde branche d'un grand siphon, dont la première branche est le cours souterrain que suivent, entre des couches imperméables, des eaux comprimées, provenant de pays plus élevés que celui dans lequel est établi le puits foré. (Pl. I, fig. 1 et 2.)

Pl. I, fig. 1 et 2.

§ 332. Suivant d'autres, ce puits ne peut et ne doit être considéré que comme un tube qui montre la pression de l'eau sur une couche terreuse ou pierreuse, à laquelle le puits foré aboutit.

§ 333. M. Dickson de New-Brunswick, après avoir établi qu'au moyen des puits forés on peut se procurer de l'eau en quelque lieu que ce soit, et qu'elle s'élevera à la surface de la terre, indépendamment de toute pression gravitante, dit que des masses d'eau précipitées dans les abîmes de l'intérieur de la terre en sont rejetées à sa surface par une force expansive innée, par l'action du feu central; et plus loin il admet, pour seconde cause de l'ascension des eaux, l'effet de la capillarité, ne faisant point attention que, si cette action peut ramener des eaux souterraines à la surface, elle ne peut déterminer leur jaillissement (1).

§ 334. Suivant M. Azaïs, le jaillissement des eaux des puits forés semble déroger à toutes les lois communes, et l'explication ne peut s'en trouver que dans le principe universel, l'*expansion*. « Car, dit-il, tout corps qui recèle dans ses par-« ties centrales un foyer d'expansion cerné par « des enveloppes plus ou moins épaisses, plus ou « moins condensées, est un corps en *état de* « *ressort*, ce qui veut dire en état d'effort con-« tinu contre la résistance de ces enveloppes « mêmes. Il travaille sans cesse à les écarter, à « les briser, à les dissoudre, et ne pouvant y par-« venir, il exerce du moins son action expansive

(1) Voyez dans l'article des Puits forés des États-Unis, p. 66, l'opinion de Dickson.

« sur les substances intérieures : il les agite, les « divise, les atténue et les projette autant qu'il « lui est possible à travers les pores des enve- « loppes extérieures; cette action de *ressort* et de « *transpiration* est dans la nature l'*action vitale* « première et essentielle ». Après avoir distingué trois espèces de transpirations, savoir, 1° la *transpiration vitale*, qui émane des régions centrales de notre planète, et lance au dehors, par voie de rayonnement, les fluides subtils, tels que le *calorique*, le *fluide magnétique*, l'*électricité*, etc.; 2° la *transpiration moyenne* qui émane des régions intermédiaires et lance, sous forme vague et demi-impétueuse, les divers gaz dont se compose la masse atmosphérique; et 3° la *transpiration faible* ou *indolente* qui émane des couches les plus rapprochées de l'enveloppe, une *molle transsudation* sous forme de *sueur* et sous forme *aqueuse*. M. Azaïs dit que, semblable à notre sang qui, par l'impulsion du foyer central, fait constamment effort pour s'exhaler, en fournissant à notre transpiration habituelle, et qui jaillit sous le coup de lancette au moment qu'elle rompt l'enveloppe qui le retenait, l'eau centrale jaillit sous le coup de sonde en obéissant au principe universel de l'*expansion* (1).

(1) A cet égard, M. Azaïs, après avoir fait observer que dans

§ 335. Dans son Recueil industriel manufacturier, M. de Moléon a inséré un article sur l'Essai publié à New-Brunswick par Dickson qui lui a été communiqué par un de ses correspondans de Londres. Ce correspondant dit que, sans discuter le fond de la question, il se hasardera à dire que, dans son opinion, les eaux qui jaillissent d'une profondeur de 400 ou 500 pieds

---

l'ensemble du globe, chacun des trois modes de transpiration conservant toujours la même mesure, il émane toujours de son sein les mêmes quantités de fluide subtil, de gaz et d'eau, il s'ensuit que partout où l'on précipite la transpiration aqueuse, à l'aide d'un puits foré ou d'une saignée, on lui donne une intensité locale, on ne fait que dévier au profit de cet écoulement particulier, une masse plus ou moins étendue de la transpiration aqueuse qui allait s'effectuer lentement, péniblement, et sous forme très-divisée par les pores de l'enveloppe. Ainsi on substitue un torrent étroit, mais rapide et soutenu, à une fumigation vague et confuse qui devait prendre beaucoup plus de tems et d'espace; or, il est de toute vraisemblance que cette fumigation, à travers les pores de l'enveloppe, est l'aliment principal des plantes; les grands arbres surtout, les forêts pompeuses qu'aucune sécheresse extérieure ne peut flétrir, ont sans doute les bouches de leurs racines ouvertes vers la transpiration aqueuse qui du sein du globe monte vers elles. C'est à les priver de cette source vitale, c'est du moins à en diminuer fortement l'abondance que l'on s'exposerait, si dans leur voisinage et sur le sol qui les porte, on établissait un trop grand nombre de fontaines verticales. *Mémoire inédit sur les puits artésiens*, par H. Azaïs.

(comme il y en a des exemples en Angleterre, sur des points extrêmement éloignés de toutes les chaînes de montagnes ayant cette élévation) ne sont point le produit des infiltrations supérieures qui alimentent les puits et les petites fontaines, mais que ces *jets admirables* et *inépuisables sont lancés par de grandes artères souterraines*, sur lesquelles agissent de grands réservoirs d'air que la terre recèle, et que les sondeurs reconnaissent souvent dans les percemens. L'auteur de cet article appuie son opinion, 1° sur le dégagement de gaz hydrogène qui eut lieu dans un sondage fait en Amérique (1); 2° sur

---

(1) Ce sondage fut fait au fond d'un puits sans eau dans la brasserie de MM. Bord et Collok à Albany. Ce puits avait de profondeur . . . . 30 pieds.

Au-dessous la sonde traversa des graviers et terre à poterie 11

Schistes et ardoises noires 41

82

A cette profondeur de 82 pieds, on trouva de l'eau; mais comme elle était peu abondante, on continua le sondage. Schiste noir 168

250

A 250 pieds il y eut un fort dégagement de gaz hydrogène dans le schiste noir 32

282

A la profondeur de 282 pieds les eaux ont jailli à quatre pieds au-dessus de la surface de la terre.

les vides qu'on rencontre souvent dans les percemens de puits : et 3° sur ce que l'abondance du jet des eaux surgissantes n'a pas diminué, lorsque, dans des espaces très-rapprochés ou distans de quelques mètres seulement, on a percé plusieurs puits, ce qui lui donne lieu de croire que la pression de l'air doit être là le moteur.

§ 335. Les travaux d'exploitation des mines et des carrières nous ont appris que, dans certaines espèces de terrains, les eaux s'épanchent souterrainement en veines, filets, ruisseaux, et même quelquefois en torrens plus ou moins forts, par les fentes, fissures et perforations naturelles de l'intérieur des couches de pierres (1), tandis que dans d'autres espèces de terrains les eaux forment des nappes ou niveaux, plus ou moins abondans, dans des couches de sable, de terre, ou de pierres perméables, qui sont entre des couches imperméables, et qu'aussitôt que la couche supérieure est percée, les eaux s'élèvent et jaillissent plus ou moins rapidement jusqu'à

---

(1) Les carrières de Paris, et en général toutes les exploitations de grandes carrières, offrent de fréquents exemples de vestiges de ruisseaux ou courans souterrains aujourd'hui à sec, qui ont dû autrefois parcourir la masse calcaire à différentes hauteurs, au moyen des fentes et lézardes qui la coupent dans tous les sens.

ce qu'elles aient atteint le niveau dont elles proviennent.

§ 336. Telle est la base de notre théorie du jaillissement des eaux souterraines, elle n'est que le résultat de ce que nous voyons journellement dans les travaux des mines. Elle est l'application de la théorie des jets d'eau et des siphons. Elle est enfin si simple et si naturelle que nous doutons qu'on puisse en présenter une plus satisfaisante.

§ 337. Pour les eaux thermales qui surgissent à la surface de la terre, de l'intérieur des terrains primitifs, elles doivent leur jaillissement au dégagement des gaz comprimés qui pressent et réagissent sur la surface de ces eaux, comme la vapeur agit sur l'eau dans l'Eolypile.

§ 338. Quant aux eaux gazeuses minérales froides, leur jaillissement peut être assimilé au jet d'eau de la fontaine de compression.

§ 339. La manière d'être des sources qui s'épanchent sur les pentes des coteaux, à une hauteur à peu près constante dans les pays à couches, et particulièrement dans ceux de formation alternative de sable et de glaise ou d'argile, établit et caractérise cette disposition de l'eau que nous avons dit être par nappe, et dont l'origine est due, ou à des épanchemens souterrains provenant de pays plus élevés, ou aux infiltrations des eaux de neige et de pluie, arrêtées sur ces couches d'argile.

§ 340. Cette nappe d'eau a été assimilée, par le professeur Hachette (1), à une couche de glace d'une forme semblable à une couche d'argile, de sable ou de craie. Si l'eau est considérée comme s'y trouvant entre deux surfaces courbes, telles que deux coupes ou bassins de diamètres différens, dont les bords supérieurs seraient dans un plan, ou dentelés irrégulièrement, ou en partie fermés, la liquidité de l'eau est la cause de la pression que le tube du puits foré mesure; mais si on supposait qu'au lieu d'une nappe d'eau liquide ce fût une couche de glace, la pression résisterait et ne serait pas indiquée par le tube, elle serait changée en force de cohésion.

§ 341. Quelle que soit la manière dont les eaux s'épanchent souterrainement, en descendant des terrains supérieurs vers les inférieurs, soit en nappes, soit en veines, filets ou torrens, lorsqu'elles viennent à rencontrer une issue quelconque dans les terres, elles s'y insinuent et s'y élèvent à une hauteur proportionnée au niveau *point de leur départ*, ou bien à

---

(1) M. Hachette. Considérations sur l'écoulement des liquides.

une hauteur qui balance la pression que l'eau exerce contre les parois des canaux qui la contiennent (1).

§ 342. De là, les fontaines jaillissantes ou jets d'eau naturels, que nous avons vus dans les terrains de formation secondaire.

§ 343. D'où il suit que, pour obtenir une fontaine jaillissante, ou mieux, remontant de fond, il faut 1° chercher, suivant la nature du terrain, à sa plus ou moins grande profondeur, à atteindre un épanchement d'eau provenant de bassins supérieurs, et s'écoulant dans le sein de la terre entre des terrains compactes et imperméables ; 2° donner à cette eau, par le percement d'un puits foré à l'aide de la sonde, la possibilité de s'élever à une hauteur proportionnée à celle du niveau dont elle provient ; et 3° prévenir, par des tubes descendus dans le puits foré, l'épanchement de l'eau remontante, dans les sables ou dans les fentes et fissures du terrain traversé par ce puits.

§ 344. D'après cela, on voit que l'on peut obtenir des eaux jaillissantes à l'aide de la sonde, à peu près dans tout pays présentant, dans la constitution de son sol, des nappes d'eau sou-

(1) Mémoire de M. Barrois, sur les puits forés; Société des Sciences de Lille. 1825.

terraines, entre les superpositions alternatives et continues de terrains perméables et imperméables, s'étendant jusqu'aux pays ou montagnes qui recèlent les réservoirs de ces nappes d'eau, et dont les bases ou les pentes sont recouvertes par ces superpositions.

§ 345. Mais il est essentiel de le répéter, *on ne doit pas cependant se flatter de trouver partout des eaux jaillissantes, ainsi qu'on l'a trop légèrement avancé;* car, d'une part, la nature du terrain s'y oppose quelquefois absolument, comme dans les granits; et, d'autre part, il serait possible qu'un sondage fait, même à une très-petite distance d'un puits foré aquifère, ne donnât pas d'eau, si, par exemple, ce dernier était alimenté par un courant souterrain, au lieu de l'être par une nappe d'eau, ou si le sondage était fait sur l'extrémité d'un bassin à couches relevées, appuyées contre un terrain d'une autre nature.

§ 346. Nous n'entrerons dans aucun détail sur l'art de forer ou percer les puits artésiens, tel n'était pas notre but : le Manuel du fontenier-sondeur de M. Garnier ne laisse rien à désirer à cet égard; nous n'avons d'ailleurs déja traité que trop longuement la question que nous nous étions proposée.

§ 347. En résumant tout ce que nous venons d'exposer nous en déduirons les conséquences suivantes, que nous croyons avoir suffisamment démontrées.

§ 348. Il existe de grandes nappes d'eau souterraines à diverses profondeurs.

§ 349. Ces nappes d'eau se trouvent le plus communément dans la superposition des terrains de différentes formations.

§ 350. Cependant il en existe souvent à diverses hauteurs dans les grandes masses, telles que celles d'argile, de craie et même de calcaire marin à cérites, lorsque ces masses sont entières et d'une grande épaisseur.

§ 351. Suivant la pente, les ondulations ou la déclivité que présente le plan de la superposition des terrains perméables dans lesquels s'écoulent les eaux entre des terrains imperméables, ces grandes nappes d'eau se trouvent à toutes profondeurs; il est impossible de déterminer aucune règle constante à leur égard.

§ 352. Pour que ces eaux puissent être ascendantes, il faut que les formations entre lesquelles elles se trouvent soient dans leur intégrité, telles qu'elles ont été primitivement déposées, et qu'elles ne soient pas coupées par de grandes vallées, de grandes déchirures, ou de profondes ravines dans lesquelles ces eaux trouveraient un libre et facile épanchement.

§ 353. Ce serait en vain qu'on chercherait des

eaux jaillissantes dans des terrains qui, à peu de distance de l'endroit du percement, seraient coupés par de profondes vallées, ou si les formations qui les constituent étaient intérieurement fendues, lézardées et bouleversées, soit par le fait du retrait opéré par la dessication de la masse, soit par des secousses intérieures, des boursoufflements ou des tremblements de terre, ou enfin si ces formations aquifères, telles que les argiles plastiques, la craie, le calcaire oolitique et les lumachelles, étaient relevées et se montraient en escarpement à la surface de la terre, ainsi que, par exemple, se présentent les argiles plastiques à Issy, Vanvres, Auteuil et Passy, ou la craie à Meudon, à Sèvres, à Auteuil, à Bougival, etc. etc.

§ 354. Dans ces diverses localités, on ne pourrait se flatter de faire avec succès des puits forés à eaux jaillissantes, qu'autant qu'on percerait profondément dans la masse de craie pour y chercher les nappes d'eau de sa partie inférieure, ou même qu'on la traverserait entièrement pour avoir celles qui sont dans les argiles des calcaires oolitiques et lumachelles, ou enfin, qu'autant que l'on percerait ces derniers, s'ils étaient relevés à la surface de la terre et se présentaient en escarpement ou coupés par des vallées plus ou moins profondes.

§ 355. A ce sujet il convient, il est même essentiel de faire observer : 1° que si dans un pays de hautes plaines, telles que celles de la Champagne, de la Normandie, de la Picardie et de la Beauce ou toutes autres de même nature ou de semblable formation, au lieu de descendre les sondages aux profondeurs nécessaires pour atteindre les diverses nappes d'eau qui sont communément les plus abondantes et en même temps celles qui s'élèvent le plus, on s'arrêtait à des niveaux supérieurs moins éloignés du sol, il est plus que probable qu'alors les eaux remontantes, se maintiendraient plus ou moins *au-dessous* de la surface de la terre, suivant les profondeurs des sondages.

Alors aussi, loin de considérer les opérations comme manquées, parce que dans cette circonstance les eaux ne jailliraient pas au-dessus du sol, nous pensons que suivant les localités et la nature du terrain, on pourrait encore en tirer un parti plus ou moins avantageux.

§ 356. Ainsi par exemple, si les eaux d'un sondage ne s'élevaient qu'à deux ou trois mètres au-dessous de la surface du sol, mais en assez grande abondance, (supposons cent cinquante mètres cubes d'eau par vingt-quatre heures, comme dans la plupart des puits forés); on pourrait alors, en les conduisant du point de leur arrivée, par une petite galerie, dans quelque puits voisin, ou creusé exprès, on pourrait, dis-je, produire alors une espèce de chûte artificielle que l'on emploierait à faire monter l'eau jusqu'à la surface du sol et même au-dessus, en se servant à cet effet soit d'un bélier hydraulique qui donnerait toujours un tiers du volume d'eau, soit d'une roue qu'on placerait au point de la chûte et qui faisant jouer une pompe convenablement disposée, pourrait encore élever le tiers ou peut-être même la moitié du volume d'eau, soit enfin de tout autre machine hydraulique de ce genre; mais ces moyens ne seraient praticables qu'autant que les puits dans lesquels on précipiterait les eaux, pourraient les perdre dans quelques couches de terrains perméables.

§ 357. En terminant ces Considérations et les conséquences que nous en avons déduites, nous rappellerons les conditions que, dans nos Recherches sur l'origine de la sonde, nous avons dit devoir être examinées et approfondies avant de se déterminer à percer un puits foré; savoir :

§ 358. 1° La nécessité de bien étudier la constitution physique ou la nature du sol, et la manière d'être, ou la disposition de la surface du pays, relativement aux montagnes qui le dominent, aux vallées dont il est coupé et, aux sources surgissantes de ces vallées (1).

§ 359. Et 2° le choix du sondeur, qui doit être fait avec discernement; l'art du fontenier-sondeur n'étant pas un art purement mécanique et que puisse pratiquer tout sondeur (2).

---

(1) Les sources surgissantes dites *fontaines sans fond*, *gouffres*, *plombs*, sont, pour la plupart, de vrais puits naturels qu'il est bien important d'étudier, avant de se décider à forer un puits.

(2) Un sondeur sans expérience peut manquer entièrement l'opération qui lui est confiée; et il n'en faut pas davantage pour dégoûter aussitôt tout un pays des puits forés, si c'est le premier sondage qu'on y fait. Trop souvent les sondeurs ne sont que de simples ouvriers, qui n'ont qu'une aveugle routine; aussi, la plupart du temps échouent-ils lorsqu'ils sont hors de leur pays, et qu'ils ne voient plus leur sonde rapporter les seules espèces de terre ou de pierre, qu'ils lui ont vu rapporter chez eux. Les niveaux d'eau, et la manière de déterminer leur surgissement, leur sont souvent inconnus; quelquefois par leur précipitation à enfoncer les tubes ou buses d'isolement, ils empêchent les nappes d'eau de remonter à la surface de la terre; souvent ils se découragent, parce qu'ils ne trouvent pas de suite, les terrains dans lesquels ils sont habitués à voir l'eau jaillir. Enfin on en a vu, n'ayant aucune connaissance de l'art, exposer, sans aucune précaution, leurs ouvriers dans des puits profonds, où ils courent les plus grands dangers, lorsqu'ils approchent des couches imperméables, qui recouvrent les nappes d'eau comprimée. Ces eaux provenant quelquefois de réservoirs éloignés et très-élevés, surgissent souvent à l'instant même du percement, avec une telle abondance et une telle impétuosité,

§ 360. Enfin, à ces conditions, nous en avons ajouté une non moins importante, celle d'être animé de la *ferme volonté de faire* et *d'obtenir*, autrement de *la persévérance*, qualité essentielle, pour ne pas se laisser décourager par les longueurs et les difficultés souvent inévitables du sondage.

---

que les ouvriers ont à peine le temps de se faire remonter à la surface de la terre, et qu'on en a même vu périr, avant d'avoir pu donner aucun signal de détresse, tant est subite l'irruption des eaux comprimées ! Souvent cette irruption est accompagnée d'un dégagement d'air plus ou moins considérable, qui s'échappe par fois avec un tel bruit et une telle impétuosité que des ouvriers en ont été renversés, et que d'autres ont comparé l'effet de ce dégagement d'air, à un violent coup qu'ils auraient reçu sur la figure ou sur les bras. C'est ce dégagement d'air qui a fait penser à quelques personnes que l'ascension ou le jaillissement des eaux des puits forés était dû à la pression de l'air atmosphérique dans de grandes cavités souterraines. En admettant cette cause pour le surgissement de l'eau au moment même du perçement de la couche imperméable, il resterait à examiner pourquoi l'air une fois dégagé, l'eau continue à jaillir, n'éprouvant plus de pression de la part de l'air atmosphérique.

RECHERCHES

SUR LES PUITS FORÉS EN FRANCE,

A L'EFFET DE PROUVER LA POSSIBILITÉ D'EN ÉTABLIR DANS D'AUTRES TERRAINS QUE DANS LES TERRAINS CRAYEUX ET MARNEUX DE NOS DÉPARTEMENS DU NORD.

§ 361. Un état de tous les puits forés ou fontaines artésiennes jaillissantes de France, eût été d'un grand et puissant intérêt, par les rapprochemens comparatifs qu'il aurait donné la faculté de faire, d'un pays à un autre, sous le rapport de la nature des terrains, comme sous celui des différens niveaux qu'ils recèlent; puisqu'il eût offert à chacun les moyens de s'assurer, par lui-même, des chances ou degrés de succès qu'il peut espérer du percement d'un puits artésien ; mais nous n'avons pu jusqu'ici, recueillir que bien peu d'exemples de ces puits.

§ 362. Nous savons cependant qu'à Paris, comme dans nos départemens du nord, il a été percé un grand nombre de puits à l'aide de la sonde; mais on ne trouve de renseignemens à leur égard dans aucun recueil.

§ 363. Ainsi nous sommes obligés de nous borner au petit nombre de faits que nous avons pu réunir, et nous les citons avec d'autant plus d'intérêt qu'ils nous paraissent présenter quelques données sur le degré de probabilité du jaillissement des eaux, dans les pays qui nous offrent ces exemples; mais nous prions nos lecteurs de vouloir bien nous communiquer tous les renseignemens qu'ils pourraient recueillir sur cette importante question.

I. DÉPARTEMENT DE LA SEINE.

§ 364. Le plus ancien puits foré, qui soit à notre connaissance, est celui que fit faire, vers le milieu du siècle dernier, M. le Président Crozat de Tugny, dans sa maison de campagne de Clichy. Nous n'avons aucun détail sur ce percement. M. L'abbé Lebœuf, qui l'indique, dans son histoire de la banlieue ecclésiastique de Paris (1), dit seulement qu'au fond d'un puisard, on fit un trou de $0^m,08$ (3 pouces) de diamètre, et qu'arrivé à la profondeur de $31^m,85$ (98 pieds) au-dessous de la surface de la rivière,

---

(1) Un vol. in-12. Paris, 1754, chez Prault, père.

il en sortit un jet d'eau de 1^{m},30 (4 pieds) plûs haut que l'eau de la Seine, et qui fournissait 58 mètres cubes (216 muids) d'eau par jour.

§ 365. Dans une lettre peu connue de Buffon, que nous donnerons à la fin de ces Recherches, on voit que Mme De Lally avait fait faire, en 1753, un puits foré à Drancy, près le Bourget. Après avoir percé des sables mouvans et des roches presque impénétrables, la sonde avait frappé une nappe d'eau ascendante qui, après s'être élevée à 2^{m},30 au-dessous de la surface, s'était ensuite fixée à 1^{m},66; mais ayant fait sonder jusqu'à plus de 80^{m}, dans l'espoir d'obtenir une autre nappe d'eau jaillissante, on perdit la première, sans en trouver d'autre.

§ 366. En 1775, le grand puits de l'École militaire, de 15 mètres de profondeur, ne pouvant suffire aux besoins du service, on fit venir un sondeur de l'Artois. Il fit, par le pied du puits, un sondage de 20 mètres, qui frappa sous un grès noirâtre micacé et pyriteux, un niveau si abondant, que les ouvriers eurent à peine le temps de remonter. Depuis, l'eau s'est constamment maintenue de huit à dix mètres au-dessous du sol. Les travaux de ce sondage furent dirigés par M. le Turc, professeur d'architecture à l'École militaire, le même qui publia, en 1781, en Angleterre, la description du procédé mécanique, en usage en Flandre, pour construire des fontaines jaillissantes perpétuelles.

§ 367. En 1780, il fut fait par ordre des Échevins en charge, un puits foré dans le jardin du Wauxhall de la rue de Bondy ; le sondage fut poussé à travers des sables, des glaises et des grès sableux, jusqu'à quarante mètres de profondeur. Au moment du percement du dernier banc de grès, l'eau jaillit pardessus la tête des ouvriers ; mais elle s'abaissa ensuite peu-à-peu, et depuis elle n'a jamais varié et se maintient à fleur de terre.

§ 368. En 1802, M. le Comte Dubois et M. le Marquis d'Argens, co-propriétaires d'une maison, rue de Rohan, firent faire par Dufour, sondeur-artésien, sous la direction de M. Happe, architecte de la préfecture de police, un sondage dans un puits dont les eaux étaient infectées. Après un travail d'un mois environ, Dufour frappa un niveau d'eau, qui remonta dans les tubes, à près d'un mètre au-dessus de la nappe d'eau du puits. Cette source fournit une eau d'une excellente qualité. La dépense de l'opération ne s'est pas élevée à six cents francs. La sonde avait traversé des sables et des glaises qui alternaient ensemble.

§ 369. En 1812, M. Bellart, marchand fruitier rue des fossés St. Germain-l'Auxerrois, ne pouvant plus faire usage des eaux de son puits, qui étaient infectées par les infiltrations d'une fosse voisine, y fit faire un sondage par le sieur Vacogne. Après avoir traversé des sables et des glaises, il ramena de dessous un banc de grès calcaire, et de la profondeur de dix-huit mètres (dix mètres au-dessous de la nappe d'eau, des puits du quartier) une eau abondante, douce et de très-bonne qualité, qui s'élève à plus de $5^m,50$, au-dessus des eaux de ces puits.

§ 370. En 1813, les eaux du puits d'une maison située rue St. André-des-arts, étant infectées par les infiltrations des fosses voisines, M. Peyre, architecte des travaux publics, fit faire au fond de ce puits, un sondage, qui fut porté dix mètres au-dessous de son niveau d'eau, qui était à cinq mètres plus bas que la surface du sol. A cette profondeur, l'eau remonta de onze mètres, et par conséquent d'un mètre au-dessus de celle des puits : elle s'est constamment conservée bonne, depuis cette opération.

§ 371. Le même architecte a fait, dans la maison de M. le duc de Bassano, rue St. Lazare, un sondage, pour augmenter le volume d'eau du puits. Il a obtenu le même succès, à une profondeur de dix mètres environ.

§ 372. M. Peligot, l'un des administrateurs des hospices de la ville de Paris, dont nous parlerons plus bas, nous a indiqué un sondage fait par M. Richard Lenoir, dans sa fabrique de la rue de Charonne, il y a vingt-cinq ans, et dont il avait obtenu un jet tellement impétueux et abondant, qu'il s'était trouvé dans la nécessité de le faire combler promptement.

§ 373. M. Mast, propriétaire de la brasserie de la barrière d'Italie, à la maison-blanche, ayant reconnu que son puits ne pouvait suffire à sa fabrication, fit faire, en 1816, un sondage au fond de ce puits, qui avait 20^{m},14, de profondeur. La sonde traversa successivement entre les glaises et les sables, plusieurs niveaux d'eau qui jaillirent dans ce puits, mais qui furent tous jugés insuffisans. Le sondage fut poussé jusqu'à 19^{m},16 : alors les eaux jaillirent avec une telle impétuosité, que les ouvriers eurent à peine le tems de se faire remonter; comme l'éprouvèrent ceux qui percèrent le puits foré de l'École militaire, en 1775 (1).

§ 374. En 1822, les Sœurs de la Charité de l'île St Louis, se plaignant de ne pouvoir se servir de l'eau de puits de leur maison, qui était infectée par les fosses voisines, obtinrent

(1) Mémoires de la Société royale et centrale d'agriculture, année 1819. Observations sur un puits foré à la brasserie de la barrière de Fontainebleau, par M. Héricart de Thury.

de M. le Comte de Chabrol, de faire faire un sondage au fond de leur puits. Il fut descendu à huit mètres au-dessous du niveau des eaux de la Seine, et ramena de cette profondeur, une source qui s'est élevée à plusieurs mètres au-dessus des eaux du puits.

§ 375. M. Turmeau, architecte de l'abattoir de Grenelle, a fait faire, en 1822 et 1823, au fond d'un puits, qui ne pouvait suffire pour cet établissement, un sondage, qui a été descendu dans les sables et les grès pyriteux, jusqu'à la profondeur de quarante-deux mètres, d'où l'eau s'est élevée à vingt-trois mètres au-dessus de la nappe d'eau de ce puits.

§ 376. Les eaux du puits de la maison de campagne du Collége de Ste Barbe à Gentilly, ayant manqué, en 1816, on y fit faire un sondage de dix mètres, qui traversa les glaises colorées de la partie supérieure de la masse d'argile et ramena une source d'eau douce très-abondante. Les premiers jours, l'eau fut troublée par les sables, mais elle s'est bientôt éclaircie.

§ 377. M. Carruyer, propriétaire d'une blanchisserie à St Denis, a fait percer, en 1818, par M. Hetrel le Pecqueux, sondeur à Paris, un puits foré de vingt-quatre mètres; les puits forés de son établissement, qui avaient quatre mètres de profondeur, ne pouvant suffire à ses besoins.

A vingt-quatre mètres, l'eau jaillit avec abondance, en remontant au-dessus du niveau des eaux des anciens puits. On a souvent tiré jusqu'à cent muids d'eau par heure de ce puits foré, sans pouvoir jamais en faire baisser le niveau d'une manière sensible. Ce sondage, après avoir traversé les marnes du terrain d'eau douce, est entré dans les glaises, alternant avec des sables gris; c'est d'une couche de sable que proviennent les eaux.

§ 378. En 1818, M. Durup de Baleine, propriétaire d'une blanchisserie située à la glacière de Gentilly, ne pouvant se servir des eaux de la Bièvre, fit percer un puits de neuf mètres de profondeur, au fond duquel il fit donner un coup de sonde de dix mètres environ, qui fit jaillir les eaux jusqu'à la surface du sol; elles se sont depuis constamment maintenues à 0 m 60 environ, au-dessous de la margelle. Les ouvriers qui travaillaient au fond de ce puits, ont manqué y perdre la vie, par l'effet de l'impétuosité avec laquelle l'eau s'est élevée de dessous la dernière couche de glaise.

§ 379. En 1822, M. Peligot, que nous avons déjà cité plus haut § 371, fit venir d'Arras un fontenier-sondeur, pour faire un puits foré aux eaux d'Enghien-les-Bains. A seize mètres, après avoir traversé les marnes de la formation d'eau douce inférieure, il frappa sur un niveau d'eau de bonne qualité, qui remonta à quatre mètres au-dessous de la surface de la terre. Ce sondage était d'un haut intérêt pour le pays, qui n'avait que des eaux sulfureuses et chargées de sulfate de chaux. L'exemple donné par M. Peligot, décida M. le baron Leroy, à Colombes; M. le baron Dupuytren, à Courbevoie; M. Davilliers, à Soisy; M. Leroux, à la Barre-de-Deuil; M. Audenet, à Pierrefitte, etc. etc., à essayer également de percer des puits forés, et nous ne doutons pas que ces messieurs n'obtiennent le même succès, s'ils persistent à poursuivre leurs sondages jusqu'à soixante ou quatre-vingts mètres, et que, suivant la situation de leurs propriétés, ils n'obtiennent des eaux jaillissantes, avant de descendre à une aussi grande profondeur.

§ 380. M. l'Abbé Berleze a fait forer, en 1827, à Aunay, près de Sceaux, par M. Martine, fontenier-sondeur, dans un puits de six mètres, qui était souvent à sec. Le sondage a été descendu à onze mètres, et à cette profondeur, il a frappé, sur les glaises et argiles, un niveau d'eau qui s'est élevé à douze mètres de hauteur, et, par conséquent, à un mètre audessus de la nappe d'eau qui alimentait ce puits actuellement intarissable.

§ 381. En 1827, Mme la Marquise de Grollier,

n'ayant dans ses propriétés à Épinay, près de St Denis, que des eaux dures et sulfureuses, comme toutes celles des puits de Montmorency, d'Enghien et des environs, se décida, d'après le conseil de M. le général Baron Pargnez, à faire percer un puits artésien, par M. Mullot, serrurier-mécanicien à Épinay, qui avait suivi les travaux de forage faits à Enghien-les-bains, chez M. Peligot. M. Mullot s'établit sur le point le plus élevé du parc d'Épinay à 16^{m},50, au-dessus des eaux moyennes de la Seine, et à deux cents mètres environ de sa rive droite; et c'est sur ce point qu'il fit deux sondages ou puits forés, à un mètre seulement de distance l'un de l'autre, les eaux, si on les obtenait jaillissantes sur ce point, devant être distribuées dans les divers étages du château, et former ensuite une rivière dans le parc.

Le premier sondage, à 54^{m},353, a frappé une source, qui a remonté à 4^{m},550 au-dessous de la surface du sol, et par conséquent à 11^{m},950 au-dessus de la Seine. Les eaux s'étant maintenues à ce niveau, on a arrêté ce sondage à 56^{m},258.

Le second sondage, de 67^{m},300, de profondeur totale, ayant exactement indiqué jusqu'à 56^{m},258, les mêmes terrains que le premier, nous les ferons connaître, par l'analyse d'une seule et même coupe, afin de faciliter à chacun la comparaison des terrains dans lesquels on voudrait faire des puits forés.

La sonde a traversé :

	Épaisseur de chaque formation.	Profondeur totale.
1° La terre végétale, le tuf et le sable, sur une épaisseur de........................	3m,897	
2° Le calcaire lacustre....	14 ,105	18m,002
Le niveau d'eau ordinaire des puits d'Epinay a été rencontré à la profondeur de 12m,344.		
3° Les sables	5 ,034	23 ,036
4° Les marnes d'eau douce et gypses calcaires-marneux	15 ,836	38 ,872
5° Les marnes silicéo-calcaires et le calcaire spathique...	5 ,035	43 ,907
6° Le calcaire marin à cérites........................	6 ,280	50 ,187
7° Les sables et grès calcaires, les calcaires caverneux, les calcaires grenus, les grès et les sables verts...............	17 ,113	67 ,300
Total....	67m,300	

Dans ces dernières formations, la sonde a frappé, à la profondeur de 50m,485 un niveau d'eau qui a remonté de 0m,66, et à 54m,353 un second niveau d'eau, qui s'est élevé jusqu'à $4^m,55$ au-dessous du sol.

Après avoir éprouvé une légère diminution de $0^m,22$, l'eau s'étant maintenue à $4^m,55$ au-dessous de la surface de la terre, le second sondage a été poussé jusqu'à $67^m,30$, et, de cette profondeur, l'eau est montée jusqu'à l'ouverture du tube, qui était à $1^m,60$ plus bas que le sol. On y a de suite ajouté un tube de 2^m de longueur, sur $0^m,081$ de diamètre. L'eau est montée jusqu'à son orifice à $0^m,33$ de hauteur, au-dessus de la surface du sol, et à $16^m,50$ au-dessus de la Seine. Les premiers jours elle a ramené des sables verts, mais actuellement elle est parfaitement limpide.

On estime que cette fontaine donne, comme la première, de 120 à 130 muids de 300 litres chacun, par vingt-quatre heures.

§ 382. Le succès obtenu par M. Mullot, chez Mme la marquise de Grollier, a déterminé M. le baron de Rotschild, à faire faire, en 1827, un puits foré à Suresne : il a été poussé jusqu'à 130 mètres, dont 115 dans la craie. Depuis, M. Mullot a pris ce sondage à ses frais et l'a poussé jusqu'à 167 mètres. Il avait traversé 18 mètres de terrain d'alluvion, et 22 mètres d'argile et de sable, avant d'atteindre la craie, qui est à 40 mètres de profondeur. Ce sondage qui est maintenant suspendu, est entré de 127 mètres dans la masse de craie. Peut-être ne reste-il qu'une vingtaine de mètres à percer, pour obtenir des eaux jaillissantes. Il serait important que cette masse fût enfin entièrement percée, et nous avons la certitude, qu'un plein succès couronnerait l'opération, qui intéresse aussi essentiellement l'art du sondage que la géologie.

§ 383. M. Mullot a depuis entrepris un puits foré, chez M. le maréchal Gouvion Saint-Cyr, à Villiers la Garenne. Il a traversé :

	Épaisseur des couches.	Profondeur totale.
1° Les sables et les graviers d'atterrissement, qui ont	6m,85	
La nappe d'eau qui alimente les puits est à 5 mètres dans les sables et graviers.		
2° Les marnes d'eau douce et quelques bancs de gypse plus ou moins marneux..................	5 ,85	12m,70
3° Les marnes calcaires, siliceuses et spatiques............	3 ,78	16 ,48
4° Le calcaire marin à cérites.	9 ,85	26 ,33
Nota. *A 19m,80 de profondeur, on a trouvé un niveau abondant, et à 26m,30 un second niveau d'eau ascendant.*		
5° Les sables verts et grès cal-		
à reporter	26m,33	

Report	26^{m},33	
caires chlorités..................	6 ,45	32^{m},78
6° Les fausses glaises et argiles bitumineuses noires, ou lignites supérieures, sables argileux, argiles plastiques et lignites inférieurs..................	42 ,88	74 ,66
7° La fausse craie ou mélange d'argile, de sable, de craie, de silex, avec de petites couches d'argile plus ou moins craïeuses...	11 ,69	87 ,35
A cette profondeur de 87^{m},35, le sondage est entré dans la craie blanche et terreuse, coupée de mètre en mètre, par des couches de silex. Le sondage y a été suspendu à la profondeur de 6^{m},25.	6 ,25	93 ,60
Total.......	93^{m},60	
Le puits foré chez M. le maréchal Gouvion Saint-Cyr, a en totalité quatre-vingt-treize mètres, soixante centimètres ci.........	93^{m},60	

§ 384. MM. Flachat frères et Cie. ont entrepris, en 1828, deux sondages au port de Saint-Ouen, près de Paris, à l'effet d'y établir des puits forés, destinés à réparer les pertes que la gare éprouvera d'une part, par les infiltrations, et d'autre part par l'évaporation. Ayant lu à l'Académie des sciences et à la Société royale et centrale d'agriculture, deux notices détaillées sur les sondages du port de Saint-Ouen, je terminerai cet ouvrage par ces notices.

§ 385. MM. Flachat ont fait également un puits foré sur le plateau de Mont-Rouge, près et au sud de Paris. Ce puits a été foré à 70 mètres de profondeur, il a traversé toute la formation des argiles, l'eau s'est élevée à 27 mètres de hauteur, et à 24 mètres au-dessus du zéro du pont de la
Pl. IV. Tournelle. Voyez la Pl. IV.

II. SEINE ET OISE.

§ 386. En 1757, M. Hazon, intendant général des bâtiments, fit faire, par un sondeur de Saint-Omer, à Château Fragnier, près de Villeneuve Saint-Georges, au milieu d'un parterre élevé de six mètres au-dessus de la Seine, un puits foré, de vingt mètres de profondeur, dans lequel l'eau est remontée avec impétuosité, jusqu'à trois mètres au-dessous du sol.

§ 387. En 1786, M. Dangevillers fit faire par l'artésien Ségard un puits foré dans la prairie du parc de Rambouillet, auprès du quinconce. Louis XVI s'intéressait vivement au succès de ce sondage, il le visitait fréquemment, la reine

Marie-Antoinette encourageait les sondeurs et se plaisait à les voir travailler. Le sondage dura six mois; il éprouva de grandes difficultés, il fut descendu à 80 mètres environ, dont 10 mètres

de terre végétale, sable et cailloux.	10m
Terre glaise et pierre de meulière.	20
Marne et pierre marneuse.	20
Craie.	20
Total.	80m

L'eau a jailli de cette profondeur à quelques décimètres au-dessus de la surface et à pris son niveau raz de terre.

§ 388. En 1827, M. de Maupeou a fait faire dans l'île de la papeterie d'Echarçon, près de Mennecy, dans la vallée d'Essonne, un sondage qui a ramené à un mètre au-dessus de la rivière, une fontaine jaillissante, de cinquante quatre mètres de profondeur dans la craie. Un second puits foré, percé en 1828, dans la même île, a frappé, à quatorze mètres de profondeur, un niveau d'eau très-abondant, qui a remonté à trois mètres au-dessous de la surface du sol. Ces deux sondages peuvent donner chacun, plus de quarante muids d'eau par heure.

III. SEINE ET MARNE.

§ 389. En 1827, le sieur Dufour, surnommé l'Artésien, fit à la papeterie de Courtalin, près de Farmoutiers, sur la rive droite du Morin, un puits foré de quarante-trois mètres de profondeur, dans la craie, qui procura le remontage d'un niveau d'eau très-abondant, jusqu'à 1^m,50, au-dessous de la surface du sol.

§ 390. En 1820, M. de la Garde, fit faire, par M. Fortbras, d'Amiens, deux puits forés de 22 mètres de profondeur, à la papeterie de Sainte-Marie, commune de Boissy Le-Chatel, près de Coulommiers. Après avoir traversé plus de 15 mètres de tourbe, la sonde est entrée dans la masse calcaire, et à 22 mètres, les eaux ont jailli, en remontant à 0^m,35 au-dessus de la surface de la terre. En 1827, ces deux puits ont présenté cette particularité, qu'au moment où toutes les sources étaient taries par l'effet de l'extrême sécheresse, leurs eaux ont éprouvé un exhaussement de plus de 0^m,60, qui a duré quelques jours, après lesquels elles ont repris leur niveau accoutumé, qui n'a jamais baissé. Ces deux puits ont coûté chacun 500 francs.

IV. OISE.

§ 391. En 1822, M. de Nully d'Hécourt, maire de Beauvais, considérant que les prisons de cette ville n'avaient d'autres eaux, que celles d'un puits infecté, fit faire, par ce même M. Fortbras d'Amiens, un sondage, par le pied de ce puits; il fut descendu à $22^m,75$ et, à cette profondeur, il ramena de la craie, un niveau d'eau abondant, qui s'est élevé à $6^m,75$ au-dessous de la surface du sol, avec un jet d'eau de 15 à 20 centimètres de hauteur, dans le bassin. On estime que ce puits fournit de 18 à 20 muids d'eau à l'heure.

§ 392. De semblables sondages ont été faits dans la cour de la prison de la cour d'assises, et dans diverses maisons de Beauvais, où ils ont donné les mêmes résultats.

§ 393. M. Poittevin, propriétaire de la filature de Tracy-le-Mont, près de Compiègne, a fait faire trois puits forés, dans l'intention d'augmenter les eaux nécessaires, pour faire tourner les roues de son usine. La vallée de Tracy est creusée dans les sables calcaires, et encaissée de gauche et de droite par le calcaire marin. Au bas des deux côtés on trouve des sources qui fluent latéralement du pic de la montagne, et donnent naissance à la rivière de Tracy, dans le beau parc de M. le comte de l'Aigle. Les trois puits forés de M. Poittevin, de 35 à 36 mètres de profondeur, sont à peu de distance les uns des autres, en tête de la pièce d'eau de son usine. Dans leur percement ils ont traversé : 1° Les sables et les grès verts calcaires chlorités; 2° Les premières couches d'argiles ou fausses glaises; 3° Les sables des argiles, et 4° Les lignites supérieurs des argiles. C'est dans ces lignites, à la profondeur de 35 à 36 mètres qu'a été trouvée la nappe d'eau, qui a repris son niveau, à 1^m,35 au-dessus du déversoir des eaux de l'usine et à 0^m,57 au-dessus de la surface du sol. Une grosse tête d'arrosoir, placée sur le tube de l'un de ces puits, a donné une belle gerbe d'eau de 0^m,435 de hauteur, et de 1^m,62 de diamètre.

Dans un quatrième puits qu'il a fait forer jusqu'à 50 mètres de profondeur, espérant obtenir une nappe d'eau plus abondante, M. Poittevin a traversé les argiles plastiques, les lignites inférieurs, des sables argileux très-fluides, des bancs de pyrites et des grès pyriteux. Plusieurs niveaux d'eau ont été reconnus dans le percement; mais les sables coulans ont opposé tant de difficultés, qu'on y a renoncé. Ces sables sont en effet un des plus grands obstacles que les sondeurs aient à vaincre, dans le sondage des puits.

§ 394. M. de la Garde, en 1814, fit forer trois puits artésiens, par M. Fortbras d'Amiens, dans le parc du château de Moustiers, canton de Saint-Just, près de Clermont, à l'endroit où l'Aronde prend sa source. Deux de ces puits ne sont qu'à 2 mètres l'un de l'autre, et le troisième en est éloigné de 100 mètres. Ces puits, de 25 à 26 mètres de profondeur, ont coûté chacun 500 francs suivant le prix qui avait été fait d'avance. Deux d'entr'eux sont aujourd'hui comblés par suite de leur mauvaise exécution; mais le troisième n'a pas varié; il fournit à deux mètres de la surface de la terre un courant d'eau, qui alimente une rivière que M. Delagarde a fait creuser et qui va ensuite se jeter dans celle de l'Aronde, à 700 mètres de distance, et à 2^{m},60 plus bas. Ces puits, dans leur percement, ont traversé : 1° 6 mètres de terre et de limon, 2° 60 centimètres d'argile, environ, et 3° 18 à 20 mètres de craie, avant d'atteindre les eaux remontantes.

V. AISNE.

C'est aux instances et aux pressantes sollicitations de M. Coquerel, ingénieur des mines, que ce département doit les puits forés qui y ont été percés depuis quelques années, et ce sont MM. Samuel, Joly et fils, propriétaires de l'une des plus belles filatures de coton à Saint-Quentin, qui les ont introduits dans cette ville, où ils ont été adoptés avec empressement.

§ 395. MM. Samuel, Joly, ne pouvant se servir sans inconvénient, pour le blanchiment et l'apprêt de leur beau tissu de coton, des eaux de la Somme, souvent troubles et limoneuses, firent percer un puits ordinaire (1) pour avoir des eaux plus pures que celles de cette rivière; mais les eaux de ces puits étant ferrugineuses et colorant les tissus, MM. Samuel, Joly, firent venir de Lille, des sondeurs, qui firent, en avril 1828, à trois mètres seulement de distance l'un de l'autre, et dans une ligne perpendiculaire à la direction de la vallée, trois puits forés de 20 à 25 mètres de profondeur, dans la craie, d'où les eaux ont remonté et se sont élevées à 0^{m},50 au-dessus de la surface. Ces trois puits donnent par heure, 150 hectolitres d'une eau très-pure, et réunissent toutes les qualités désirables. Ils ont coûté ensemble 1,355 francs, ou de 450 à 455 chacun.

§ 396. M. Dupuy, également propriétaire à

---

(1) Ce puits devait être approfondi jusqu'à la craie au-dessous des tourbes, dont l'épaisseur est de 12 à 13 mètres; il avait deux mètres de diamètre, y compris l'épaisseur de la maçonnerie en briques. Arrivé à neuf mètres, l'ouvrier, placé au fond s'aperçut que le sol, sur lequel il était, se soulevait. Il saisit aussitôt une corde et se fit remonter au jour. L'eau le gagna promptement, et s'élevant avec impétuosité, elle remplit en un clin d'œil toute la capacité du puits, en montant à 0^{m},20 au-dessus de la surface du sol, et à 0^{m},40 au-dessus du niveau de la Somme. Ce niveau n'a pas varié depuis. L'eau coule dans la rivière par une barbacane pratiquée sous la margelle du puits.

Saint-Quentin, d'une ancienne et belle blanchisserie, située dans le faubourg Saint-Martin, sur la rive droite de la Somme, à 2,300 mètres environ, de celle de MM. Samuel Joly, a fait faire par M. Chartier, fontenier-sondeur à Lille, deux fontaines jaillissantes, à 56 mètres de distance l'une de l'autre, dans une prairie voisine de ses ateliers; l'une de 29 mètres, dont 18 environ de buse, et l'autre de $28^m,30$, avec 17 mètres de buse. Ces deux sondages ont fait reconnaître :

	Profondeur à chaque couche.	Épaisseur des couches.
1° terre végétale.........	$1^m,00$	
2° argile bleue compacte..	2 ,00	$3^m,00$
3° tourbe (1).............	7 ,00	10 ,00
4° marnes.................	3 ,00	13 ,00
5° et craie...............	16 ,00	29 ,00
TOTAL...	$29^m,00$	

L'eau qui s'élève à $0^m,20$ au-dessus de celles de la prairie de l'établissement, est très-pure et con-

(1) Il serait essentiel de bien déterminer la nature de cette tourbe, car, d'après l'existence de l'argile bleue compacte qui est au-dessus, il serait permis de penser qu'elle appartient aux tourbes lignites pyriteuses, ou lignites des argiles plastiques qu'on trouve généralement dans les départemens de l'Oise, de l'Aisne, de Seine et Marne, de la Marne, dans les grandes vallées ouvertes, à la jonction du calcaire, des argiles et de la craie.

vient parfaitement aux opérations de blanchiment. Ces puits, d'après le relevé de M. Coquerel, ont coûté, l'un 456 francs, l'autre 440 francs.

§ 398. M. Philippe, maître teinturier, demeurant dans la même ville, à peu de distance, et au-dessus de l'usine de M. Dupuy, a fait également établir chez lui, un puits foré de 23^{m},33 de profondeur, dont 8 mètres de tubes, pour le prix de 328 francs.

§ 399. Le succès de ces puits a déterminé un grand nombre de particuliers à en faire chez eux, et le conseil municipal de Saint-Quentin vient de décider qu'au lieu de puits à margelle, il en serait également établi pour les besoins des habitans sur les places de cette ville.

§ 400. Près de La Fère, un sondage a été fait en 1827, par M. Fortbras, d'Amiens, que nous avons déja cité plusieurs fois, sous la direction de M. Coquerel, dans l'usine vitriolique de Quelly. Ce fontenier y a fait preuve d'une grande habileté, les opérations ayant présenté beaucoup de difficultés.

VI. EURE.

§ 401. Les eaux de la rivière d'Epte, qui alimentent les belles usines de MM. Davilliers, Lombard et Cie, à Gisors, étant souvent troubles, interrompaient fréquemment les opérations du blanchiment des toiles, ces messieurs firent faire un bassin de 14 mètres de longueur, sur 7 de largeur et de 6 mètres de profondeur. Ce bassin maçonné, a été fait en enlevant le terrain d'atterrissement du fond de la vallée, jusqu'à ce que la craie ait été mise à découvert. Il était alimenté par la rivière et par les eaux des montagnes voisines, mais les deux pompes de l'établissement l'épuisaient promptement.

§ 402. En 1823, MM. Davilliers appelèrent MM. Beurrier, fonteniers-sondeurs d'Abbeville, qui firent, à quatre mètres seulement de distance les uns des autres, au fond de ce bassin, huit puits forés de 9 à 10 mètres de profondeur, dans la craie. Ces puits ont tous également donné des eaux jaillissantes, au-dessus du niveau habituel de la rivière de l'Epte. Les deux pompes de l'établissement ne faisaient baisser que d'un mètre seulement l'eau du bassin, qui est constamment plein, sur 3 mètres de hauteur. Ces huit puits ont coûté 860 fr., frais de voyage, transport d'outils, dépenses de premier sondage, enfin tout compris.

§ 403. MM. Davilliers firent percer quatre autres puits, pour alimenter deux nouvelles pompes. Un de ces puits a été descendu à 20 mètres dans la craie; mais il ne donne pas plus d'eau que les autres : la température des eaux est de 11 à 12 degrés centigrades.

§ 404. Trois autres puits ont encore été percés dans le même bassin, dans les premiers mois de 1829, par M. Mullot; ils ont été descendus à 12 mètres de profondeur, et donnent de l'eau jaillissante, comme les précédens.

M. Mullot a en outre proposé à MM. Davilliers, de percer entièrement la masse de craie, pour essayer d'obtenir un niveau d'eau inférieur plus abondant. Ce sondage est présentement à 75 mètres.

§ 405. M. de la Roque de Chamfrey, à Sery-Fontaine, a fait faire chez lui un puits foré, qui présente les mêmes circonstances que ceux de MM. Davilliers.

§ 406. Aux Andelys, MM. Beurrier ont également établi une fontaine jaillissante; mais sur laquelle nous n'avons encore aucun renseignement.

VII. EURE ET LOIR.

§ 407. Quatre puits forés ont été tentés à la Ferté Vidame, entre Chartres et Dreux par le sondeur Ségard de Lillers. Les trois premiers ont été successivement abandonnés par suite de divers accidens, le quatrième a été poursuivi jusqu'à la profondeur de 50^{m}. Il a traversé :

	Épaisseur de chaque couche.	Profondeur des puits à chaque couche.
1° terre végétale............	1m	
2° argile rouge, sableuse et pierre de meulière............	8	9m
3° marne blanche et grise avec coquilles....................	9	18
4° Tuf calcaire terreux ou marne blanche en couches pierreuses.....................	6	24
5° craie et silex, alternant ensemble par couches irrégulières	25	49
6° argile grise et verte avec sable et graviers..............	1	50
TOTAL.....	50m	

On s'est arrêté à cette profondeur sur un banc calcaire compacte très-dur, la sonde ayant fait jaillir à la surface de la terre une eau abondante et limpide.

§ 408. M. Grignon d'Auzouer, fit percer en 1820, un puits au château de Champ-Romain, près de Châteaudun. Le pays présente quelques sources à la surface. Il est à la limite des terrains d'eau douce et de la craie. Ce puits a 25 mètres de profondeur; arrivés à 24 mètres, les ouvriers furent effrayés du bruit du courant souterrain qu'ils entendirent sous leurs pieds; ils percèrent avec précaution le dernier banc, et avant d'avoir pu terminer leur percement, les eaux jaillirent avec une telle impétuosité, qu'ils eurent à peine le tems de se faire remonter. Il y a lieu de présumer que, si elles avaient été maintenues dans un tube, les eaux se seraient élevées très-près ou même au-dessus de la surface.

§ 409. M. Guillot, propriétaire de la papeterie du Mesnil, sur l'Estrée, près de Dreux, ne pouvant se servir des eaux de la rivière d'Avre, a percé un puits dans la craie mêlée de silex noir, l'eau, qui a jailli avec impétuosité, après le percement de la couche de silex, est limpide, parfaitement pure et d'excellente qualité.

§ 410. Dans un autre sondage, fait à la papeterie de Sausset, sur l'Eure, près Anet, M. Guillot fut moins heureux, il obtint des eaux limpides, mais qui coloraient en jaune le papier. Le sondage n'a pas été suivi.

VIII. LOIRET.

§ 411. M. Léorier Delisle, fit faire, en 1805, un puits artésien dans sa propriété de Buges, pour avoir des eaux limpides et non sujettes aux inconvéniens de celles du Loing et du Molasson. Après cinq mètres de terre végétale et de terrains d'atterrissement, la sonde a traversé 17^{m},

75 de terrain de calcaire marneux, coupé de couches de silex. A la profondeur de 22^{m}, 75, la sonde a subitement fait jaillir à 1^{m}, 35 au-dessus du sol, une eau limpide très-abondante, mais fortement sulfurée. M. Amfry, inspecteur des essais à la monnaie, en fit l'analyse, et, sur 1,484 grammes de cette eau, il obtint 0^{m}, 350 grammes de résidu composé, d'après son analyse,

1° de Silex...........	0^{m},007
2° Cxide de fer.......	0 ,006
3° Muriate de potasse..	0 ,003
4° Carbonate de chaux.	0 ,185
5° Résidu insoluble....	0 ,149
Total..........	0^{m},350

§ 412. MM. Flachat frères ont entrepris à Orléans, chez M. Benoit Latour, en 1828, un sondage de puits foré dont les résultats seront du plus grand intérêt, pour les habitans des hautes plaines de la Beauce et du pays Chartrain, qui manquent d'eau, ou qui n'ont que des puits très-profonds. Après cinq mètres de terre végétale, sable, gravier et galets, la sonde a traversé le calcaire d'eau douce, marneux et pierreux, alternant avec des couches de calcaire siliceux, jusqu'à la profondeur de 34 mètres, à laquelle on a reconnu une nappe d'eau stationnaire, dans un banc marneux et terreux. Le sondage fut prolongé de quelques mètres dans le même terrain et ensuite suspendu. Il est vivement à désirer que M. Benoit Latour reprenne le percement de ce puits, dont le succès intéresse essentiellement tous les pays voisins, et qui aurait d'ailleurs, pour la géologie, l'immense avantage de déterminer exactement la nature des terrains au-dessous du bassin de la Loire, et de s'assurer si la formation des sables et des grès existe sous le calcaire d'eau douce supérieur, en le séparant du calcaire d'eau douce inférieur, son existence ou son absence devant apporter de grands changemens dans la manière d'être des eaux souterraines. L'existence de cette formation exigerait de grandes précautions dans le forage des fontaines jaillissantes et l'enfoncement des tubes, pour empêcher d'une part, l'effet de ces sables, qui, trop souvent, engorgent les sondages, et d'autre part, les eaux remontantes de se perdre dans l'intérieur de leur masse.

IX. SEINE INFÉRIEURE.

§ 413. En 1792, le nommé Louis Ségard, fontenier-sondeur de Lillers, près de Béthune, entreprit, par ordre du gouvernement, un puits foré dans la citadelle du Hâvre.

Le sondage fut poussé jusqu'à 80 mètres de profondeur, il traversa :

	Épaisseur des couches.	Profondeur à chaque couche.
1° La terre végétale, sable et gravier d'atterrissement........	5m	
2° Sable bleu alternant avec des couches de marne et d'argile....................	20	25m
3° Terre argileuse, marne dure, pierre argilo-calcaire, coquillère, coupée de veines d'argile grise et bleue....................	55	80
TOTAL......	80m	

Les eaux remontèrent de cette profondeur jusqu'à 7m,60 au-dessous de la surface de la terre, et l'on plaça sur les buses deux pompes qui n'ont jamais pu faire baisser les eaux. Ce sondage devait être continué jusqu'à ce qu'on eût obtenu des eaux jaillissantes au-dessus du sol, mais la révolution en a fait suspendre les travaux.

§ 414. Le manque général de sources ou fontaines, et la profondeur des puits de toutes les hautes plaines du département de la Seine-inférieure, entre Rouen, Fécamp, St-Valery,

Dieppe, Tréport, Aumale, Gournay, etc. (1), y font vivement sentir la nécessité des puits forés. Il est difficile, pour ne pas dire impossible, de déterminer la profondeur à laquelle devraient être descendus les sondages, pour obtenir des eaux jaillissantes; car l'épaisseur de la masse de craie varie, suivant la hauteur des plaines, qui sont au-dessus des bassins et vallées de la Seine et de l'Andelle, de l'Arques, de la Bethune, de l'Eaulne et sur les deux grandes pentes de cette longue crête, de terrains élevés, qui s'étendent depuis la mer au-dessus du Hâvre et d'Ivetot, jusqu'à Forges, Gaillefontaine, Aumale et au-delà.

Cette question m'a paru d'une telle importance, que j'ai cru devoir en faire l'objet d'une étude particulière, pour examiner le degré de probabilité du succès des puits forés dans ces hautes plaines. D'après les bases sur lesquelles j'ai fixé mon opinion, je crois pouvoir avancer qu'en sondant aux profondeurs nécessaires, il y a certitude de succès, dans beaucoup de localités de cette grande étendue de terrains, ainsi que je vais chercher à le démontrer.

---

(1) Les puits des hautes plaines de ce pays, ont 50, 60, 80, 100 mètres et au-delà, et souvent à cette profondeur, ils n'ont que très-peu d'eau.

§ 415. De Rouen au Hâvre, on voit les parties inférieures de la masse de craie, la craie tuffeau et la craie glauconie. Dans les fouilles du théâtre du Hâvre, on a reconnu sous la craie, les argiles et les marnes argilo-calcaires, qui précèdent les calcaires coquillers lumachelles. Les vallées de l'Arques, de la Bethune et de l'Eaulne, encaissées entre des côtes craïeuses plus ou moins élevées, présentent des sources de fond, souvent très-abondantes, qui remontent de dessous la craie. Enfin des recherches de houille ont été faites de 1795 à 1805, entre les communes de St-Nicolas d'Aliermont, de Dampierre et de Meulers, à 15 kilomètres à l'Est de Dieppe, au-dessus de la forêt d'Arques: elles ont fait reconnaître sept grandes nappes d'eau ascendantes très-abondandes. Examinons les résultats qu'elles ont présentés pour l'hydrographie souterraine, d'après les rapports faits dans le tems par les ingénieurs des mines, et la relation qu'en a publiée M. Vital (1). Voyez planche II, les détails de ces recherches. Pl. II.

(1) Précis historique des travaux qui ont été entrepris, pour la recherche d'une mine de charbon de terre, dans le département de la Seine inférieure, par J. B. Vital, extrait des actes de l'Académie-des-Sciences et Belles-Lettres de Rouen, Année 1808.

Ces travaux ont consisté	Épaisseur des couches.	Profondeur à chaque couche
1° En un grand puits de	218m,250	
2° En un premier bure ou puits inférieur...........	25 ,987	244m,23
3° En un second bure..	29 ,235	273 ,47
4° En un troisième bure.	37 ,359	310 ,83
5° Et en un sondage au fond du 3e bure.........	22 ,360	333 ,19
Total......	333m,191	

Ainsi, par puits ou par sondage, on est descendu en tout à une profondeur de 333m,191
Pl. II. ou de 1,025 pieds. Voyez la Pl. II.

1. *Nature des terrains traversés.*

	Épaisseur des terrains.	Profondeur des puits à chaque espèce de terrain
1° La terre végétale....	1m,624	
2° Des argiles plastiques, leurs lignites, des pyrites et des sables..............	24 ,363	25m,987
3° La craie blanche, la craie tuffeau et la craie chloritée..................	74 ,713	100 ,700
4° Les argiles, les marnes argilo-calcaires, les luma-		
à reporter	100m,700	

	Épaisseur des terrains.	Profondeur des puits à chaque espèce de terrain.
Report	100^m,700	
chelles, les marnes pyriteuses.	76 ,338	177^m,038
5° Les calcaires coquillers spathiques, alternant avec les calcaires pyriteux, des terres noires pyriteuses et des sables argilo-coquillers.	34 ,758	211 ,796
6° Les marnes argileuses dures ou calcaires compacts	15 ,592	227 ,388
7° Calcaire spathique lamelleux et coquiller, alternant avec du calcaire compacte; les coquilles étaient la plupart nacrées.	24 ,363	251 ,751
8° Argiles grises alternant avec des couches de calcaire grenu à grains fins, tantôt compacte et tantôt spathique ou coquiller.	24 ,363	276 ,114
9° Marnes argileuses grises, dures, pierreuses coquillères, alternant avec des argiles noires, feuilletées, un peu schisteuses	11 ,369	287 ,483
à reporter	287^m,483	

	Épaisseur des terrains.	Profondeur des puits à chaque espèce de terrain.
Report	287m,483	
10° Calcaire argileux grenu et calcaire à grains spathiques avec grands fragmens de coquilles.......	23 ,348	310m,831
11° Sondage de 22m,360, dans l'argile et le calcaire argileux compacte.........	22 ,360	333 ,191
TOTAL.....	333m,191	

II. *Eaux souterraines reconnues dans ces terrains.*

Les recherches faites à St.-Nicolas d'Aliermont ont duré près de dix années, et ce sont les eaux abondantes des sept niveaux qu'elles ont successivement traversés qui les ont fait abandonner. Ces niveaux ont été trouvés aux profondeurs suivantes; 1° de 25 à 30 mètres, dans les sables des lignites, *une première nappe d'eau.* Cette nappe d'eau a été généralement reconnue, entre les argiles plastiques et la craie, toutes les fois que les lignites inférieurs de l'argile se sont trouvés à 25 ou 30 mètres de profondeur, comme à Luzarches, à St.-Ouen, à Tracy-le-Mont, etc., etc. La traversée de cette nappe d'eau a présenté de grandes difficultés, à cause de son abondance et de l'éboulement des argiles et des sables. Aussitôt qu'on suspendait l'épuisement, les eaux remontaient jusqu'à l'ouverture du puits.

2° A 100 mètres environ, sous les craies, on traversa, avec une extrême difficulté, *le second niveau d'eau*, plus abondant encore que le premier; on eut beaucoup de peine à le passer, les eaux remontant avec impétuosité dans le puits et s'élevant jusqu'à la surface, aussitôt que les pompes cessaient leur service.

3° De 175 à 180 mètres, un *troisième niveau d'eau*, plus abondant encore que les précédens, plus impétueux, et par conséquent plus difficile à vaincre, fut rencontré sous les lumachelles : ce ne fut qu'à très-grands frais, et avec une peine extrême, qu'on parvint à s'en rendre maître, et encore, malgré la force des bois employés dans le cuvelage de la fosse, malgré le picotage, la chaux, la résine, le mâche-fer, et toutes les matières qui furent successivement essayées, on ne put empêcher de nombreuses filtrations, les eaux arrivant toujours à travers les pièces du cuvelage qui fut rompu dix ou douze fois, sur plusieurs mètres de hauteur.

4° De 210 à 215 mètres, dans les sables des argiles pyriteuses et coquillères, on trouva, en creusant le premier bure, *un quatrième niveau d'eau*, dont la traversée fut difficile, à cause des sables coulans, que les eaux ramenaient avec elles. Ces eaux se sont plusieurs fois élevées jusqu'au-dessus du niveau supérieur.

5° A 250 mètres, dans l'approfondissement du second bure, *un cinquième niveau d'eau*, plus impétueux que le précédent, se déclara au moment où les ouvriers eurent passé les calcaires spathiques et nacrés, les eaux jaillirent avec impétuosité, jusqu'à l'ouverture du bure, et s'élevèrent rapidement dans le bure supérieur. Ce niveau fut très-difficile à passer.

6° A 287 mètres environ, on rencontra, en perçant le troisième bure, dans les marnes argileuses et les argiles schisteuses, *un sixième niveau d'eau* si abondant, qu'en 48 heures, il remplit entièrement les trois bures, et s'éleva jusque dans le grand puits, à plus de 50 mètres de hauteur, malgré les machines d'épuisement qui ne cessaient de travailler jour et nuit. Le directeur des travaux, M. Castiau, ne désespérant pas encore du succès de ces recherches, malgré tant de difficultés et les dépenses considérables qu'elles avaient exigées, proposa à la compagnie, une dernière tentative. Les travaux furent repris, après le dessèchement du grand puits; son cuvelage se trouva rompu à la hauteur du second et du troisième niveau, il fallut le refaire à neuf. Après plus de dix mois de travaux préparatoires, et de restaurations, étant parvenu à se rendre maître des eaux, on reprit l'approfondissement du troisième bure jusqu'à 37m,359, et, par conséquent, à 310m,831 de la surface de la terre.

7° Enfin, ayant fait au fond de ce troisième bure, un sondage de 22m,360, après le percement d'un banc de calcaire compacte très-dur, les eaux jaillirent avec une telle violence, que les ouvriers n'eurent que le temps de remonter en toute hâte, laissant leurs effets et leurs outils au fond du bure. La rapidité avec laquelle les eaux s'élevèrent de cette profondeur de 333m,191 ou 1,025 pieds, fut telle, qu'en trente-six heures, les trois bures, le grand puits, les chambres, les galeries, tout fut entièrement inondé, malgré l'activité des machines d'épuisement, qui travaillaient constamment jour et nuit.

On se doute bien, qu'après tant d'efforts et de dépenses (1) la compagnie dut reculer devant les nouvelles propositions qui lui furent faites, pour l'acquisition d'une machine à vapeur, qui devait coûter, suivant M. Castiau, 150,000 francs d'acquisition et de premier établissement.

Si les recherches faites à St.-Nicolas d'Alier.

(1) Les actions de 1000 francs avaient répondu successivement à huit appels supplémentaires. La dépense totale s'est élevée à 465,000 francs outre les sommes qui furent, dit-on, données à titre d'encouragement par le gouvernement.

mont, n'ont pas eu le succès qu'on en attendait, elles n'en sont pas moins de la plus grande importance, pour les fonteniers-sondeurs, qui seraient appelés à faire des puits dans les hautes plaines craïeuses du département de la Seine inférieure, de la Somme, de l'Aisne, de l'Oise, de l'Eure, et même des départemens à l'est de Paris, tels que ceux de Seine et Marne, de la Marne, de l'Aube, etc., etc., où l'on trouve sous la craie, les mêmes terrains argileux, calcaires, spathiques, à lumachelles, etc. qui ont été traversés dans le puits de St.-Nicolas d'Aliermont.

Ainsi nous croyons démontré d'après le nombre des niveaux d'eau qui ont été successivement traversés dans ces travaux, qu'ils ont tant de fois inondés, d'après l'abondance de leurs eaux, et d'après leur extrême impétuosité, qu'avec de la *persévérance*, et en forant les terrains argileux inférieurs à la craie, aux profondeurs convenables, on obtiendra infailliblement des eaux jaillissantes, dans les départemens, où la présence de la grande masse de craie faisait au contraire désespérer d'en obtenir; et nous rappellerons à cet égard, un des derniers puits faits en Angleterre, au-dessus de Cheswick, près de Londres (1), qui percé à plus de 210 mètres, après avoir tra-

(1) Voyez au sujet de ce sondage la note de la page 49.

versé les craies, les argiles, et les calcaires coquillers lumachelles, a donné des eaux jaillissantes abondantes, à plus de 1m,30 au-dessus de la surface de la terre.

§ 416. M. Turgis a fait faire, à Elbeuf, dans sa fabrique de drap, à 16 mètres environ au-dessus des eaux moyennes de la Seine, un puits foré, dans lequel on a traversé :

	Épaisseur des couches.	Profondeur à chaque couche.
1° Terre végétale et argile.	6m,597	
2° Roche calcaire et silex.	48 ,726	55m,223
3° Terre glaise grasse et noirâtre (1)	0 ,487	55 ,710
4° Gros sable ou gravier..	0 ,487	56 ,197
5° Roche calcaire très-dure.	1 ,624	55 ,821
TOTAL....	67m,821	

Les instrumens du sondeur s'étant engagés dans le trou de sonde avec des fragmens de roche et de cailloux sans qu'on ait pu parvenir à les retirer, malgré tous les efforts qui ont été faits, ce sondage a été abondonné. On avait trouvé, à 19 mètres, une nappe d'eau, mais insuffisante pour alimenter une machine à vapeur de moyenne pression de la force de huit chevaux.

(1) Il eût été important de bien déterminer la nature de cette terre, pour savoir à quelle formation elle se rapporte.

§ 417. A Orival, à un kilomètre d'Elbeuf, MM. Jacques et Pierre Grandin ont fait forer un puits dans la belle usine de teinturerie qu'ils exploitent au pied d'une colline coupée à pic, sur le bord de la Seine, à quatre mètres environ au-dessus de ses moyennes eaux. On a reconnu dans ce sondage les terrains suivans :

	Épaisseur des couches.	Profondeur à chaque couche.
1° Terre végétale, attérissemens et indices d'éboulemens.................	3m,248	
2° Roche calcaire ou silex, qui paraît provenir d'éboulemens.................	4 ,873	8m,121
3° Terre argileuse, noirâtre et tourbeuse, dans laquelle on a reconnu des noyaux de fruits et des débris d'animaux (1).................	0 ,650	8 ,771
à reporter	8m771	

(1) Il est à regretter que l'état dans lequel la tarière de la sonde rapporte les matières qu'elle a perforées et le plus souvent triturées, n'ait pas permis de déterminer ces vestiges d'animaux, qui se trouvent enfoncés à plus de huit mètres de profondeur, sous des atterrissemens et des éboulemens de la montagne voisine. Peut-être la couche dans laquelle on trouve ces débris se rapporte-t-elle, malgré la différence de profondeur, à celle qui a été reconnue dans le sondage précédent à 55m,710 et qu'il eût été bien important de déterminer exactement.

	Épaisseur des couches.	Profondeur à chaque couche.
report	8m,771	
4° Roche calcaire avec silex.	7, 472	16m,243
5° Roche calcaire sans silex	25, 013	41, 256
TOTAL......	41m,256	

De cette profondeur, l'eau est remontée jusqu'à la surface du sol, mais elle ne s'y est pas maintenue; elle est promptement redescendue et s'est fixée à 0m,162 au-dessus des eaux de la Seine, et à 3m, 726 au-dessus de la surface de la terre. Cette eau étant très-pure et très-limpide, MM. Grandin n'ont pas cru devoir creuser plus profondément pour tâcher d'obtenir des eaux jaillissantes et ils emploient avec le plus grand succès dans leur usine, celle de ce puits, en l'élevant au moyen d'une pompe ordinaire.

§ 418. Un autre manufacturier d'Elbeuf M. Victor Grandin a fait également l'essai d'un puits foré dans sa belle manufacture voisine de celle de M. Turgis. Il le fit faire au fond d'un puits de 14m,618 ouvert sur le point le plus élevé de son établissement, afin de pouvoir ensuite distribuer les eaux sur tous les points, s'il était assez heureux pour en obtenir.

	Épaisseur des couches.	Profondeur à chaque couche.
Profondeur de ce puits...	14m,618	
Au-dessous la sonde a indiqué :		
1° Sable et gravier siliceux.	5 ,198	19m,816
2° Terre calcaire craïeuse, avec fragmens de roches..	2 ,600	22 ,416
3° Roche calcaire très-dure avec silex..................	25 ,987	48 ,403
4° Terre glaise, grasse et noirâtre (1).................	0 ,325	48 ,728
Et 5° Roche calcaire jaune sans silex................	8 ,121	56 ,849
Total......	56m,849	

Les travaux ont été abandonnés à cette profondeur de 56m,849, parce que la bouchardé (du poids de 150 kilogrammes) dont on se servait pour battre et broyer le rocher, s'étant détachée, est restée engagée au fond du sondage entre des éclats de rocher qui auront probablement fait coin.

(1) Ce banc de terre glaise grasse et noirâtre que nous retrouvons ici et que dans le puits foré de M. Turgis, on a reconnu à 35m,710, est évidemment le même, et se rapporte très-probablement à celui qui a été trouvé à 8m,771 chez MM. Grandin, dont la teinturerie est située beaucoup plus bas sur le bord de la Seine.

Quoique ces trois sondages dont je dois la connaissance à M. Pétou, maire d'Elbeuf, membre de la Chambre des députés, n'aient pas produit les résultats qu'on en attendait, j'ai cependant cru devoir les rapporter, afin de faire connaître la nature du terrain dans la ville d'Elbeuf, où je ne doute pas qu'on n'eût obtenu des eaux jaillissantes, si M. Malteau, qui avait entrepris ces sondages, avait pu les continuer, ainsi qu'il l'avait demandé. Les détails dans lesquels je suis entré sur les terrains traversés, dans les recherches de Saint-Nicolas d'Aliermont, § 415, et les différens niveaux d'eau ascendans qui y ont été trouvés, dans les terrains inférieurs à ceux d'Elbeuf, viennent encore à l'appui de mon opinion.

X. PAS DE CALAIS.

§ 419. Il existe à Lillers, un puits foré établi, dit-on, en 1126, dans l'ancien couvent des Chartreux, et (1) qui n'a jamais varié dans le beau volume d'eau qu'il donne au-dessus de la surface

---

(1) Si le fait est exact, ce puits foré qui est le plus ancien que nous connaissions, assurerait à la France la priorité de l'invention de l'art de faire les puits forés, à l'aide de la sonde, puisque les fontaines jaillissantes de Modène, ne datent que de quelques siècles.

de la terre. Les buses sont des tuyaux de chêne de l'origine du percement. De mémoire d'homme on n'a jamais changé que le tube supérieur qui est près de la surface.

Outre ce puits, on en compte plusieurs autres à Lillers. La profondeur varie depuis dix, jusqu'à vingt, trente et quarante mètres. Les eaux sont *dans la partie supérieure de la masse de craie ;* elles sont d'excellente qualité et ne présentent aucune variation.

Il a été établi depuis peu un grand nombre de puits de ce genre, dans les environs de Lillers. Un de ces puits donne 700 litres d'eau à la minute, et son percement n'a pas fait varier ceux des environs.

§ 420. La fontaine jaillissante la plus profonde du département du Pas-de-Calais, est située entre Bethune et Aire : elle a été percée à 150 mètres de profondeur, par M. Vassal fontenier, et l'eau jaillit à 2^{m},60, au-dessus du sol.

§ 421. Entre Aire et Lillers, M. Kerlin autre fontenier de Lillers, a fait, à un kilomètre de Cressonnières, un puits foré à 130 mètres, qui jaillit à un mètre au-dessus de la surface de la terre.

§ 422. Un des plus beaux exemples de puits forés, est celui que présente le village de Gonnchem, près de Bethune, où un propriétaire a fait percer dans une prairie, quatre fontaines de quarante-cinq mètres de profondeur, qui produisent chacune un jet d'eau limpide. Il a réuni leurs eaux et s'en sert pour faire tourner une roue de moulin de trois mètres de diamètre. Ce moulin fait deux cents kilogrammes de farine par vingt-quatre heures. Les eaux des puits forés sont à 3^{m},57 au-dessus du niveau de celles de la surface.

§ 423. Cet exemple a trouvé depuis, de nombreux imitateurs : ainsi à St.-Pol, on a percé cinq fontaines jaillissantes, pour faire tourner un moulin.

§ 424. A Fontès entre Lillers et Aire, M. Cuviller a établi dix fontaines, pour faire tourner son moulin, et faire en même tems mouvoir les soufflets et les marteaux de sa clouterie.

§ 425. On a percé dans ce pays un grand nombre de ces puits, pour établir des cressonnières artificielles qui sont très-productives : les puits ont de dix à douze mètres de profondeur.

§ 426. Le grand avantage que présentent les eaux de ces fontaines jaillissantes, est de pouvoir faire travailler les usines en hiver, pendant la gelée, alors que les autres usines sont obligées de chômer; aussi beaucoup de meuniers se sont-ils décidés à faire faire des puits forés.

§ 427. Dans la vallée de Ternoise, à Blingel, de

trois sondages entrepris en 1820, très-près les uns des autres, un d'eux, percé à la profondeur de trente-six mètres environ, a donné une fontaine jaillissante, tandis que les deux autres n'ont point donné d'eau.

§ 428. Les fontaines de Lillers, Nedonchelle, St.-Pol, St.-Venant, ont présenté les mêmes irrégularités dans leur percement. Ainsi, deux propriétaires voisins, ayant percé à la même profondeur, l'un a obtenu des eaux remontantes de fond, tandis que l'autre n'a pu en obtenir.

§ 429. D'après M. Garnier, il existe un grand nombre de fontaines jaillissantes, obtenues par des puits forés dans la craie, dans les communes d'Ardres, Choques, Annezin, Aire, Merville, Blingelle, Bethune. Leurs eaux proviennent de la masse de craie recouverte de sable, de cailloux roulés et d'argile.

Le défaut de renseignemens exacts nous empêche de citer une foule d'autres sondages de ce département, qui nous ont été indiqués, et dont plusieurs donnent jusqu'à 12 et 1500 litres d'eau par minute, en présentant des particularités très-remarquables. Nous ne saurions trop engager les ingénieurs, les maîtres sondeurs, et les sociétés d'agriculture à donner des descriptions détaillées de ceux de ces sondages qui présentent le plus d'intérêt : car ce n'est que par la réunion de tous les faits que peuvent offrir les eaux jaillissantes des puits forés, qu'on parviendra à établir une théorie certaine sur l'importante question de l'hydrographie souterraine, et sur l'art de percer les puits artésiens.

§ 430. Il y a plus d'un siècle que Belidor, dans le livre de *la science des Ingénieurs*, a décrit le puits foré du monastère de St.-André, dont l'eau s'élevait à quatre mètres au-dessus du rez-de-chaussée, fournissant plus de cent tonnes d'eau par heure, et qui depuis n'a jamais varié.

§ 431. M. de Bellonet, officier du génie, chargé d'établir une fontaine artésienne dans la citadelle de Calais, à l'instar de celle du château de Douvres, a fait donner un coup de sonde, qui a été descendu jusqu'à la profondeur de 110^m,50. Les premiers niveaux traversés n'avaient donné que des eaux saumâtres; mais les eaux obtenues de cette profondeur de 110^m,50 étaient douces; toutefois elles ont contracté un léger degré de salure, dû à quelques infiltrations à travers des assemblages de buses probablement mal jointes. Il y a lieu d'espérer qu'on remédierait à cet inconvénient en approfondissant davantage le puits foré, ou en substituant des buses mieux assemblées.

§ 432. Les sondeurs artésiens emploient communément l'aulne, pour faire les tubes ou buses. Lorsque l'arbre est vert, la perforation s'en fait très facilement; aussi est-elle faite, la plupart du tems, immédiatement après l'abattage. Il est reconnu généralement que la durée des buses d'aulne, est au moins de cent ans; le chêne peut avoir plus de durée, mais on l'emploie rarement.

On préfère les buses de bois en Artois, aux tubes de métal, comme résistant mieux dit-on sous la pression, lors de leur enfoncement. Les tubes de métal ont l'avantage de diminuer très-peu le diamètre du trou de sonde, n'ayant que peu d'épaisseur.

Les fonteniers ou sondeurs de l'Artois sont originaires de Lillers ou des environs; ils exercent leur profession de père en fils depuis un tems immémorial: ce sont MM. Kerlin, Vassal père et fils, à Lillers, Segard à Bethune, Gamet et Segard à St.-Omer, et plusieurs autres dont nous regrettons de n'avoir pu retenir les noms.

XI. NORD.

§ 433. En 1826 et 1827, M. Hallette, ingénieur mécanicien à Arras, fut appelé par divers négocians, filateurs et teinturiers de Roubaix, pour percer des puits forés dans cette ville, qui manquait totalement d'eau. De précédens sondages avaient fait connaître qu'à la profondeur de 50 mètres, il existait des eaux abondantes, dans des sables très-fins, qu'elles entraînaient avec elles, en remontant au jour, de manière à obstruer promptement les buses. Ces sables avaient fait abandonner tous les sondages.

Après diverses tentatives, M. Hallette est parvenu à surmonter cette difficulté, au moyen de procédés fort ingénieux, qui ont été couronnés par le succès le plus complet. Ses opérations nous paraissent si importantes, que nous croyons devoir les rapporter ici.

M. Mimerel avait fait opérer, en 1825, dans le puits de l'une de ses usines de Roubaix, un percement qui fut poussé jusqu'à la profondeur de 50 mètres, mais qui ne donna aucun résultat satisfaisant.

En 1826, il s'adressa à M. Hallette, et le chargea d'examiner les moyens d'obtenir de l'eau. Ce mécanicien visita le sondage précédemment exécuté. Il avait été fait au fond d'un puits d'environ $7^{m},50$ de profondeur, et l'examen des terrains successivement traversés, donna le résultat suivant :

	Épaisseur des couches.	Profondeur à chaque couche.
Terre végétale et argile mêlée de sable	5m,955	
Sable jaune	1 ,488	7m,445
Nota. C'est dans ces terrains que s'infiltrent les eaux de la surface, qui alimentent les puits.		
Argile serrée	17 ,866	25 ,309
Sable sans consistance	6 ,551	31 ,860
Sable mêlé d'argile	2 ,843	34 ,703
Sable sec	1 ,892	36 ,595
Sable sans consistance	0 ,894	37 ,489
Argile mêlée de sable	12 ,506	49 ,975
Sable sans cousistance	1 ,488	51 ,483
TOTAL	51m,483	

M. Hallette étant descendu dans le puits, y fit récéper les coffres qui avaient été établis pour soutenir les terres, et il crut remarquer que l'eau sourdait plus abondamment au pourtour, que dans l'intérieur du coffre. Pour s'en convaincre, il le fit tamponer, et il s'assura qu'il y avait réellement une forte ascension, entre les parois extérieurs du coffre et le sol.

Pensant que les sables sans consistance, trouvés à environ 25m,338 de profondeur, pouvaient contenir des eaux comprimées, et qu'il était possible qu'à travers la masse de sable de 6^m,551 d'épaisseur, les eaux de quelque rivière ou courant souterrain, se dirigeassent sous la ville de Roubaix, M. Hallette fit part de ses présomptions à M. Garnier, ingénieur au corps royal des mines, qui partagea son avis. Alors il n'hésita pas à entreprendre le sondage. A cet effet, il fit d'abord ouvrir un puits de 1^m,50 de côté, cuvelé, comme les puits des mines, en bois de 0^m,081 d'épaisseur, assemblé à demi-largeur. Il suivit ce travail selon la méthode ordinaire, en creusant sous le dernier cadre, d'un mètre plus ou moins, selon la nature des terrains.

Ce travail se poursuivit, sans grandes difficultés, jusqu'à 2^m,274 des sables désignés dans le premier creusement, comme étant sans consistance, et dans lesquels M. Hallette espérait trouver l'eau jaillissante. On lui avait assuré que ces sables reposaient sur une couche très-dure, mais peu épaisse de pyrites, dont on lui avait même remis quelques fragmens.

Il fit alors commencer le forage. Un ouvrier attaché par le corps à une corde du treuil de service et descendu dans le fond du puits y manœuvrait une petite tarrière de 0^m,034 de diamètre extérieur. Ce sondage fut poussé jusque dans les sables aquifères, et malgré la petitesse de l'ouverture, l'eau jaillit avec le sable à plusieurs mètres au-dessus de la tête de l'ouvrier qui, soit par surprise, soit par frayeur, s'accrocha tellement à la tarrière qu'on fut obligé de l'enlever à force d'hommes par le treuil : déja il avait de l'eau jusqu'à la ceinture. En peu d'instans l'eau s'éleva à 20 mètres au-dessus du point où elle avait été rencontrée, et le fond du puits fut couvert de 2 mètres de sable très-fin.

L'eau était arrivée; mais il restait à vaincre deux grands obstacles. 1° la difficulté de maçonner le puits intérieurement aux bois qui en garnissaient les parois; et 2° l'encombrement des sables que les eaux amenaient avec une telle abondance, qu'on fut forcé de suspendre tout travail dans ce puits.

§ 434. Un autre percement fut entrepris à cette époque, par M. Hallette, dans un puits de l'établissement de M. Decat Crousez à Roubaix. Ce puits avait 6 mètres environ de profondeur; il était maçonné en briques. Il fut repris en sous-œuvre, et l'on suivit la même marche que chez M. Mimerel, par un cuvelage, jusqu'à 3m,30 des sables mouillés. Quand le puits fut terminé, la petite sonde de 2m,274 fut enfoncée, et il fut reconnu que le terrain était parfaitement semblable à celui du premier percement. M. Hallette fit continuer le sondage au moyen d'une tarière de 0m,081 et le fit arrêter à un mètre environ des sables : alors il fit enfoncer dans le trou de sonde un *piquet-filtre* qu'il avait construit dans l'intention de donner un accès durable à l'eau, et d'empêcher l'arrivée du sable dans le puits.

Ce piquet était de fer laminé, de 0^{m},006 d'épaisseur, sa longueur était de 3^{m},90, son diamètre intérieur de 0^{m},081. Il était formé de trois bouts assemblés de telle sorte, que les joints ne faisaient aucune saillie à l'extérieur. Au moment de frapper ce piquet dans le sol, son extrémité inférieure a été armée d'un sabot conique. Ce sabot tenait faiblement au piquet, et lorsqu'il cessait de rencontrer devant lui un terrain résistant, il quittait le tuyau pour laisser un libre accès à l'eau, dans son intérieur, où elle se filtrait en traversant les couches successives de cailloux de diverses grosseurs, superposées à l'intérieur du piquet hydraulique, de manière à ce qu'elle arrivât claire et limpide dans le puits.

Pour parvenir à faire pénétrer le piquet dans le sol, on avait réservé à son centre une issue destinée à faciliter le dégagement de l'air et de l'eau, au moyen d'un petit tube, traversant tous les diaphragmes, qui le maintenait dans sa verticale. Ce tube est arrêté par une rivure, sur le dernier diaphragme.

Après avoir, par ce moyen, successivement établi, avec un plein succès, plusieurs puits forés, dans la ville de Roubaix, M. Hallette est revenu au puits de M. Mimerel, § 433, qui était resté imparfait, à cause des sables aquifères, et sur lequel il était question de placer, en cas de succès, une machine à vapeur de 80,000 francs qui devait rester au compte de M. Hallette, s'il ne pouvait atteindre son but; proposition qu'il accepta malgré les chances qu'il avait à courir.

Il fit d'abord un pilonnage d'un mètre d'épaisseur, de bonne glaise au fond de ce puits, espérant pouvoir l'épuiser, et le maçonner ensuite sur la glaise; mais il ne put jamais baisser l'eau que de 14^{m},613, et alors toute la glaise fut soulevée et le puits rempli. Un tel désappointement ne découragea pas M. Hallette, il prit le parti de maçonner le puits au moyen d'une forte base de madriers en chêne, suspendus par quatre cables, passant par autant de treuils, de manière à pouvoir descendre et immerger sa base et sa maçonnerie, en conservant un parfait à-plomb; mais au moment de tout terminer, la maçonnerie s'éboula.

Ce nouvel incident devait infailliblement faire abandonner les travaux; mais ils étaient au compte de M. Hallette. Cet ingénieux mécanicien, habitué à surmonter toute espèce de difficulté dans ses travaux, ne se laissa pas abattre par ce fâcheux événement; en conséquence, après avoir épuisé le puits autant qu'il fut possible de le faire, l'avoir déblayé et en avoir nivelé le fond, il fit faire une cuve cylindrique de $14^{m},60$ en poutres de sapin de $0^{m},325$ d'équarissage, assemblées avec des cercles de fer. Le puits qui était carré, avait un mètre soixante centimètres de côté; la cuve avait un mètre de diamètre; elle fut assemblée sur le plateau servant de base. Après s'être bien assuré de l'exacte verticalité de cette cuve sur sa base, on coula entre le boisage du puits et le pourtour extérieur de la cuve, un béton de trois parties de chaux de Tournay, une de cendres de houille, et tout ce qu'il fut possible de faire entrer de tessons, de briques cassées de la grosseur d'une noix. Alors on posa un grand plateau percé d'une ouverture circulaire, pour comprimer le béton, en laissant passer librement la cuve. Lorsque le béton fut affaissé, on remplit le vide par une maçonnerie qui fut élevée jusqu'au-dessus de la surface, en lui conservant intérieurement la forme circulaire et à l'extérieur, la forme quadrangulaire du puits.

Quelques mois après cette opération, s'étant assuré que le béton avait acquis la consistance convenable, on épuisa le puits et on enleva tous les décombres. On opéra ensuite, comme dans les autres p [illegible]s avec le piquet-filtre, et l'on vit bientôt les eaux jaillir et remplir entièrement la cuve; fournissant deux hectolitres par minute, 120 hectolitres par heure et 288 mètres cubes par jour, environ le double de la quantité d'eau qu'exige la machine, qui est de la force de vingt chevaux et qui n'a jamais pu épuiser entièrement le puits.

C'est pour ces importans travaux qui ont été certifiés par les autorités et les principaux manufacturiers de la ville de Roubaix, que la société d'encouragement, aussitôt qu'elle en a eu connaissance, a décerné une médaille d'or à M. Hallette (1).

§ 435. Dans l'enclos de l'ancienne abbaye de Marchiennes, il fut fait un sondage de 50 mètres, qui a frappé sur un niveau, dont les eaux ont jailli au-dessus de la surface du sol.

§ 436. Le sondage du Tilloy, près de la même ville, avait produit une fontaine jaillissante de 30 mètres de profondeur *qui s'est perdue* par l'effet de l'ensablement, *ayant été mal tubée.* Les environs de Marchiennes présentent généralement les plus grandes probabilités pour le jaillissement des eaux centrales; mais on ne saurait prendre trop de précautions contre les sables, que ces eaux ramènent communément, et qui tendent à obstruer les buses ou tuyaux.

---

(1) Bulletin de la Société d'Encouragement, N° CCLXXXI, Nov. 1827.

§ 437. Sur la fin du siècle dernier, la compagnie concessionnaire des mines d'Aniches, faisant chercher la houille, sur le territoire de Rieulay, dans la vallée de la Scarpe, fit donner un coup de sonde, qui amena un jet d'eau de la grosseur du bras, à environ un mètre au-dessus de la superficie du sol. L'eau en est tellement abondante que depuis elle a été employée à alimenter un moulin construit à peu de distance.

La compagnie d'Aniches, par suite du jaillissement de cette source, est obligée de contribuer aux frais généraux du dessèchement de la vallée de la Scarpe.

§ 438. A l'ancienne abbaye de Marquette, située à l'embouchure de la Marque, dans la Deule, à environ quatre kilomètres de Lille, il a été percé deux puits forés, dans les derniers tems de l'existence de cette abbaye. Les eaux de ces puits suffisent aux besoins d'un établissement de blanchissage de toiles, qui s'y est formé depuis.

§ 439. Le département du Nord est renommé pour la production des lins destinés à la fabrication des toilettes, batistes, linons, etc. Ces lins sont rouis avec des précautions particulières. La commune de Sommaing, entre Douay et Valenciennes, possède à elle seule dix ou douze rouissoirs, alimentés chacun par une fontaine forée pratiquée à la tête du fossé.

§ 440. Les trois fontaines forées de St.-Amand ont été obtenues par un sondage de 45 mètres de profondeur; les eaux s'élèvent à près d'un mètre au-dessus de la terre. Elles n'ont jamais présenté aucune variation dans leur volume (1).

---

(1). Quelque étrangers que paraissent, au premier abord, les détails qui suivent, comme ils sont relatifs au jaillissement des eaux minéro-thermales de St.-Amand, nous croyons devoir en faire mention, à raison de l'intérêt et des faits extraordinaires qu'ils présentent. Nous les puisons dans une notice historique de M. Bottin, insérée dans le premier volume des Mémoires de la Société royale des antiquaires de France.

En 1648, des travaux furent faits au *Bouillon* des eaux de St.-Amand, pour concentrer la source minérale dans un puits de maçonnerie construit sur un rouet que l'on descendait à mesure de la construction, au moyen d'une forte poutre placée sous le rouet et fixée à quatre cables. Lorsque le rouet fut descendu au fond du *bouillon*, il rencontra malheureusement un côté moins solide que l'autre et le renversa, de manière que la maçonnerie forma, au-dessus de la source, une espèce de voûte qui en dérangea le cours. En 1697, les travaux furent repris par ordre de Louis XIV, sous la direction du maréchal de Vauban, par M. de Mesgrigny, qui fit faire une enceinte de maçonnerie, pour écarter de la source du *Bouillon* les eaux étrangères qu'on évaluait au cinquième de son volume. A mesure que les travaux de maçonnerie changeaient la direction du courant d'eau, la pression qu'ils occasionnaient augmentait le dégagement du gaz hydrogène sulfuré, qui, par l'effet de sa concentration, finit par causer un jaillissement impétueux de boue, de sable et de toutes les entraves qui s'opposaient à ce

XII. ARDENNES.

§ 441. A Prix, près de Mézières, un sondage a été entrepris, pour la recherche de la houille, en 1825. Il a traversé d'abord des couches de cal-

---

dégagement d'autant plus extraordinaire, qu'un mouvement de bascule, causé par la poutre descendue avec le rouet, en 1648, ayant eu lieu, on ne sait par quelle cause, on vit sortir du fond du gouffre une quantité considérable de pièces de bois et de statues de bois, la plupart défigurées par leur long séjour dans l'eau. Parmi les auteurs contemporains qui ont fait mention de cet événement, *Brassart, Brisscau et Migniot*, célèbres médecins du temps, en parlent comme témoins oculaires, et ajoutent que l'on tira de la fontaine du *Bouillon* plus de deux cents statues qui y étaient rangées par lits, entre des planches, et que, dans les boues et les sables, rejettés par les eaux en si grande quantité qu'ils formaient un glacis, on trouva beaucoup de médailles de *Jules-César, d'Auguste, de Vespasien, de Trajan, de Nerva, etc.*, et qu'on reconnut, par suite des travaux, les vestiges d'un *laconicum* ou bain de vapeurs, avec deux chaussées qui s'étendaient de la fontaine du *Bouillon*, au bois qui l'environne. M Bottin, d'après les recherches auxquelles il s'est livré, pense que ces statues étaient des idoles déposées et cachées dans la source minérale même, pour les soustraire au zèle de St.-Amand, évêque de Tongres, lors de l'établissement du christianisme, cette source ayant été très-fréquentée par les Romains, pendant leur longue domination dans les Gaules, et par la résidence de plusieurs empereurs dans les villes voisines, ainsi que le prouvent les nombreuses antiquités qu'on trouve journellement dans le pays. La source du *Bouillon*, et celle du caire argileux et de marne mêlée de sable, jusqu'à quarante mètres, qui ont exigé l'enfoncement de trente mètres de tubes, ou buses de tôle soudées en cuivre dans leur longueur et réunies bout à bout par des soudures à l'étain. Après avoir traversé des calcaires à gryphites, la

---

Pavillon ruiné qui est à peu de distance, étaient anciennement sujettes à de fréquentes explosions de sable, de boue et de gaz, par l'effet de l'abondant dégagement de ce dernier, qui ne pouvait s'effectuer que par ces deux issues. On ne remarque plus aujourd'hui de ces tourmentes et de ces explosions; mais aussi les localités ne présentent plus le même état. En effet, à l'époque de l'événement de 1698, dit M. Bottin, la contrée qui environne St. Amand n'était pas encore criblée de ces nombreuses salles d'extraction de charbon de terre, qui y ont été ouvertes depuis, et qui traversent, dans leur approfondissement, les différens niveaux du pays, et la grande nappe d'eau qui alimente la fontaine de St. Amand, alors le coup de sonde de Rieulay, percé dans le haut de la vallée, où il n'y avait pas le plus petit filet d'eau, n'avait pas fait jaillir cette belle source, dont les eaux abondantes font mouvoir à leur sortie de terre, une usine à farine; alors n'était pas ouverte la fameuse fosse du temple de la mine d'Anzin qui, éloignée de dix kilomètres de Saint Amand, traverse une grande nappe d'eau sulfureuse de même nature, et qui exige pour son épuisement deux machines à vapeurs du plus grand diamètre; alors enfin la ville de St. Amand n'avait pas fait percer les trois fontaines jaillissantes qui, depuis trente ans, distribuent, sur ses places publiques, une eau, dont la température et la qualité gazeuse annoncent avoir la même origine que celle du *Bouillon* et du *Pavillon Ruiné*.

sonde, à la profondeur de cent quarante-trois mètres (le 13 janvier 1827), s'est enfoncée brusquement de seize centimètres, dans une couche de gravier, sans que l'on remarquât aucun changement dans les eaux qui remplissaient le trou. Le lendemain, après le curage, l'eau a jailli à $0^m,50$ au-dessus du sol; c'est-à-dire de quatre mètres environ au-dessus de la Meuse : cette eau est salée, et contient deux un quart de sel pour cent d'eau.

XIII. MOSELLE.

§ 442. M. de Gargan, ingénieur des mines, a établi à Creutzwald, département de la Moselle, un sondage, pour reconnaître le prolongement du terrain houiller de la Sarre. Le sondage a traversé quatre-vingt-treize mètres de grès rougeâtre très-ébouleux, dans lequel on a enfoncé cinquante mètres de tuyaux de tôle parfaitement soudés, pour soutenir les parois du trou de sonde. A soixante mètres de profondeur, et sans qu'on eût remarqué aucun changement dans la nature du terrain, le trou de sonde a donné naissance à une source jaillissante, qui a produit onze mètres cubes par heure.

XIV. ALLIER.

§ 443. Une association de propriétaires s'est

formée dans le département de l'Allier, pour former un fonds commun destiné à l'acquisition d'une sonde et à faire des essais de puits forés. M. Bonjon de St.-Martin, l'un de ces propriétaires, a fait, avec M. Gamet de St.-Omer, un traité, par lequel ce fontenier-sondeur s'est engagé, pour deux ans, à raison de quatre francs par jour, en lui fournissant les manœuvres, la sonde et les buses, à faire tous les sondages que lui demanderaient les membres de l'association. La sonde a été exécutée à Moulins, d'après les dessins du Manuel du sondeur, de M. Garnier, sur les indications données par M. Gamet, et successivement elle sera remise à chacun des membres de l'association, pour faire des puits forés dans leurs propriétés.

§ 444. M. le marquis de Saint-Georges a rendu compte à la Société d'Agriculture de Moulins, dans sa séance du 8 avril dernier, des différens sondages entrepris jusqu'alors dans le département de l'Allier. C'est de ce rapport, qu'il a bien voulu avoir la bonté de nous adresser, que nous allons extraire les détails suivans (1). Il serait à

---

(1) Rapport fait à la Société d'Agriculture de Moulins, par M. le marquis de St.-Georges sur les puits artésiens forés dans le département de l'Allier, séance du 8 avril 1829. — Moulins. Chez Place Bujon, in-8°.

désirer, comme je l'ai déjà fait observer que, dans chaque département, les sociétés d'agriculture fissent recueillir des observations sur les sondages qui y seront faits pour le percement des puits forés et, à cet égard, nous devons leur recommander le rapport fait par M. le marquis de Saint-Georges.

§ 445. Le premier sondage fait par l'association du département de l'Allier, a été entrepris dans le jardin de la pépinière de Moulins. Il a traversé les argiles alternant avec des calcaires que nous présumons du calcaire lacustre, ensuite des argiles vertes et bleues. On a obtenu à 66m de profondeur des eaux ascendantes, mais sulfureuses qui se sont élevées à 2m 60 au-dessus de la surface de la terre. L'approfondissement du puits ayant été suspendu, on a placé une pompe sur les buses.

§ 446. Le second sondage a eu lieu chez M. Descolombiers, au château de Pontlung, à 5 kilomètres de Bourbon-Lancy, sur la route de Cérilly, sur un plateau entouré de tous côtés de vallées peu étendues, mais assez profondes. Toute cette partie du canton de Bourbon, jusqu'à Cérilly, manque presque généralement d'eau potable. Une argile rouge qui contient une très-grande quantité d'oxide de fer, ne laisse filtrer que des eaux fortement colorées et qui, dans les années de sécheresse, deviennent tellement rares, que, dans beaucoup de domaines, on est obligé de conduire au loin les bestiaux pour les abreuver. Quelques sources se trouvent, il est vrai, à mi-côte, mais elles sont généralement peu abondantes; elles sont le produit des infiltrations d'eaux pluviales entre les couches d'argile, et diminuent ou disparaissent entièrement pendant l'été.

§ 447. Le puits foré chez M. Descolombiers, l'hiver dernier, fut suspendu à la profondeur de 90 mètres, à cause de la rigueur de la saison, il n'a presque constamment traversé que des argiles rouges et bleues alternant ensemble. Ce sondage, en y comprenant la nourriture des ouvriers et tous les frais accessoires, a coûté 530 francs. M. Descolombiers calcule qu'il avait dépassé de près de 30 mètres, la profondeur de la vallée qui est entre Pontlung et les coteaux qui remontent vers Cérilly. Ce puits foré doit être repris incessamment. L'immense dépôt argileux qu'il n'a percé qu'en partie, dit M. de Saint-Georges, et la pression qu'il doit exercer sur les eaux qui peuvent filtrer le long des terrains primitifs qui sont au-dessous, doit donner l'espoir d'obtenir des fontaines jaillissantes dans le pays.

§ 448. M. le comte de Ballore a fait faire au

printemps dernier à la Cour, canton de Contigny, entre Moulins et St.-Pourçain, un puits foré par M. Gamet. Le jardin du château de la Cour, où ce puits a été percé, est au pied d'une côte très-élevée, entièrement plantée en vignes, dans lesquelles on trouve quelques faibles sources naturelles, communément à sec pendant l'été. La Sioule, qui passe à vingt mètres au-dessous du jardin, se jette dans l'Allier, à un kilomètre environ de distance.

Après la terre végétale, et un banc de sable et de gravier, de 0^{m},650 d'épaisseur, la sonde est entrée dans des argiles marneuses calcarifères, grises bleuâtres et verdâtres, et, à 29^{m},885, elle a traversé un premier niveau d'eau qui a jailli à la surface de la terre (1).

M. de Ballore, désirant reconnaître si les argiles recouvraient la craie, a fait continuer le percement. La sonde a traversé les mêmes terrains, jusqu'à la profondeur de 46^{m},128, d'où a jailli, à 1^{m},299 au-dessus de la surface de la

(1) Au prix convenu avec M. Gamet, de 4 francs par jour, en lui fournissant les manœuvres. Ce sondage, dans lequel on n'a pas été obligé d'employer de coffres, les terres ne présentant point de difficultés, et dans lequel on s'est borné à descendre 15^{m}593 de buses de bois d'aulne, fort commun dans le pays, n'a coûté que 153 francs.

terre, une source très-abondante, qui a fait suspendre les travaux (1).

Les eaux des deux sources réunies dans une seule buse, jaillissent à 1^{m},299 au-dessus du sol; mais d'après les essais lorsqu'elles sont maintenues dans un tube, elles s'élèvent à 4 mètres : elles fournissent huit cents litres par heure.

A leur sortie de terre, ces eaux ont une odeur de gaz hydrogène sulfuré, qu'elles perdent promptement, par le contact de l'air atmosphérique. M. Sallard, pharmacien à Moulins, en a fait l'analyse, et il a reconnu que six kilogrammes donnaient, par l'évaporation, un résidu de vingt-six grains, contenant :

1° Hydrochlorate de magnesie,	20 grains.	
2° Sulfate de chaux,	» quelq. traces	
3° Carbonate de chaux,	6	
TOTAL. . . .	26	(2)

§ 449. Depuis, M. de Ballore a successivement fait percer avec le même succès, un second et un troisième puits qui ont présenté les

(1) Ce second sondage a coûté 67 francs : ainsi la dépense du puits foré de la Cour est de 220 francs, non comprises, il est vrai, celle très-minime des 15 mètres de buse d'Aulne, et la première mise de fonds dans l'association formée avec les autres propriétaires pour l'acquisition de la sonde.

(2) Rapport de M. de Saint-Georges à la Société d'Agriculture de Moulins, p. 25.

mêmes circonstances et la même nature de terrain.

Dans son troisième puits, percé au pied d'une forte colline, à 500 mètres de distance des deux premiers, M. de Ballore a trouvé la nappe d'eau à 19 mètres de profondeur, sous un banc de tuf argilo-schisteux.

A 23m,30, on a reconnu une seconde nappe d'eau abondante, entre un banc de roche calcaire et des argiles. Cette nappe d'eau étant peu abondante, le sondage a été continué.

Enfin après avoir percé un banc de roche calcaire de 0m,66 d'épaisseur, la sonde a atteint les argiles bleues, d'où les eaux ont jailli à un mètre de hauteur au-dessus de la surface de la terre. En les maintenant dans un tube, ces eaux se sont élevées jusqu'à 2 mètres 30 centimètres de hauteur; elles sont d'une limpidité parfaite et d'excellente qualité.

Six litres de ces eaux analysées par M. Sallard, ont donné les sels suivants :

1° Carbonate de magnesie,	2	grains.
2° Surfate de chaux,	15	
3° Hydrochlorate de chaux,	6	
TOTAL. . . .	23	grains (1)

(1) Rapport de M. de Saint-Georges à la Société d'Agriculture de Moulins, p. 32.

M. de Ballore estime que toute la dépense de ces puits ne s'est élevée qu'à 220 francs.

§ 450. La ville de Saint-Pourçain, située dans les mêmes terrains, ayant obtenu de l'association du sondage de l'Allier, sa sonde et son maître sondeur, vient d'entreprendre des sondages sur ses places publiques, et nous avons la certitude qu'elle obtiendra le même succès que M. de Ballore.

XV. PUY-DE-DÔME.

§ 451. Il n'existe point encore de puits artésien dans ce département, mais nous apprenons que M. Burdin, ingénieur en chef des mines, en fait présentement établir dans le canton d'Aigueperce, et d'après le surgissement des eaux dans les puits que l'on creuse dans ce pays, nous ne doutons pas que l'on obtienne des eaux jaillissantes à la surface de la terre.

Le bassin d'Aigueperce et les monticules des environs sont formés d'une couche de terre végétale assez épaisse, qui recouvre des dépôts lacustres calcaréo-siliceux.

Lorsqu'on veut creuser un puits, on traverse ces terrains à la profondeur de 5 à 6 mètres et l'on trouve au-dessous un banc d'argile très-dense et très-compacte dont l'épaisseur est d'environ un mètre. On construit sur ce banc la maçonnerie du puits, en remontant jusqu'à la surface. On perce ensuite le banc d'argile. Au-dessous est une couche de gravier de 0m,50 à 0m,60 d'épaisseur qui contient une nappe d'eau peu abondante que l'on dessèche facilement. On trouve alors un banc de grès calcaire de 0m,15 à 0m,20 d'épaisseur. L'ouvrier fait au centre du puits un trou d'un décimètre environ de diamètre dans le grès, et aussitôt il remonte en toute hâte, l'eau s'élevant avec une telle abondance et une telle impétuosité qu'en peu de minutes, elle monte à 4 ou 5 mètres dans le puits. Les eaux de ces puits se maintiennent constamment au même niveau dans toutes les saisons, quelle que soit la quantité qu'on en extraie.

La tradition du pays est que le nom d'*Aigueperce* vient de cette propriété qu'ont les eaux de cette contrée, de remonter dans les puits à une assez grande élévation, lorsqu'on a percé la voûte ou le banc impénétrable qui les retient. C'est la même nature de terrain qui a déterminé dans les environs de Modène, en Silésie, en Carniole, et autres pays, l'essai des puits forés, où ils ont été établis avec le plus grand succès (1).

---

(1) La manière de faire les puits à Aigueperce est au reste

XVI. HERAULT.

§ 452. Un puits foré de 39^m,35, exécuté en mars 1819, dans les environs de Montpellier, assure le succès de ceux qui y seront tentés à l'avenir, puisqu'il a été percé sur un point très-élevé au-dessus de cette ville. Après 5^m,30 de sable, la sonde a traversé 5^m,60 de calcaire, recouvrant 21^m,30 de schiste argileux, compacte et homogène, au-dessous duquel on a reconnu des schistes greuus, jusqu'à la profondeur de 36^m,20 : elle est entrée ensuite dans un banc de grès pourri ou de sable argileux, de 2^m,65, d'où les eaux ont jailli et remonté jusqu'à 34^m,65 de hauteur, ou 5^m,20 au-dessous de la surface du sol.

§ 453. Les superpositions de terrain que présentent les environs de Montpellier, ne laissent aucun doute sur le succès qu'on y obtiendra dans le percement des puits forés. Dans quelques endroits, sous la terre végétale, on trouve

---

celle de beaucoup de pays, dans lesquels on obtient des eaux surgissantes, aussitôt que les ouvriers ont percé le banc qui les recouvre : l'impétuosité avec laquelle ces eaux s'élèvent, met souvent en péril la vie des ouvriers, lorsqu'ils ne se sont pas ménagé les moyens de se faire remonter promptement. Voir la note du paragraphe 359.

une formation lacustre, d'une épaisseur très-variable, qui est tantôt sur les schistes argileux, tantôt sur le calcaire ammonéen, et quelquefois sur le calcaire grossier à cérites. Le calcaire lacustre, qui contient de nombreuses coquilles d'eau douce, avec des feuilles de végétaux, a, dans quelques endroits, plus de 100 mètres d'épaisseur.

XVII. VAR.

§ 454. On nous écrit que M. Charles Bazin, ayant fait creuser, aux mines de houille de la Cadière, un puits de 72 mètres, voulut s'assurer, par un coup de sonde, de l'éloignement des couches de houille qu'il recherchait. A peine la sonde eût-elle pénétré à six mètres, qu'elle fit une chute de $0^{m},50$ dans un vide, d'où jaillit aussitôt, avec impétuosité, une colonne d'eau, qui s'est élevée jusqu'à 56 mètres sur les 72 de la profondeur du puits, et qui se serait infailliblement élevée au-dessus de la surface du sol, si elle eût été contenue dans un tube.

Nous aurions vivement désiré pouvoir ainsi présenter l'état de l'art de forer les fontaines jaillissantes artificielles, dans chacun des départemens qui les ont adoptées, mais malgré toutes les recherches que nous avons pu faire, et les questions que nous avons adressées de toutes parts à cet égard, nous n'avons pu, jusqu'à ce jour, réunir que le petit nombre d'exemples de puits forés, que nous venons de faire connaître. Nous savons cependant que, dans plusieurs autres départemens que ceux que nous avons cités, des essais ont été tentés, et que, dans quelques autres des associations se sont formées pour l'établissement des puits forés, et qu'elles ont acheté ou fait confectionner des sondes et traité avec des sondeurs pour faire des essais sur différens points entièrement privés de sources et de fontaines. Ainsi nous pouvons espérer que bientôt enfin l'industrie et l'agriculture pourront jouir, dans ces départemens, de tous les avantages que ceux du nord, depuis plusieurs siècles, recueillent des nombreuses fontaines jaillissantes qui y sont établies.

Nous croyons faire plaisir à nos lecteurs en terminant nos recherches sur les puits forés, par une lettre inédite de M. de Buffon. Quoique cette lettre présente une sorte de contradiction, sa publication nous paraît importante, en ce qu'elle fait voir l'opinion de ce célèbre naturaliste sur les probabilités du succès des puits forés artésiens.

Au château de Montbar, le 29 septembre 1754.

A Monsieur Feuillet, *maire et subdélégué à La Fère, en Picardie.*

« Vous me faites, monsieur, beaucoup d'hon-
« neur de me consulter au sujet de votre entre-
« prise, et je suis trop flatté des politesses dont
« votre lettre est remplie; mais vous me sup-
« posez peut-être plus de lumières que je n'en ai
« sur cet objet, et je ne crois pas même que
« je puisse vous rien dire que vous n'ayez pensé
« vous même.

« Je connais comme vous, monsieur, la ma-
« chine dont vous vous servez (la sonde du
« fontenier artésien) et les effets qu'on peut en
« attendre, je viens même, tout nouvellement,
« d'acheter celle qui était à Drancy près le
« Bourget, pour l'envoyer à messieurs les élus

« de Bourgogne, qui veulent s'en servir pour « trouver du charbon de terre.

« L'entreprise de madame *de Lally*, à qui « cette machine appartenait, n'a pas réussi : « elle a trouvé des sables mouvans et des ro- « chers presque impénétrables; elle a été forcée « d'abandonner son entreprise après avoir eu « de l'eau d'abord à sept pieds. Comme il s'en « fallait cinq pieds que cette eau ne montât au « niveau de la surface du terrain, elle a voulu « forer plus profondément et jusqu'à deux « cents cinquante pieds; ce qui n'a servi qu'à « faire perdre la première eau sans en trouver « d'autre (1). *Le succès de ces opérations est « donc souvent incertain, et dépend beaucoup « du hasard : il n'y a pas de veines d'eau par- « tout, et plus on descend, et plus la probabi- « lité s'en trouve diminuée* (2).

---

(1) Il est à regretter que M. *de Buffon* ne se soit pas expliqué sur la nature du terrain traversé dans ce sondage; car il est difficile de concevoir comment on n'y a trouvé qu'un seul niveau d'eau, qui s'est ensuite perdu.

(2) M. *de Buffon* a raison quand il dit qu'il n'y a pas de veines d'eau partout; mais nous ne pouvons partager son avis quand il dit que *plus on descend et plus la probabilité du succès se trouve diminuée*, surtout lorsque plus bas il engage M. *Feuillet* à ne point abandonner son entreprise, et à continuer le sondage jusqu'à ce qu'il ait entièrement percé ce lit de marne qu'il dit d'une *énorme épaisseur*.

« Cependant puisque vous me demandez « mon avis, je vous dirai, monsieur, que je ne « voudrais pas que vous abandonnassiez votre « entreprise, et que vous ne devez pas encore « perdre toute espérance. Je connais la matière « de la couche que vous forez, on m'en a en- « voyé plusieurs échantillons : c'est une vraie « *marne*, c'est-à-dire une poussière de pierre à « chaux, et cette marne est mêlée de débris « de plantes dans lesquelles celle qu'on appelle « vulgairement la *queue-de-renard* est la plus « abondante (1). Cette couche de matière ne con- « tient point de coquilles de mer, et quoiqu'elle « soit très-anciennement déposée dans le lieu « où vous la trouvez, elle est cependant beau- « coup moins ancienne *que le centre ordinaire « du globe, qui contient des coquilles et qui tou- « tes sont fondées sur la glaise ou sur le sa- « ble* (2).

---

(1) Il est difficile de savoir quelle est cette marne à nombreuses empreintes de *queue-de-renard* dont parle ici *Buffon*; il dit bien qu'elle ne contient point de coquilles de mer, mais ces empreintes ne nous paraissent pas suffisantes pour la caractériser.

(2) Il est plus difficile encore de savoir ce que veut ici désigner M. de Buffon, en parlant *du centre du globe, qui contient des coquilles et qui toutes sont fondées sur la glaise ou sur le sable.*

« Je pense donc qu'au-dessous de *cette énorme* « *épaisseur* de marne vous devez trouver de la « glaise ou du sable : j'entends par *glaise* la « matière dont on fait les tuiles et la brique. « Je vous conseille donc, monsieur, de ne point « abandonner votre entreprise, jusqu'à ce que « vous ayez percé en entier ce lit de marne. « Vous n'aurez point d'eau tant qu'il durera ; « mais si la glaise est dessous, vous aurez de « l'eau dès que vous y serez arrivé; et si mal- « heureusement vous ne trouvez que du sable, « vous abandonnerez, car il n'y aurait plus alors « aucune espérance. Si la matière de la couche « vient à changer, envoyez-m'en des échantil- « lons, et je vous en dirai ultérieurement mon « avis. Au reste, je ne crois pas que vous soyez « encore long-temps sans trouver la fin de cet « amas prodigieux de marne, et vous êtes en « droit d'espérer de l'eau tant qu'il ne sera pas « percé en entier.

« Je ne vous dirai rien de plus, monsieur, c'est « louer votre zèle que de l'encourager.

« J'ai l'honneur d'être, avec tous les sentimens « qui vous sont dus, monsieur,

« Votre très-humble et très-obéissant « serviteur,

« *Signé* Buffon. »

L'original de cette lettre est entre les mains de M. *Durivеau*, ancien officier du Corps royal du Génie, domicilié à La Fère ; la copie en a été envoyée par M. *Duriveau* à M. *Hachette*, membre de la Société royale et centrale d'Agriculture, qui a bien voulu nous la communiquer.

NOTICES

SUR LE

DOUBLE PUITS FORÉ AU PORT DE St.-OUEN,

PAR MM. FLACHAT, FRÈRES ET Cie,

LUES A L'ACADÉMIE ROYALE DES SCIENCES, ET A LA SOCIÉTÉ ROYALE ET CENTRALE D'AGRICULTURE.

PAR M. LE VICOMTE HÉRICART DE THURY,

Conseiller d'État, Ingénieur en chef des Mines, Président de la Société royale et centrale d'agriculture.

PREMIÈRE NOTICE.

UNE grande impulsion est donnée pour la recherche des eaux jaillissantes au moyen des puits forés ou sondages artésiens.

Dans plusieurs départemens, les conseils généraux ont voté des fonds, pour l'acquisition d'une sonde; dans quelques-uns, des associations se sont formées pour le percement des puits forés, et dans d'autres enfin, des propriétaires ont fait eux-mêmes des sondages, dont plusieurs ont été couronnés d'un plein succès. Ces puits se propagent de plus en plus; partout, sur tous les points de la France, on en entreprend. Nous pouvons espérer que tant d'efforts réunis produiront, d'une part, les résultats les plus avantageux pour l'agriculture, les arts et les manufactures; et que d'autre part, la science acquerra bientôt des données exactes sur l'hydrographie souterraine, jusqu'à ce jour inconnue.

Si j'ai été assez heureux, l'an dernier, pour fixer un moment l'attention de l'Académie, sur les puits forés à Épinay, je ne doute pas qu'elle n'apprenne avec un nouvel intérêt, le succès que viennent d'obtenir MM. Flachat frères et comp., dans un puits qu'ils ont foré à la gare de Saint-Ouen, et je me flatte qu'elle voudra bien me permettre de lui soumettre les conséquences que je crois pouvoir déduire de tous les sondages faits aux environs de Paris, 1° pour prouver l'existence des grands cours d'eau souterrains dans le bassin de la Seine, soit dans le calcaire marin à cérites, soit entre ce calcaire marin et les argiles plastiques, soit entre ces argiles et la grande masse de craie, soit enfin au-dessous de la masse de craie, lorsque ces diverses formations seront intactes dans leur état de déposition ou que postérieurement elles n'auront éprouvé aucun bouleversement ou aucune altération dans leur manière d'être; et 2° pour établir la probabilité du jaillissement de leurs eaux, lorsque ces cours d'eau seront atteints par des puits forés bien exécutés.

Avant de parler des sondages faits par MM.

Flachat, je crois convenable d'exposer en peu de mots, la situation du port de Saint-Ouen son étendue et sa destination, afin de faire apprécier les avantages qui peuvent résulter du percement d'un certain nombre de puits forés sur ses bords, pour l'alimenter.

Le port construit à Saint-Ouen, par MM. Ardoin et comp., est destiné à servir de port de déchargement aux bateaux venant de la Basse-Seine. Il s'ouvre sur la rivière par un canal de 600 mètres de longueur, sur 50 mètres de largeur terminé par une écluse, dont le radier est de niveau avec le lit de la Seine et qui forme une chûte de $0^m,92$, à l'étiage de la rivière et de $2^m,7$
Pl. VI. du plafond du canal à celui du radier. (*Voyez* planche sixième.)

A l'extrémité du canal, du côté de Paris, est un bassin de 200 mètres de largeur, formant port qui présente une surface de 25,000 mètres carrés.

Le canal et le bassin sont entourés de murs d'enceinte verticaux et de routes pavées formant autant de quais.

Entre ce bassin et la grande route pavée, du bois de Boulogne à Saint-Denis, est une grande place régulière de 10,000 mètres carrés, destinée au stationnement des marchandises et des voitures.

Le plafond du canal et celui du bassin, ainsi

qu'il a été dit ci-dessus, étant de 2^{m},77 au-dessus du lit de la Seine, et à 0^{m},92 au-dessus de ses eaux à l'étiage, la surface des eaux de la gare doit être maintenue à 0^{m},50 au-dessous du couronnement des quais; ce qui donnera une profondeur d'eau de 2^{m} environ, dans le canal et le bassin.

Ce niveau constant sera soutenu dans la saison des basses eaux, par une roue à aubes de 11^{m} de diamètre, mise en mouvement par une machine à vapeur à basse pression, de la force de quarante chevaux.

Dans la saison des hautes eaux, la différence des niveaux, décroissant à raison des crues de la Seine, disparaîtra dans les grandes crues de cette rivière, qui pourra atteindre le couronnement des quais du canal et du bassin.

Les moyens d'alimentation du niveau des eaux du port étant l'objet le plus important des recherches de la compagnie, elle a dû préférer d'abord le mode suivi par plusieurs établissemens du même genre créés en Angleterre avec succès, celui de l'application d'une machine à vapeur à basse pression. Cependant, lors du creusement de ce port, on reconnut un grand nombre de sources coulant à peu de profondeur, qui inspirèrent, un moment à la compagnie, l'idée de les employer pour l'alimentation du niveau; mais d'après la faiblesse de ces sources, elle y renonça bientôt pour rechercher des eaux jaillissantes. Elle s'adressa à cet effet à MM. Flachat frères, qui depuis long-temps s'étaient adonnés spécialement à l'art de percer les puits forés, et qui avaient entrepris des sondages considérables, soit pour la recherche des eaux et des mines, soit pour l'étude du grand canal maritime de Paris au Hâvre.

MM. Flachat rassemblèrent les différentes opérations qui avaient été faites, soit par eux, soit par d'autres sondeurs, dans les environs de Paris (1). Ils lièrent par des nivellemens ces différens points et produisirent à la compagnie Ardoin, une coupe hydrographique et géologique, de laquelle il résultait que trois sondages faits à 15,000 mètres de distance, avaient ramené de dessus la craie, des eaux abondantes, à un niveau qui variait de 15 à 25 mètres, au-dessus d'un plan passant par le zéro de l'étiage du pont de la Tournelle.

En effet, le puits foré en 1819, à la brasserie de la Maison Blanche, près et hors de la barrière d'Italie, et que nous avons décrit dans les

(1) Considérations géologiques et physiques sur le gisement des eaux souterraines relativement au jaillissement des fontaines artésiennes, et Recherches sur les puits forés en France, par M. Héricart de Thury, in-8°, imprimé par ordre de la Société royale et centrale d'agriculture. Paris, 1828.

Mémoires de la Société d'Agriculture (1), a donné à $39^m,50$ de profondeur, une eau jaillissante de 28 mètres de hauteur, dans le grand puits de cet établissement; ce qui, d'après le nivellement, revient à 21 mètres au-dessus du zéro du pont de la Tournelle. La sonde avait traversé toute la formation argileuse, et était descendue rapidement dans la grande déposition des sables verts qui séparent les argiles de la masse de craie.

Le puits foré à Montrouge, dans l'automne de 1818, par MM. Flachat, à une profondeur de 70 mètres, a traversé les mêmes terrains que celui de la barrière d'Italie; savoir : la partie inférieure de la masse du calcaire marin, puis les argiles plastiques, et au même niveau il a rencontré, dans les sables verts qui recouvrent la craie, une nappe d'eau abondante, qui jaillit dans les tuyaux d'isolement, à 27 mètres de hauteur, et par conséquent à 24 mètres au-dessus du zéro du pont de la Tournelle.

Enfin, le puits foré en 1827, à Épinay, a donné de l'eau jaillissante à un mètre du sol, à 18 mètres au-dessus de l'étiage de la Seine, et à $13^m,50$ au-dessus du zéro du pont de la Tournelle. Ces eaux proviennent également des sables verts qui

---

(1) Mémoires de la Société royale et centrale d'agriculture, tome XXII, année 1810.

précèdent la craie, à une profondeur de $67^{m},30$.

A ces trois exemples, nous pouvons encore ajouter ceux que nous fournissent, 1° le puits foré du président Crozat, percé à Clichy en 1750, lequel produisit un jet de $1^{m},30$ au-dessus de la Seine; débitant 58 mètres cubes d'eau par 24 heures; 2° celui de l'École-Militaire, percé en 1775, dans lequel les sondeurs faillirent être noyés par l'impétuosité avec laquelle les eaux s'élevèrent de 20 mètres de hauteur; 3° celui du jardin du Wauxhall, boulevart Bondy, dans lequel les eaux jaillirent d'une profondeur de 40 mètres par-dessus la tête des ouvriers, et plusieurs autres qui ont présenté les mêmes phénomènes.

Les rapprochemens faits au sujet de ces divers sondages par MM. Flachat, frappèrent tellement MM. Ardoin et comp., qu'ils n'hésitèrent pas un seul instant; ils se déterminèrent à faire de suite la recherche d'une nappe d'eau souterraine, et pour y parvenir avec plus de certitude, MM. Flachat leur proposèrent de faire d'abord un sondage d'exploration, d'un faible diamètre, tant pour reconnaître la nature du terrain, quoique déja bien décrite dans la géologie des environs de Paris, de MM. Cuvier et Brongniart, que pour mieux s'assurer de la présence des deux cours d'eau souterrains ascendans, trouvés à Épinay, distant de Saint-Ouen de 5,000 mètres.

L'Académie peut se rappeler que deux nappes d'eau ascendantes furent en effet reconnues à Épinay, par les sondages de M. Mullot, en 1827, l'une à la profondeur de 54 mètres, dans les sables et calcaires grenus ou faux grès argilo-calcaires, et qu'elle reprit un niveau de 8^m,50 au-dessous du zéro de l'échelle du pont de la Tournelle, tandis que l'autre, trouvée à 67^m,50 dans des sables verts micacées, reprit son niveau à 14^m au-dessus du même plan.

Le sondage d'exploration fait par MM. Flachat à Saint-Ouen, traversa d'abord la formation calcaire d'eau douce, ensuite le calcaire marin, et à 49^m,20 la sonde s'enfonça d'elle-même dans les sables des faux grès argilo-calcaires, comme on l'avait éprouvé dans le sondage du puits foré de la brasserie de la barrière d'Italie. On reconnut à cette profondeur une nappe d'eau; mais elle ne donna aucun signe, aucune indication quelconque d'ascension : le trou de sonde s'engorgea; cet engorgement fut vaincu par un fort glaisage, et le percement fut continué jusqu'à 66^m de profondeur, où l'on reconnut des sables verts micacés au-dessous des lignites sableux, et enfin des sables gris verdâtres chlorités, qui portaient l'empreinte certaine d'un cours d'eau; ils étaient lavés et produisaient, lors du remontage de la sonde, des engorgemens successifs. C'est dans ces derniers bancs qu'a été arrêté le sondage, qui nous paraît n'avoir pas entamé la formation des argiles plastiques. On pourra au reste juger de la nature des terrains traversés, par la coupe géologique relevée avec le plus grand soin d'après les échantillons rapportés par la sonde, et que nous décrirons à la suite de cette notice.

Les résultats donnés par le puits d'exploration, confirmant les présomptions sur l'existence d'une ou de plusieurs nappes d'eau, dans le territoire de Saint-Ouen, déterminèrent le percement définitif du puits artésien, qui ne consistait plus dès-lors, 1° que dans l'agrandissement du diamètre du trou de sonde, pour la descente des tubes destinés à isoler et à conserver les eaux ascendantes; et 2° que dans le dégorgement des différens bancs où des engorgemens subits pouvaient entraver l'ascension de ces eaux.

Ce travail fut commencé le 29 décembre, et poursuivi jusqu'à la profondeur de 49^{m},20 dans les calcaires grenus. Un engorgement se manifesta lors de leur percement; on pensa que si l'on pouvait approfondir le trou de sonde à travers et au-delà de cet engorgement, on déterminerait peut-être l'arrivée et le remontage des eaux. On descendit donc le forage jusqu'à 60^{m} et on plaça sur le tube une pompe d'un fort diamètre qu'on fit jouer plusieurs heures. Le trou de sonde se remplit d'abord de sable, de fragmens de caillasses et de calcaires grenus; ensuite les eaux arrivèrent, mais troubles et argilo-marneuses. Cependant dans cet état *elles prirent un niveau égal à la hauteur du couronnement des murs du bassin et s'y maintinrent.*

Le trou de sonde fut alors entièrement nettoyé; la pompe y fut encore appliquée; il s'en suivit un nouvel éboulement avec engorgement, mais moindre que le premier. Les eaux, qui étaient tantôt troubles et tantôt limpides, s'élevèrent cette fois à $0^m,50$ au-dessus du couronnement des murs de la gare.

On dégorgea de nouveau le trou de sonde, l'opération se fit sans difficultés; il n'y eut plus d'engorgement, *les eaux arrivèrent limpides et quels que soient les efforts que l'on ait faits depuis, la pompe n'a pu faire varier un seul instant le niveau.*

Enfin, et pour s'assurer que ces eaux ne provenaient point de ces sources peu profondes, reconnues dans le creusement du port, ou d'infiltrations des eaux de pluie ou de fontes de neiges, que la saison actuelle pouvait faciliter, d'une part, on perça cinq trous de sonde à un, deux et trois mètres du puits foré, et l'on n'y rencontra les eaux d'infiltration qu'à quatre mètres, ne présentant aucun indice d'ascension; et d'autre part, on fit un nivellement de tous les puits voisins du port, pour bien constater l'état de leurs eaux comparativement, 1° à celles du puits foré; 2° aux sources du fond de la gare, et 3° aux eaux de la Seine : et l'on reconnut qu'il n'y avait aucune correspondance entre les eaux du puits foré et celles de ces puits, présentant entre elles des différences de niveau très-remarquables attribuées aux bancs d'argile plus ou moins compactes, qui se trouvent dans la formation d'eau douce.

S'étant ainsi assuré que les eaux obtenues étaient bien des eaux ascendantes, et qu'elles provenaient réellement du niveau traversé à 49^m,20 de profondeur, on établit, du puits foré au port, une rigole de 40^m de longueur pour la conduite de ces eaux, et l'on perça latéralement le tuyau d'ascension au point le plus élevé du niveau des eaux, laissant entre le quai et le puits, une pente de 0^m,50.

Le débit des eaux, fut le premier jour, de 25 mètres cubes, le jour suivant, il s'est élevé à 30, et comme cette quantité pouvait être augmentée en profitant des 0^m,50 d'élévation du niveau au-dessus du quai, on perça plus bas l'ouverture latérale du tube de manière à ne ménager que 0^m,20 de pente, et l'on obtint alors un débit de 65^m cubes d'eau par jour.

Observations.

Le puits foré du port de Saint-Ouen, commencé le 29 décembre, a été terminé en cinquante jours, au prix moyen de trente à trente-cinq fr. par mètres, non compris le prix des tubes d'ascension.

Les calcaires d'eau douce ont présenté dans leur percement des difficultés assez graves, par leur extrême dureté. Les éboulemens de caillasse et ceux des calcaires grenus au-dessous de 49^{m},20 ont retardé la marche du travail. On aurait peut-être pu y remédier, en le faisant suivre par des tubes; mais en cette circonstance, ce système aurait amené la perte d'un niveau d'eau, dont alors le dégorgement n'eût plus été possible.

La hauteur du niveau d'eau, obtenue à Saint-Ouen, est moindre de cinq mètres que celle du premier niveau trouvé à Épinay; mais le débit des eaux est plus que triple.

L'intention de la compagnie Ardoin est de faire rechercher les eaux du second niveau reconnu à Épinay, à la profondeur de 66^{m}, dans les sables verts micacés; mais sans perdre les eaux que peut fournir le premier niveau.

Quant à l'économie de ce moyen d'alimentation, nous ne pouvons l'établir d'une manière exacte ; nous n'avons pas encore de données suffisantes pour y parvenir ; elles ne pourront être déterminées rigoureusement, que lorsqu'on connaîtra le nombre des puits forés, la quantité d'eau que chacun débitera comparée à leur dépense et à celle de la machine à vapeur. Cependant s'il était permis de donner une approximation à cet égard, en prenant pour base les 66^m cubes présentement obtenus du premier puits foré, pour le prix de 3,000 francs environ, on trouverait que la valeur du mètre cube d'eau qu'il produit, doit revenir à 0^f,0022 pour une période de 60 ans. Celui du mètre cube débité par la machine à vapeur, suivant les calculs de la compagnie, lui revenant pour le même tems à 0^f,0040 (prix évidemment trop bas, cette machine devant être renouvelée en grande partie pendant cette période) il résulterait de cette comparaison, en faveur du prix du mètre cube d'eau du puits foré, une différence en moins de 0^f,0018, sur celui du mètre cube de la machine à vapeur.

Résumé et conclusions.

Des faits que nous venons d'exposer, il paraît bien démontré, 1° qu'il existe de grandes nappes d'eau souterraines, sous le sol du bassin de Paris et des environs ;

2° Que la preuve de l'existence de ces nappes

est l'ascension de leurs eaux, au-dessous ou au-dessus de la surface du sol, en quelques endroits que l'on établisse des puits forés ;

3° Que les nappes d'eau se rencontrent à différentes profondeurs, suivant la pente, les ondulations ou les déclivités que présentent les bancs de calcaire marin, des couches des argiles, ou enfin la surface de la craie sous les argiles ;

4° Que ces nappes d'eau se trouvent particulièrement dans la partie inférieure du calcaire marin, ou dans les sables qui recouvrent les argiles, ou enfin, dans ceux qui sont au-dessus de la craie, mais qu'il est nécessaire, pour que ces nappes d'eau puissent être ascendantes, que ces formations de terrains soient dans leur intégrité, et qu'à défaut des argiles qui peuvent entièrement manquer, la craie soit alors recouverte par une autre formation, telle que le calcaire marin, les gypses ou les terrains d'eau douce ;

5° Que ce serait en vain qu'on chercherait des eaux jaillissantes dans ces formations, si elles étaient relevées ou se montraient à la surface de la terre, comme à Meudon, à Vanvres, à Sèvres, à Bougival, etc., etc., et que, dans ces diverses localités, on ne pourrait se flatter de percer avec succès des puits forés, qu'autant qu'on traverserait entièrement la masse de craie pour chercher les niveaux d'eau qui lui sont inférieurs ainsi qu'on le fait dans nos départemens du nord;

6° Enfin qu'il peut arriver qu'un puits foré traverse un cours d'eau souterrain, qui ne présente d'abord aucun indice d'ascension, soit parce que les eaux suivent une pente naturelle, ou une inclinaison de couches trop rapides, soit qu'elles aient besoin d'une force motrice, telle que l'aspiration plus ou moins accélérée d'une forte pompe, pour déterminer leur ascension, qui se prononce au reste aussitôt que la pompe est mise en mouvement, et qui continue sans interruption (1).

D'où il nous sera peut-être encore permis de conclure, qu'en perçant à des profondeurs convenables, on obtiendra très-probablement et à peu de frais, des eaux jaillissantes, de bonne qualité, dans tous les points peu élevés de Paris, tels que le Jardin des Plantes, l'hospice de la Salpêtrière, l'Entrepôt général des vins, l'Hôtel-de-Ville, les Boulevards, le Palais-Royal, les Tui-

---

(1) Il est essentiel, lorsque dans un puits foré on trouve de ces nappes ou cours d'eau qui ne donnent point d'indices d'ascension; il est essentiel, dis-je, avant d'enfoncer plus bas les buses ou tubes d'isolement, de déterminer le remontage de leurs eaux, par le mouvement accéléré d'une pompe aspirante; car une fois les tubes descendus, on perd pour toujours les eaux qui auraient peut-être pu devenir jaillissantes, si on avait provoqué leur ascension.

leries, les Champs-Élysées, le Champ-de-Mars et en général dans la plupart de nos établissemens publics, placés dans le bassin de la Seine.

COUPE GÉOLOGIQUE
DU PUITS FORÉ ARTÉSIEN
PERCÉ AU PORT DE St.-OUEN,
EN JANVIER 1829.

Numéros des couches.		Épaisseur des couches.	Profondeur du soudage à chaque couche.
1	Tuf marneux........................	1m,47	
2	Tuf sabloneux........................	0 ,98	2m,45
	Ces deux couches contiennent des bancs de silex carié, des ménilites, ainsi que quelques masses de grès		
3	Marne blanchâtre....................	0 ,38	2 ,83
4	Marne jaunâtre, argileuse............	1 ,34	4 ,17
5	Sable fin argileux....................	0 ,95	5 ,12
6	Sable argilo-calcaire très-compacte......	1 ,41	1 ,53
7	Marne blanche renfermant une grande quantité de noyaux siliceux	8 ,54	15 ,07
8	Sable blanc calcaire..................	2 ,31	17 ,38
9	Sable vert très-argileux et très-compacte.	7 ,03	24 ,40
	Il contient quelques petits bancs de même nature, mais beaucoup plus dure.		
10	Caillasse silicéo-calcaire..............	0 ,97	25 ,38
	Couche composée d'une série de petits bancs siliceux du terrain lacustre, alternant avec des bancs de marne calcaire blanche.		
	à reporter	25m,38	

Numéros des couches.		Épaisseur des couches.	Profondeur du sondage à chaque couche.
	Report...	25^{m},38	
11	Même couche que la précédente, si ce n'est qu'elle est plus compacte et que les bancs siliceux, peu épais, sont en plus grand nombre et plus durs..........	7 ,95	33^{m},33
	Entre ces deux bancs la sonde est tombée de 0^{m},10, comme dans un vide.		
12	Marne calcaire très-tendre............	0 ,26	33 ,59
13	Calcaire compacte..................	1 ,07	34 ,66
	Ce banc d'une dureté constante, paraît homogène et assez pur.		
14	Argile verdâtre, imprégné de calcaire, d'un petit gravier quartzeux et peut-être aussi de quelques cristaux de sulfate de chaux.........................	0 ,69	35 ,35
15	Marne blanche calcaire, renfermant des débris siliceux..................	2 ,14	37 ,49
16	Marne blanche arborisée de noir (matières tourbacées)....................	0 ,83	38 ,32
	Les parties inférieures ne présentent point cet aspect, mais elles contiennent quelques bancs siliceux.		
17	Marne grise, compacte et dure, sans être homogène......................	0 ,67	38 ,99
18	Caillasse silicéo-calcaire	0 ,88	39 ,87
	Cette couche n'a aucune consistance, malgré les noyaux siliceux qu'elle renferme et qui sont en très-grand nombre et très-forts. Entre cette couche et la suivante, la sonde est de nouveau tombée dans un vide de 0^{m},10.		
19	Calcaire grenu ou faux grès-argilo-calcaire.	0 ,95	40 ,82
	Couche tendre légèrement calcaire et renfermant des matières terreuses.		
20	Caillasse silicéo-calcaire.............	0 ,12	40 ,94
	à reporter...	40^{m}.94	

Numéros des couches.		Épaisseur des couches.	Profondeur du sondage à chaque couche.
	Report...	40^{m},94	
21	Marne grise argileuse................	1 ,39	42^{m},33
	Couche assez compacte, elle renferme de petites nodules siliceuses.		
22	Banc coquillier argilo-calcaire.........	1 ,11	43 ,44
	Il est presque impossible de distinguer quelles sont les espèces de coquilles qui se trouvent dans cette couche; cependant un des débris qu'on y a reconnus ferait présumer qu'elle renferme des limnées.		
23	Calcaire grenu ou faux grès argilo-calcaire.	0 ,30	43 ,74
	Couche très-compacte et très-dure arborisée en noir.		
24	Même couche que la précédente, mais plus homogène......................	0 ,24	43 ,98
25	Banc coquillier argilo-calcaire.........	0 ,56	44 ,54
	Couche tendre et assez homogène. Les coquilles sont tellement broyées qu'il est impossible de reconnaître leur espèce.		
26	Calcaire grenu ou faux grès argilo-calcaire.	1 ,84	46 ,38
	La partie supérieure de cette couche est une marne très-blanche, arborisée de noir et contenant *de nombreux cristaux* de sulfate de chaux. Les échantillons des autres parties, qui ont été sortis du trou de sonde, sans qu'ils aient été pulvérisés par les instrumens et dont quelques-uns ont o^{m},38 carréssur o^{m},o3 de haut, permettent de déterminer parfaitement la nature de cette couche, ainsi que celle des précédentes, qui sont désignées sous les mêmes dénominations. Ce sont des noyaux généralement aplatis, dont les contours sont peu arrondis et dont quelques faces sont corrodées; ils sont composés de sulfate et de carbonate de chaux, mélangés d'argile noire et de sable; leur cassure pré-		
	à reporter...	46^{m},38	

Numéros des couches.		Épaisseur des couches.	Profondeur du sondage à chaque couche
	Report...	46m,38	
	sente un aspect tantôt spathique, tantôt saccharoïde, comme celle d'un grès à grains très-fins. Quelques-uns ont des cavités remplies de marne blanche pulvérulente; d'autres, plus arrondis, présentent un aspect granulaire, et semblent comme infiltrés d'une matière argileuse noirâtre. Ils font tous, étant broyés, une assez grande effervescence avec l'acide nitrique. Il est encore une autre observation que l'on a pu faire: c'est que toutes les couches pareilles à celle-ci, de cette formation lacustre, sont recouvertes d'une marne blanche, arborisée de noir, et même alternant avec des couches tourbacées.		
27	Marne calcaire et calcaire-grossier	2 ,03	48 ,41
	L'empreinte de deux cérites trouvée dans un échantillon de ce terrain, détermine positivement cette formation, dont quelques parties sont très-coquillières, et dont d'autres présentent une grande homogénéité et un tissu très-serré.		
28	Calcaire chlorité..................	12 ,82	61 ,23
	Cette couche présente une alternance de bancs plus ou moins durs; toutefois elle est généralement très-compacte et très-résistante. Il s'y trouve aussi quelques bancs plus blancs et moins fermes que les autres.		
29	Sable quartzeux et ligniteux...........	1 ,57	62 ,80
	Cette couche dégage à la chaleur une odeur très-forte, semblable à celle des charbons de terre sulfureux embrâsés.		
30	Sables chlorités..................	1 ,27	64 ,07
	L'épaisseur de cette couche est inconnue.		
	à reporter...	64m,07	

Report.... 64^m,07

Elle varie dans chaque localité, quelquefois elle n'a pas un mètre, mais souvent elle est de 8, 10, 12, 15 mètres et au-delà. Au-dessous se trouve communément la formation des argiles plastiques, et lorsque celle-ci manque par l'effet du relèvement de la masse de craie, les sables chlorités reposent sur la craie immédiatement, ou ils en sont séparés par des amas irréguliers de silex lavé, provenant de la partie supérieure de la craie qui a été délayée et entraînée par les eaux : ces sables chlorités lorsqu'ils reposent sur l'argile, renferment ordinairement des cours d'eau, qui donnent des eaux très-abondantes; mais qu'il est très-difficile de débarrasser des sables mouvants qu'elles entraînent avec elles et qui engorgent promptement les buses, lorsque les sondeurs ne prennent pas toutes les précautions nécessaires contre leur irruption.

TOTAL... 64^m,07

SECONDE NOTICE.

Depuis l'établissement de leur puits foré, MM. Flachat ont fait les travaux nécessaires pour recueillir et porter dans le port St.-Ouen, la première nappe d'eau découverte à $49^m,20$ de profondeur, en s'élevant à un mètre au-dessus du niveau de l'eau de la gare. La quantité d'eau débitée par ce puits, qui n'était primitivement que de 25 à 30^m cubes par jour, et qui était déja de 75^m, lorsque je lus ma notice à l'Académie, est aujourd'hui de 120^m cubes, par vingt-quatre heures.

MM. Flachat ont continué, depuis, la recherche de la seconde nappe d'eau, dont ils présumaient l'existence dans les sables verts chlorités, jusqu'où ils avaient poussé leur sondage d'exploration.

Je dois rappeler ici, 1° que le puits foré était garni, jusqu'au niveau d'eau, de tuyaux ou tubes de tôle de $0^m,14$ de diamètre.

2° Que lorsque l'ascension eut lieu, le sondage était parvenu à une profondeur de 59m.

Et 3° que le travail du forage était devenu très-difficile au-dessous de cette profondeur, parce que le courant souterrain qui existe à 49m, entraînait dans le trou de sonde, une si grande quantité de sable et de fragmens de calcaire, qu'il en était sans cesse engorgé. Ainsi pendant le tems employé à dériver la nappe d'eau dans la gare, le trou de sonde fut comblé sur une hauteur de plus de 5m.

Le travail du percement a été repris le 23 février; en très-peu de tems le puits foré a été entièrement dégorgé, et le sondage suivi jusqu'à la profondeur de 64m.

Le trou de sonde étant garni des tubes de 0m,14 de diamètre, on a descendu dans leur intérieur, des tuyaux en fonte de seconde fusion, confectionnés avec le plus grand soin, et d'un diamètre intérieur de 0m,08, ayant à l'extérieur 0m,11 à l'emmanchement.

Pendant cette opération les eaux de la première nappe dérivées, n'ont pas cessé de couler dans le bassin, en remontant par l'espace compris entre les premiers tuyaux de tôle, de 0m,14 de diamètre, et les tuyaux de fonte placés dans leur intérieur. Ces eaux ont même progressivement augmenté dans le travail du dégorgement du puits foré, après son ensablement, puisqu'elles sont aujourd'hui, ainsi que nous l'avons dit plus haut, de 120 mètres cubes par vingt-quatre heures.

C'est dans les tubes de fonte de 0^m,08 de diamètre, que le forage a été continué, pour chercher la nappe d'eau inférieure. On a d'abord percé six mètres de calcaire chlorité, et le 5 mars, on est entré dans les sables verts qui précèdent l'argile plastique.

A peine était-on entré dans ces sables, que l'eau s'est élevée à l'orifice des tuyaux de fonte, et par conséquent *à la hauteur du sol naturel.* Cette eau vint d'abord avec beaucoup de lenteur; elle était chargée de sables verts, et elle en remplissait continuellement le trou de sonde de plus de deux mètres.

Le 6 au matin, l'on descendit une longue tarière; elle fut relevée pleine de sable; on s'aperçut alors d'une plus forte ascension des eaux. Ayant ajouté plusieurs tuyaux au-dessus de l'ouverture des tuyaux de fonte, les eaux y montèrent en une demi-heure, jusqu'à 2^m,50 au-dessus du sol.

Mais de nouveaux engorgemens de sables se manifestèrent, on fit alors jouer pendant près d'une demi-heure, une forte pompe. Quatre hommes en la manœuvrant avec force n'ont pu faire baisser un instant le niveau de 2^m,50.

L'eau amenée par la pompe était tellement trouble, qu'elle formait, dans un verre ordinaire, un dépôt de plus d'un sixième de sa hauteur.

Pendant la durée de cette manœuvre, les ouvriers entendaient dans les tuyaux un bruit très-fort, semblable à celui d'une forte ébullition, et que nous attribuons à un dégagement considérable d'air de quelque cavité souterraine.

Une demi-heure après que la pompe eut cessé de jouer, on remarqua que l'eau augmentait sensiblement; bientôt elle se dégagea d'elle-même avec impétuosité, mais plus trouble encore qu'auparavant, et le plancher sur lequel les ouvriers travaillaient, fut même couvert en peu d'instans d'une forte couche de sable vert chlorité.

Enfin cette agitation des sables s'apaisa peu-à-peu, le niveau se fixa définitivement à 9^m,50 au-dessus du sol; l'eau devint limpide, son volume augmenta, il est présentement de cent-vingt mètres cubes par vingt-quatre heures, et n'éprouve aucune variation (1).

(1) Pour bien juger et apprécier les effets que pourraient produire, dans une fontaine publique, les eaux jaillissantes obtenues dans ce puits foré, que nous ne craignons pas de comparer aux plus belles fontaines artésiennes de nos départe-

En nous résumant, nous ferons remarquer à l'Académie : 1° Que le puits artésien foré au port St.-Ouen par MM. Flachat, présente deux circonstances également remarquables : la première est celle de deux grands courans souterrains, amenés à la surface du sol, par un

---

mens du nord et des environs de Londres, nous avons fait quelques essais dont nous allons rendre compte à l'Académie.

1°. Le jet d'eau a d'abord été disposé ainsi qu'il suit :

Les tuyaux de fonte s'élevant à $1^m,60$ au-dessus du sol, ont été terminés par une coupe de fonte de $0^m,75$ de diamètre et de $0^m,12$ de creux; au centre de cette coupe est un orifice de $0^m,06$; l'eau, arrivant par cet orifice à plein tuyau, forme au milieu de la coupe une belle gerbe de $0^m,06$ de diamètre et de $0^m,30$ de haut, ou de 2^m environ de hauteur au-dessus du sol.

2°. Lorsqu'on met sur l'orifice de la coupe un tuyau conique, terminé par une ouverture de $0^m,015$ de diamètre, l'eau s'élève en formant un jet d'eau de $0^m,80$ à $0^m,90$ au-dessus de la coupe, ou de $2^m,40$ à $2^m,50$ au-dessus du sol.

3°. Lorsqu'on diminue encore l'orifice par un tube ou tuyau d'un plus petit diamètre, on produit un jet de 1^m à $1^m,50$ au-dessus de la coupe, et ainsi de 3^m. à $3^m,50$ au-dessus du sol.

4°. En couvrant l'orifice d'une plaque de fer percée de trous, en forme de tête d'arrosoir, on obtient une belle gerbe de plusieurs jets d'eau, dans le genre de celle du bassin du Palais-Royal.

Enfin, en élevant sur la tête des tuyaux de fonte un tube de fer-blanc de $0^m,03$ de diamètre et de 10^m de longueur, l'eau s'y élève jusqu'à la hauteur de 7^m au-dessus du sol.

même puits foré, parfaitement isolés l'un de l'autre et coulant simultanément.

La seconde est celle de la force et de la beauté du jet d'eau, provenant du courant inférieur, et jaillissant à 5 mètres environ, à travers et au-dessus du premier, et à plus de 7 mètres au-dessus du sol.

2° Que les deux couraus souterrains ne sont pas probablement les seuls qu'on pourra ramener au-dessus de la surface du sol, dans le bassin de Paris; puisqu'ils se trouvent dans la formation du calcaire marin, et qu'à la barrière d'Italie, ainsi qu'à Montrouge; les puits forés ont en outre indiqué, dans les sables inférieurs à l'argile plastique, une nappe d'eau souterraine qui tend à remonter à son niveau, avec plus d'impétuosité encore, que celles du puits foré du port St.-Ouen.

3° Enfin, que cet important résultat, qui confirme pleinement les conclusions que j'ai eu l'honneur de soumettre précédemment au jugement de l'Académie, me paraît devoir fixer l'attention de l'autorité supérieure, puisqu'il prouve évidemment, ainsi que je l'ai déja annoncé dans ma première notice, qu'en perçant à des profondeurs convenables, on obtiendra infailliblement et à peu de frais, des eaux jaillissantes, de bonne qualité, sur tous les points peu élevés de Paris, tels que l'hospice de la Salpêtrière, le jardin du Roi, l'Entrepôt général des vins, les Champs-Élysées, le Champ-de-Mars, en général dans la plupart de nos établissemens publics, placés dans le bassin de la Seine; mais je ne finirai cependant pas sans faire observer, 1° que le succès des puits forés dans ces différentes localités ne sera jamais bien assuré qu'autant que les formations calcaires, argileuses et craïeuses, seront intactes, qu'elles n'auront éprouvé aucun bouleversement, ou qu'elles ne se montreront pas à la surface de la terre, à nu, avec des déchirures plus ou moins profondes, les eaux qui se trouveraient entre les superpositions de ces divers terrains dans de semblables circonstances, devant trouver un épanchement libre et naturel sur les pentes ou dans les escarpemens de ces terrains; et 2° que si ces formations ont éprouvé des dérangemens dans leur manière d'être, c'est dans les terrains inférieurs et par conséquent au-dessous de la craie, qu'il faudra chercher et qu'on trouvera des eaux jaillissantes.

TROISIÈME NOTICE.

C'est encore d'un puits foré, ou d'une nouvelle fontaine jaillissante établie au port de Saint-Ouen, dont je vous demande la permission de vous entretenir un moment. Je serai bref; les faits que je vais avoir l'honneur de vous exposer me paraissent, sous plus d'un rapport, mériter de fixer votre attention.

L'Académie peut se rappeler les deux notices que je lui ai présentées dans ses séances des 16 février et 9 mars derniers, sur le double puits foré à Saint-Ouen, par MM. Flachat. Celui qu'ils viennent d'exécuter, avec plus de succès encore, est au nord-est, à la distance de 50 mètres du premier, et, comme lui, en tête du bassin, sur le bord de la route de Boulogne à Saint-Denis.

La profondeur totale du nouveau puits est de $66^{m},60$, et de $2^{m},60$ de plus que le premier.

Les travaux commencés le 24 mars ont duré deux mois et demi, ou soixante-quinze jours; mais le travail effectif du percement n'en a réellement absorbé que quarante-deux, les trente-trois autres jours ayant été employés au dégorgement des nappes d'eau et à la réparation de deux accidens qui semblaient devoir compromettre le succès des opérations de la manière la plus grave, si MM. Flachat, par leur persévérance et leur habileté, n'étaient parvenus à y remédier, prouvant ainsi, qu'en cas d'événemens de ce genre, il ne faut point renoncer à un sondage et désespérer de son succès, comme le font trop communément les sondeurs.

La sonde a traversé les mêmes terrains, que dans les premiers puits, la partie inférieure de la formation du gypse et celle du calcaire marin à cérites.

L'étude des nappes d'eau souterraines, trouvées dans ce percement, a été faite avec l'exactitude la plus rigoureuse, afin de vérifier ou de rectifier les données que l'on avait recueillies dans le sondage du premier puits, et l'on a reconnu dans celui-ci *cinq nappes d'eau ascendantes* bien distinctes, ne comprenant point dans ce nombre une nappe d'eau supérieure et stationnaire, qui est constamment restée à 3^{m},30 au-dessous de la surface du sol, dans quatre sondages de cinq mètres, percé à 2^{m},30 du grand travail.

La première nappe ascendante a été trouvée à la profondeur de 35^{m},75 dans les marnes qui séparent la formation des gypses de celles du calcaire marin ; elle est remontée à 3 mètres au-dessous du sol.

La seconde, trouvée dans le même terrain à la profondeur de 45^{m},50, est remontée à 2^{m},30 au-dessous du sol.

La troisième, trouvée dans le calcaire marin à cérites, à la profondeur de 50^{m},70 est remontée à 1^{m},30 au-dessous du sol. Cette nappe d'eau, d'une abondance extraordinaire, coule sous un banc formant voûte, dans une cavité, dans laquelle la sonde est tombée d'elle-même de 0^{m},35 de hauteur. Ce courant paraît être très-fort, puisqu'il imprimait à la sonde un mouvement d'oscillation très-marqué, et qu'il absorbait ou entraînait tous les terrains qui, lors de la continuation du forage, auraient dû être rapportés par la tarière. Cette nappe d'eau, au moyen d'une rigole, a été dérivée dans le bassin du port Saint-Ouen, au-dessus duquel elle s'élevait de 0^{m},66. La quantité d'eau qu'elle a produite, depuis ce moment, est d'un tiers plus considérable que celle fournie par la même nappe trouvée dans le premier puits, laquelle n'a éprouvé aucune diminution.

Arrivés à la profondeur de 58^{m},50, après avoir reconnu les calcaires chlorités, MM. Flachat se sont occupés des moyens d'isoler, par des tubes, les trois premières nappes d'eau de celle qu'ils espéraient atteindre dans les sables verts chlorités, comme dans leur premier puits, et ils sont parvenus à *faire* cet isolement avec un tel succès, que les tubes de conduite intérieurs étaient complètement vides, lorsqu'une *quatrième nappe* d'eau fut reconnue à la profondeur de $59^m,50$ dans les calcaires chlorités. Cette nappe remonta au jour, à deux mètres au-dessus du sol; elle fit croire un moment qu'il y avait un relèvement dans ces calcaires, et que cette nappe d'eau était la dernière trouvée dans le premier puits à 64^m de profondeur. On était même d'autant plus fondé à le penser, que les eaux rapportaient, lors du dégorgement, des sables verts et des pyrites de fer sulfuré; mais ces eaux venaient au jour lentement et avec peu d'abondance; elles restaient stationnaires à deux mètres au-dessus du sol, fournissant 50 litres par minute à $0^m,33$ au-dessus de terre.

Ces eaux, de la plus belle limpidité, n'avaient aucune odeur sulfureuse, caractère de la grande nappe d'eau ascendante trouvée au fond du premier puits, elles dissolvaient parfaitement le savon, elles étaient agréables au goût et propres à tous les usages domestiques; mais comme elles n'étaient pas assez abondantes pour le but que l'on se proposait, et que tout prouvait qu'elles ne provenaient point de la grande nappe d'eau qui avait été trouvée dans le premier puits, entre les sables chlorités et les lignites des argiles, le forage fut continué.

A 66^m,60 là sonde atteignit les sables verts, et aussitôt les eaux *d'une cinquième nappe* jaillirent avec une extrême violence; elles se dégorgèrent d'elles-mêmes sans aucun secours, en amenant une grande quantité de sable, et même des fragmens de lignites, dont la sonde avait entamé le banc, aussi les eaux sont elles un peu sulfureuses, comme celles de la seconde nappe d'eau du premier puits.

Les sables rapportés au moment du percement du calcaire chlorité, et la progression qui s'établit dans le jet, à mesure que l'on approfondit le trou de sonde, semblent prouver que cette nappe d'eau était dans un repos complet. L'ascension de l'eau évaluée environ au double de celle du premier puits, n'a fait éprouver aucune diminution à la quantité d'eau fournie par la même nappe dans ce puits, même lorsque le dégorgement a été fait à 2^m,60 au-dessous du niveau d'écoulement de ses eaux.

Aujourd'hui les deux nappes d'eau de chacun de ces puits coulent simultanément, et la quantité d'eau fournie peut être évaluée à 700^m cubes par vingt-quatre heures.

Résumé.

Le succès de ce nouveau puits foré, dans lequel MM. Flachat ont constaté, sur une hauteur de 66^m,50, six nappes d'eau bien distinctes, dont dont une stationnaire et cinq ascendantes, confirment, Messieurs, les conséquences que j'avais eu l'honneur de vous exposer, ensuite des observations recueillies dans les divers puits forés, dont j'avais suivi les opérations. Je vous prie de me permettre de les représenter de nouveau au jugement de l'Académie.

1° Il existe de grandes nappes d'eau souterraines, à diverses profondeurs, dans le sol des environs de Paris.

2° Ces nappes d'eau se trouvent le plus communément dans le lit de superposition des terrains de formations différentes, mais ujours entre des bancs imperméables.

3° Quelquefois ces nappes d'eau se trouvent à diverses hauteurs, dans la masse d'une même formation, telles que le calcaire marin, l'argile, la craie, et les argiles inférieures à la craie, lorsque ces masses sont entières dans leur état de déposition et d'une grande épaisseur.

4° La profondeur à laquelle se trouvent ces nappes d'eau, varie suivant la pente, les ondulations, ou la déclivité que présente le plan de superposition du terrain perméable dans lequel elles s'écoulent, entre des terrains imperméables.

Et 5° Pour que ces nappes d'eau soient ascendantes, il faut qu'elles proviennent de bassins ou réservoirs plus élevés que le pays où se fait le sondage, et que les formations, entre lesquelles elles s'écoulent, soient dans leur intégrité, autrement en l'état dans lequel elles ont été déposées; enfin que ces formations ne soient pas coupées par de grandes vallées, de grands déchiremens ou de profondes ravines, dans lesquelles leurs eaux trouveraient un libre et facile épanchement.

D'où il suit, 1° que ce serait en vain qu'on chercherait des eaux jaillissantes dans les terrains qui, à peu de distance de l'endroit du percement, seraient coupés par de larges et profondes vallées, ou si les formations qui les constituent étaient relevées et se présentaient à la surface de la terre, en pentes plus ou moins escarpées.

Et 2° Que, dans les pays qui seraient ainsi constitués, on ne pourrait se flatter de faire avec succès des puits forés à eaux jaillissantes, qu'autant qu'on percerait plus ou moins profondément dans les formations qui sont au-dessous des terrains relevés ou en escarpement.

Observations.

En commençant cette notice, j'ai dit que deux accidens auraient pu compromettre le succès de ce sondage, si MM. Flachat n'avaient apporté tous leurs soins à remédier aux suites fâcheuses qu'ils pouvaient avoir.

Le premier accident fut occasionné par la chute d'une partie de la sonde, causée par l'encombrement des curieux qui, depuis trois mois, n'ont cessé d'aller journellement visiter les travaux de Saint-Ouen. Cet accident aurait été sans importance, si, dans le premier moment de confusion, les ouvriers ne l'eussent encore aggravé, en laissant tomber, dans le trou de sonde, l'instrument dont ils se servent communément, pour retirer les diverses parties de sonde précipitées ou engagées : et si, à cette nouvelle difficulté n'était encore venue se joindre celle des éboulemens des calcaires grenus, amenés par les nappes d'eau, qui, en moins de deux heures, recouvrirent ces instrumens de plus de $3^m,30$ de leurs débris et fragmens. Il fallut trois jours et trois nuits pour remédier à cet accident, qui, d'après les procédés suivis, ne présentait d'ailleurs rien de grave en lui-même pour des sondeurs aussi expérimentés que MM. Flachat.

Le second accident eut lieu lors de la descente du dernier tuyau de fonte, dont la rupture fut causée par la présence d'un fragment de calcaire grenu qui le fit porter à faux. Cette rupture exigea l'enlèvement de tous les tuyaux. Cet enlèvement, auquel on est quelquefois obligé, ne pouvait présenter de grandes difficultés; mais ce dernier bout de tuyau, brisé ne put être retiré, il fallut en réduire les fragmens en poudre. A cet égard le succès fut tel, qu'en trois jours, à 60^m de profondeur, ce tuyau de fonte, de $1^m,50$ de longueur, fut entièrement moulu, et que les nouveaux tuyaux furent ensuite descendus sans aucun accident.

Enfin je ne terminerai pas cette notice sans consigner ici un fait important, digne de l'intérêt de nos physiciens, et relatif au magnétisme, fait, dont MM. Flachat ont vérifié avec le plus grand soin l'observation, dans leurs travaux, c'est que la sonde, quoiqu'elle n'ait travaillé que dans les terrains calcaires de sable, de gypse ou d'argile, qui ne sont aucunement magnétiques, a acquis en moins d'un mois les propriétés aimantaires au plus haut degré, au point qu'elle supporte actuellement une forte clef d'appartement sur la paroi de sa partie supérieure, et son action est même telle qu'elle attire de plus d'un décimètre de distance un crochet suspendu pesant environ six kilogrammes.

NOTE SUPPLÉMENTAIRE.

Nous avons désigné le département des Pyrénées orientales comme un de ceux qui venaient d'acheter une sonde de fontenier, et qui s'occuppaient de l'établissement des puits forés; Les sécheresses annuelles y faisant vivement sentir la nécessité de recourir à ces puits, les canaux d'irrigation du département, d'ailleurs très-nombreux (1), étant très-souvent à sec pendant l'été et ne pouvant suffire à tous les besoins.

Consulté sur le degré de probabilité du succès des puits forés dans les Pyrénées orientales, nous n'avions pas hésité à répondre que d'après l'état de nos connaissances sur la constitution physi-

(1) Nous devons à M. Jaubert de Passa, un mémoire du plus grand intérêt, sur les cours d'eau et les canaux d'arrosage du département des Pyrénées orientales. Ce mémoire a été couronné par la Société royale et centrale d'agriculture, et imprimé par son ordre. Elle a en outre nommé l'auteur son associé correspondant, dans la séance du 29 fév. 1829.

que de ce pays, et les superpositions de terrains que nous avons indiquées dans notre grande coupe oryctognostique de France, du nord au sud, planche Ire, nous avions la certitude du succès qu'on obtiendrait en y perçant des puits artésiens. Pl. I.

Une lettre que nous recevons de M. Jaubert de Passa, associé correspondant de la Société royale et centrale d'Agriculture, nous apprend : 1° Qu'un sondage vient d'être fait avec le plus grand succès entre Thuir et Perpignan, par M. Fraize, élève du conservatoire des arts-et-métiers.

2° Qu'on a percé un banc très-puissant d'argile, traversé par des couches de sable chlorité, dans lesquelles on a trouvé à 9, 20, 26 et 32^m^ de profondeur, quatre nappes d'eau, qui sont remontées à un mètre au-dessous de la surface.

3° Que de 41 à 42^m^ la sonde à frappé une nappe d'eau qui est remontée avec impétuosité, en reprenant son niveau à 0^m^,50 au-dessus du sol.

4° Que ce sondage a été exécuté en vingt-six jours.

5° Que la dépense s'élève à 600 francs.

6° Que l'analyse chimique a prouvé que l'eau, qui dissout parfaitement le savon, est d'excellente qualité.

7° Que le succès obtenu par M. Fraize, a déterminé de suite vingt-cinq propriétaires à se faire inscrire pour avoir successivement la sonde et les sondeurs.

Et 8° Que M. le baron Desprez, ancien maire de Perpignan, a réclamé la priorité pour faire, sur le milieu de la place Royale de cette ville, un puits foré qui devra alimenter une fontaine publique, pour laquelle il a été fait un fonds de 20,000 francs.

C'est à M. Jaubert de Passa que le département des Pyrénées orientales sera redevable de l'établissement des puits forés, comme c'est à lui qu'il devra celui de la filature de soie à la vapeur, et la culture, en grand, du murier, que ce savant et estimable agronome a propagée avec succès jusque dans les vallées situées au pied du Canigou.

FIN.

OUVRAGES A CONSULTER.

Fondamento dell' edificio nel quale si tratta sopra l'inondazione del fiume : ove si dichiara l'origine, la qualita delle acque de fonti e fiumi etc., per Ant. Trivisio di lecce. *Roma*, 1560, *in*-4°.

Discours admirable de la nature des eaux et fontaines tant naturelles qu'artificielles etc., par Bernard de Palissy. *Paris*, 1586.

Pamphili Herilaci, de aquarum natura et facultate. *Coloniæ*. 1591, *in*-8°.

De l'origine des fontaines, par Antoine du Fouilloux. *Nevers*, 1595.

Traité des eaux de Laur. Joubert. *Paris*, 1603.

Discours sur les fontaines de Langres, par Mazoyers. *Paris*, 1603.

Henningi Schunemanni Discursus de novo fonte in Saxoniâ electorali reperto. *Francfort*, 1613.

Hydrologie ou discours sur l'eau, par Landry. *Orléans*, 1614.

Schedianus de duobus in Herciniâ silvâ fontibus, à Tantschio. 1618.

Histoire naturelle de la fontaine qui brûle près de Grenoble, avec la recherche de ses causes et principes, et ample traité des feux souterrains, par TARDIN. *Tournon*, 1618, *in*-12.

AND. BACCII de thermis lib. 7, in quibus agitur de universâ aquarum naturâ, de fontibus, etc. *Roma*, 1622.

JOAC. BURSERI. De fontium origine tractatus. 1639.

Raisonnemens philosophiques touchant la salure, le flux et reflux de la mer, l'origine des sources, des fleuves et des fontaines, par N. PAPIN. *Blois*, *in*-8°, 1647.

I. S. VOSSIUS. De Nili et aliorum fluminum origine. Hagæ. 1666, *in*-4°.

Mémoires de l'Académie Royale des Sciences de Paris. 1666 *et suivantes*.

CONRADI REDEKERI. Brevis descriptio fontis. *Bilfediani*, 1666, *in*-12.

De l'origine des fontaines, par PERRAULT. *Paris*, 1674, *in*-12.

HERBINIUS. De admirandis mundi cataractis, etc. 1678.

De Origine fontium, etc., per ROB. PLOT. *Oxon*, *in*-8°, 1685.

CASP. BARTHOLINI. De fontium fluviorumque origine, ex pluviis dissertatio. *Hasniæ*, 1689, *in*-4°.

De fontium mutinensium admirandâ scaturigine, tractatus physico-hydrostaticus, BERNARDI RAMAZZINI. *Mutinæ*, 1691, *in*-8°.

SCHOUCHZER. Hydragrophia, Museum Diluvianum. *Zürich*, 1716.

Theatrum machinarum hydrotechnicarum, Jacob LEUPOLD mathematic. mecanico. *Leipzig*, 1724, *in-folio*.

BÉLIDOR. Architecture hydraulique, ou l'Art de conduire, d'élever et de ménager les eaux, pour les différens besoins de la vie. 4 *vol. in*-4°. *Paris*, 1737.

BÉLIDOR. La Science des ingénieurs. *In*-4°, 1739.

Théologie de l'eau. J. A. FABRICIUS. *La Haye*. Paupie, 1741.

Indications sur l'origine des fontaines et l'eau des puits, par KULM. *Bordeaux*, 1741, *in*-4°.

Dictionnairè universel de médecine. James. 1746.

Encyclopédie ou Dictionnaire raisonné des sciences, des arts et des métiers. *Paris*, 1751.

Hydrologie ou Description du règne aquatique, par VALÉRIUS. *Berlin*, 1751, *in*-8°. *Paris*, 1753.

Patrick ALSTROEMER. Description de la sonde des mineurs-fonteniers. Mémoires de l'Académie des Sciences de Suède. *Stockholm*, 1760.

Dissertazione sopra il quesito essendo le pressioni dell' aqua stagnante in ragione delle altezze, etc. *Dalorgna*, 1669, *in*-4°.

Bibliothèque physique de la France, par P. HÉRISSANT. *In*-8°, 1771.

Lettres de SPALLANZANI à VALLISNIERI, sur l'origine des fontaines. *Pavie*, 1775.

Nouvelle hydrologie, ou nouvelle exposition des eaux, avec un examen de l'eau de la mer, par MOUNET. *Londres*, *Paris*, Didot, 1772, *in*-12.

Lettres sur l'hydrologie (nat. consid. 1775.)

DESHAYES. Physique du monde. *In*-8°, *Versailles*, 1775.

T. BERGMAN. Geograph. physic. 1779.

BERGMAN. Analyse des eaux, trad. Morveau. *In*-8°, *Dijon*, 1780.

VALÉRIUS. Origine du monde et de la terre. *Varsovie*, *in*-12, 1780.

J. B. S. CARRÈRE. Catalogue raisonné des ouvrages qui ont été publiés sur les eaux minérales en général, et sur celles de la France en particulier. *In*-4°, *Paris*. Bémont. 1785.

Description des procédés mécaniques en usage en Flandre, pour construire les fontaines jaillissantes et perpétuelles, par M. LE TURC, professor of the military sciences, the french language and geography. *Londres*, 1786.

Dictionnaire technologique et raisonné des découvertes, inventions et perfectionnemens, de 1789 à 1820.

Journal des mines. 1795.

Transactions philosophiques de Londres. 1796.

LAMARRCK. Hydrogéologie, ou Recherches sur l'influence qu'ont les eaux sur la surface du globe terrestre, sur les causes et l'existence des bassins des mers. *Paris*, *an X*. 1802.

LIONNAIS. Histoire de la ville de Nancy. Description de la fontaine artésienne de Jarville. *Nancy*, 1805.

Magasin philosophique de TILLOCH. 1806.

HÉRICART DE THURY. Description de la sonde de l'inspection des carrières de Paris. *In*-8°. Huzard, 1812.

Mémoires de la société centrale et royale d'agriculture de France. 1815 *et suivantes*.

Annales des mines. 1816.

HÉRICART DE THURY. Description de divers sondages et puits artésiens, Mémoires de la Société Royale et centrale d'agriculture et Mémoires de la Société d'encouragement. 1816.

HÉRON DE VILLEFOSSE. De la richesse minérale. 1819.

GARNIER. Manuel du fontenier-sondeur, ouvrage couronné par la Société d'encouragement. 1re *édition* 1822, *et* 2e *édit*. 1826.

BAILLET, inspecteur-général des mines. Rapports sur divers sondages et puits artésiens. Société d'encouragement, 1822.

Recueil industriel, manufacturier, agricole et commercial de M. MAULÉON. 1823.

Rapport de M. HÉRAULT, ingénieur en chef des mines, à la Société Royale de Caen, sur l'Art du fontenier sondeur de M. GARNIER. 1824.

Mémoire sur les puits artésiens, par l'auteur de l'explication universelle. Azaïs, 3 *vol. in*-8°, 1826.

An Essay of the art of boring the earth for the obtainment of a spontaneous flow of water, with towards forming a new theory for the rise of water. Bugers press, new Brunswick. 1826.

Société d'agriculture du département du Cher. (Bulletin de la) 1828.

Journal des propriétaires ruraux, pour le Midi de la France. *Toulouse*, 1828.

Société des sciences, arts, belles-lettres et agriculture, de St.-Quentin. 1828.

Notices de M. BUCELLY D'ÉSTRÉES sur les puits artésiens. *St.-Quentin*, *in*-8°, 1828.

Mémoires de M. HÉRÉ sur les puits artésiens. *St.-Quentin*, *in*-8°, 1828.

HÉRICART DE THURY. Considérations géologiques et physiques sur le gisement des eaux souterraines, relativement au jaillissement des fontaines artésiennes, et Recherches sur les puits forés en France à l'aide de la sonde; imprimées par ordre de la Société Royale et centrale d'agriculture. *Paris*, Huzard, 1828.

Mémoires de la société d'agriculture, sciences et arts, du département de l'Aube. 1829.

Réflexions sur le projet d'établir des fontaines artésiennes dans la ville du Mans, par A. GÉRARD. *In*-8° 1829.

Société Royale d'agriculture des Pyrénés-Orientales 1829.

JOURDAN. Rapport sur la proposition d'établir de puits forés dans le département de l'Aube. *In*-8°, 1829.

LE CADRE. Des puits forés artésiens, et par comparaison, des puits salants et des puits à feu de la Chine. *Nantes*, 1829.

Rapport fait à la Société d'agriculture de Moulins, par M. le marquis de ST.-GEORGES, sur les puits artésiens forés dans le département de l'Allier. *Moulins*, 1829.

HÉRICART DE THURY. Recherches sur l'origine ou l'invention de la sonde du fontenier-sondeur, et Considérations sur le degré de probabilité du succès des puits forés ou fontaines artésiennes dans les plaines de la Champagne, de la Beauce, de la Picardie et de la Normandie, etc. *Paris*, Huzard, 1829.

HÉRICART DE THURY. Notices lues à l'Académie royale des sciences et à la Société Royale et centrale d'agriculture sur les puits forés à St.-Ouen par MM. Flachat. *Paris*, *in*-8°, 1829.

DESCRIPTION DES PLANCHES.

PLANCHE PREMIÈRE.

Les deux coupes que présente cette planche, donnent la série générale de toutes les superpositions des formations intermédiaires, secondaires, tertiaires et volcaniques sur le terrain primitif, la manière dont ces diverses formations se recouvrent les unes les autres, et par conséquent la manière dont se font, entre leurs superpositions perméables et imperméables, les infiltrations des eaux des bassins supérieurs, pour s'épancher souterrainement vers la mer.

Figure I.

Coupe oryctognostique de France du nord au sud.

Cette coupe est faite suivant des lignes brisées partant de Mézières, où les terrains secondaires s'appuyent sur les terrains primitifs des Ardennes, et passant par Laon, Soissons, Dammartin, Paris, Étampes, Orléans, Vierzon, Bourges, Saint-Amand, Aubusson, le Puy-de-Dôme, le Mont-d'Or, Ussel, Aurillac, Figeac, Villefranche, Alby, Castres, Carcassonne, Limoux, Quillans, Prades et Mont-Louis dans les Pyrénées.

On peut voir, pour les détails, les descriptions de cette figure p. 109, § 147 et suiv.

Figure II.

Coupe oryctognostique de France de l'est à l'ouest, depuis Colmar et les Vosges jusqu'à la mer.

Cette coupe, partant de Colmar et traversant la chaîne primitive des Vosges, passe par Épinal, Saint-Diziers, Vitry-le-Français, Sezanne, Coulommiers, Paris, Mantes, Rouen et le Hâvre. Le second frontispice est une réduction de cette planche, qui a été décrite p. 113, § 169.

PLANCHE II.

Puits et sondage de Saint-Nicolas d'Aliermont, près Dieppe.

Cette planche représente la coupe géognostique de tous les terrains traversés par les puits et sondages faits à 333^{m},19 de profondeur, à Saint-Nicolas d'Aliermont, près Dieppe (Seine inférieure). Elle est d'un puissant intérêt pour la connaissance qu'elle donne de plusieurs grandes nappes d'eau ascendantes, qui existent dans les terrains inférieurs à l'argile plastique.

La première nappe d'eau fut trouvée à 25^{m},98 de profondeur dans les sables des lignites, ou dans la superposition de l'argile sur la craie.

La seconde à 100^{m},70, sous la glauconie ou craie chloritée, dans la superposition de la craie sur les argiles et marnes argileuses des lumachelles. Ces deux nappes d'eau occasionèrent de nombreux accidens par leur abondance. On ne parvint à les traverser qu'avec une peine extrême.

La troisième à 117m,03, sous les argiles et les marnes argileuses des lumachelles, présenta encore plus de difficultés que les précédentes ; ses eaux rompirent plusieurs fois les cuvelages et inondèrent tous les travaux.

La quatrième, à 213m,91, se trouva entre des calcaires spathiques et pyriteux et les calcaires argileux à coquilles nacrées ; ses eaux remontèrent dans le grand puits avec impétuosité.

La cinquième à 251m,75, dans la superposition des calcaires nacrés sur des argiles ; elle était ascendante et non moins abondante que les précédentes.

La sixième à 287m,48 entre des marnes argileuses feuilletées ou schisteuses et un calcaire grenu spathique et coquillier, inonda également les travaux en s'élevant jusque dans les étages supérieurs.

La septième enfin, fut reconnue par un sondage à 333m,19, sur un calcaire argileux compacte. Elle fut si abondante et si impétueuse, que les ouvriers eurent à peine le temps de remonter, et qu'en peu d'heures les travaux furent entièrement inondés.

PLANCHE III.

Plan du port St.-Ouen, près Paris et de ses environs.

Le port St.-Ouen est situé près et au sud-ouest du

village de ce nom, sur la rive droite de la Seine, à gauche de la route de Boulogne à St.-Denis.

Ce plan présente, 1° la prise d'eau sur le bord de laquelle est établie la belle machine à vapeur qui élève les eaux de la Seine dans le port.

2° Le canal, le bassin et le port entre la Seine et la route de St.-Denis à Boulogne.

Et 3° Les puits voisins de ce port, afin de faciliter la comparaison du niveau de leurs eaux avec celui des eaux de la Seine, du port et du double puits foré, ainsi qu'on le voit dans la planche V. Pl. V.

PLANCHE IV.

Coupe géologique et hydrographique prise du sud au nord de Paris, par la reprise des niveaux des nappes d'eau ascendantes et reconnues par des puits forés.

Cette coupe établit la corrélation des reprises des niveaux des nappes d'eau recherchées dans les environs de Paris, par les puits forés suivant la méthode artésienne.

La différence des profondeurs auxquelles se trouvent les diverses nappes d'eau frappées par les sondages, et celles des hauteurs auxquelles elles s'élèvent, a déterminé à chercher un point de comparaison exact et commun pour toutes les opérations. On l'a trouvé naturellement dans le seinomètre du pont de la Tournelle, auquel ont été rapportés tous les nivellemens des ingénieurs, et toutes les hauteurs indiquées par les géologues et par les savans du Bureau des longitudes ; la hauteur de ce seinomètre sur celle de la mer étant d'ailleurs parfaitement déterminée.

Ainsi toutes les profondeurs des puits forés et les hauteurs auxquelles s'élevaient les nappes d'eau qu'ils ont rencontrées, mesurées relativement au zéro du seinomètre, indiquent la hauteur du bassin d'où proviennent originairement ces eaux, hauteur à laquelle elles tendent à s'élever ou à reprendre le niveau dans leur jaillissement.

N° 1. Puits foré en 1819 à la brasserie de la Maison Blanche, près et hors de la barrière d'Italie. Ce puits, de 39m,50 de profondeur, a donné lors du forage des dernières couches de pierre, un jet de 28m de hauteur et de 21m au-dessus du zéro du pont de la Tournelle.

N° 2. Puits foré en 1828, à Mont-Rouge, près et au sud de Paris. Ce puits a 70m de profondeur : l'eau est remontée à 27m de hauteur, et à 26m au-dessus du zéro du pont de la Tournelle.

N° 3, 4, 5 et 8. Puits forés à la gare St.-Ouen, de 70m de profondeur dans lesquels on a trouvé :

1°, à 9m environ de profondeur dans les marnes gypseuses, une nappe d'eau sans indication d'ascension, et qui alimente les puits du pays; 2°, dans le calcaire grenu, à 49m, une nappe d'eau abondante, de 2m au-dessus du zéro du pont de la Tournelle, et de 0m,50 au-dessus du couronnement du mur du quai de la gare, et reprenant son niveau à 1m,65 au-dessous de la surface de la terre; et 3°, dans les sables verts, à 66^{m}, une seconde nappe d'eau ascendante, qui a repris son niveau à 1^{m},90 au-dessus de la terre, et à 4^{m},15 au-dessus du couronnement de la gare.

N° 6 et 7. Puits foré en 1826 et 1827, à Épinay, près de St.-Denis; l'un à la profondeur de 54^{m}, dans lequel l'eau a repris son niveau à 8^{m} au-dessus du zéro du pont de la Tournelle, et l'autre à 67^{m},50, dans lequel l'eau a repris son niveau à 11^{m} au-dessus du même plan.

A la simple vue de cette coupe et de la hauteur à laquelle se sont élevées les eaux jaillissantes des différens puits, il est impossible de ne pas reconnaître qu'il est plus que probable, que des puits forés sur la pelouse du Jardin du Roi, et en général dans le bassin de la Seine, y produiraient des eaux jaillissantes, si les différentes formations sont entières et n'ont pas d'épanchement souterrain dans le lit de cette rivière.

PLANCHE V.

Coupe générale du port de St.-Ouen, des puits forés et de tous les puits voisins.

Pour faciliter la comparaison de la hauteur des eaux de la Seine et du port, avec celles des puits forés et des puits voisins, on les a tous rapportés à un même niveau, déterminé par la hauteur à laquelle s'élèvent les eaux jaillissantes des puits forés.

N° 1. Puits foré de 66^{m} de profondeur. Les dimensions de la planche n'ont pas permis de donner tout le développement de ce puits, et par conséquent toute la stratification du terrain, qui est au reste décrite dans la coupe géologique à la suite de la première notice, p. 281.

Dans le percement de ce puits, on a rencontré : 1°, à 3 mètres une nappe d'eau stationnaire, celle qui alimente la plupart des puits du pays; 2°, à $49^m,50$, une nappe d'eau abondante dont le niveau est à 4 mètres au-dessus du zéro du pont de la Tournelle; et 3°, à 66^m une seconde nappe d'eau ascendante qui a repris son niveau à $7^m,60$ au-dessus de la surface de la terre.

N° 2. Puits du pavillon de la Compagnie Ardoin, à 55^m du bassin, de $6^m,70$ de profondeur.

N° 3. Puits de M. Girard, de $6^m,30$ de profondeur, à 104^m du bassin.

N° 4. Puits de M. Ponthonnier, de $5^m,20$ de profondeur, à 246^m du Canal.

N° 5. Puits de M. Ribeyre, à $5^m,30$ de profondeur, situé à 144^m du bassin.

N° 6. Puits de la briqueterie de M. Gingembre, de $4^m,50$ de profondeur, à 317^m du canal.

N° 7. Puits du potager du château de St.-Ouen de Mme la comtesse du Cayla, de $9^m,70$ de profondeur.

PLANCHE VI.

Coupe détaillée du double puits foré du port de St.-Ouen.

Comme dans la planche précédente, on a été obligé

de réduire la coupe de la profondeur du puits, à raison des dimensions de l'échelle et de celles de la planche.

On a traversé, dans le percement de ce puits : 1°, la nappe d'eau stationnaire qui alimente les puits de la plaine de St.-Ouen, à une profondeur moyenne de 9 mètres,

2°, à celle de 49^m, une nappe d'eau ascendante, qui a repris son niveau à 1^m,65 au-dessus de la surface de la terre, et à 0^m,50 au-dessus du couronnement du mur du canal.

Et 3°, à celle de 66^m, une seconde nappe d'eau ascendante, qui a repris son niveau à 1^{m}90 au-dessus de la terre, et par conséquent à 4^m,15 au-dessus du couronnement du mur du bassin.

Figure I.

Coupe du double puits foré.

TT. Tuyaux ou tubes de 0^m,14 de diamètre descendus sur le premier niveau d'eau.

tt. Tuyaux ou tubes de 0^m,68, descendus dans les grands tubes *TT*, à 66^m au fond du sondage de la nappe d'eau inférieure.

Au haut de ces tubes, à la surface de la terre, on a construit une voûte, et au-dessus, au niveau du sol, on a établi une grande vasque de marbre pour recevoir les eaux qui tombent par étages en gerbes et cascades de l'orifice de l'affûtage dans une coupe, et de cette coupe dans la vasque.

Figure II.

En terminant le tube par une tête d'arrosoir, les

eaux forment une belle gerbe, à $1^m,30$ au-dessus de la coupe, et $2^m,90$ au-dessus de la surface de la terre.

Figure III.

Enfin, en prolongeant le tube pour voir à quelle hauteur les eaux, étant maintenues, pourraient s'élever, on a reconnu qu'elles formaient une colonne de 6 mètres au-dessus de la coupe, et de $7^m,60$ au-dessus de la surface de la terre.

TABLE GÉNÉRALE

DES MATIERES.

A

Abbeville. Puits forés par MM. Beurrier, p. 40.

Agricola (Georges), le plus ancien métallurgiste, ne parle pas de la sonde, p. 5.

Aidat (Lac d'), p. 162.

Aigueperce. Puits foré par M. Burdin, ingénieur en chef des mines. — Nature du terrain. Jaillissement des eaux. Cause de la *dénomination* d'Aigueperce. p. 256.

Ain (Fontaine de l'), p. 151.

Aire (Puits forés dans la craie, à), p. 234.

Aisne. Puits forés de ce département, p. 207.

Aix (Bouches-du-Rhône). Eaux thermales gazeuses et salines, p. 154.

Albany (États-Unis). Ses puits forés, p. 65. — Brasserie de MM. Bord et Collok, p. 176.

Alexandria, sur la rivière d'Hudson (États-Unis). Ses puits forés, p. 65.

Allier. Puits forés de ce département, p. 249.

Alluvion (Terrains d'). Leur division, leur composition, p. 100, 101.

Alpes. Glacières naturelles que présentent leurs cavernes, p. 147.

Alvarado. Fontaine jaillissante naturelle de la plage, p. 160.

Amérique septentrionale. Sources qui dégagent de l'air, observées par M. Michaux, p. 124.

Amphibolites primitives, p. 78.

— intermédiaires. Leur description, p. 84.

Anet. Puits foré dans la papeterie du Sausset près de cette commune, p. 214.

Andelys. Puits foré dans cette ville, par MM. Beurrier d'Abbeville, p. 212.

Annezin. Puits forés dans la craie, p. 234.

Aphanites, p. 78.

Arc. Ses glacières naturelles, p. 149.

Arandus (Côte d'). Sources d'eaux jaillissantes qui y existaient, 169.

Ardennes. Puits forés de ce département, p. 247.

Ardres. Puits forés dans la craie, p. 234.

Argens (M. le marquis d'). Son puits foré, rue de Rohan, p. 191.

Argile fermentante de Walerius, p. 93. Leur singulière propriété de faciliter le glissement des couches de terrain p. 94. Glissements de terrain sur les argiles fermentantes, p. 94.

Argiles plastiques. Leur gisement, p. 92. — Propriété de fournir des réservoirs souterrains aux fontaines ou sources, p. 93.

Aros (l') passe sous une montagne et reparaît de l'autre côté, p. 130.

Art d'exploiter les mines, par Délius, p. 12.

— du fontenier-sondeur. Garnier, p. 2, 38.

Association du département de l'Allier pour l'acquisition d'une sonde, p. 249.

Audenet (M.) fait exécuter un sondage à Pierrefitte, p. 196.

Aunay. Sondage que M. l'abbé Berlèze y a fait exécuter, p. 196.

Authie (Vallée de l'). Puits foré par MM. Beurrier, p. 40.

Azaïs (M.). Son opinion sur le jaillissement des eaux, p. 173.

B

Bagnères-de-Bigorres. Eaux thermales, p. 148.

Bagnoles. Eaux thermales, p. 148.

Baguette mystérieuse ou divinatoire, p. 6.

Baillet (M.), ingénieur des mines. — Rapports sur les puits forés d'Abbeville. Bulletin de la Société d'encouragement (1822, p. 175), p. 53. Puits forés en Afrique. Rapport à la même Société (6 février 1822), p. 63.

Balaru (Hérault). Eaux thermales gazeuses et salines, p. 154.

Balassu, en Savoie; fontaine des fées, p. 126.

Ballore (M. de). Sondage qu'il fit exécuter à la cour, p. 252.

Balme entre Lyon et Grenoble, et en Savoie, leurs grottes, p. 150.

Baltimore (États-Unis). Ses puits forés, p. 65.

Barbarie. Description de ses puits, par Schaw, rapportée par M. Baillet, p. 64.

Barre-de-Deuil (la). On y exécute un sondage, p. 196.

Barrois (M.). Mémoire sur les puits forés. Société des sciences de Lille, p. 180.

Basaltes lithoïdes. Cavernes qu'on y rencontre, p. 105.

— *cellulaires, variolites*, p. 106.

Basaltique pyroïde. Formation, p. 104.

Bassano (M. le duc de). Puits foré dans sa maison, rue Saint-Lazare, p. 192.

Bauges, (en Savoie.) Glacières qu'elles renferment dans leurs cavernes, p. 147.

Bazin (M. Charles) a fait creuser un puits aux mines de houille de la Cadière, p. 259.

Beaumont (Albanis de). Description des Alpes grecques et cottiennes, p. 151.

Beauvais. Puits forés du collége, des prisons et des couvents, p. 42, 204.

Bélidor. (Science de l'ingénieur, liv. IV, chap. 12,) décrit les puits forés, p. 23.

— (Science de l'ingénieur) parle du puits foré du monastère de Saint-André, p. 235.

Bellart (M.). Son puits foré, rue des Fossés-Saint-Germain, p. 191.

Bellonet, officier du génie (M.) a fait établir une fontaine jaillissante dans la citadelle de Calais, p. 235.

Benoit-Latour (M.) a fait entreprendre, à Orléans, des puits par MM. Flachat frères. p. 215.

Bergman. Description des gouffres dans les terrains primitifs. — (Géogr. phys., II, 328), p. 130.

BERLÈZE (M. l'abbé) a fait forer à Aunay, près de Sceaux, p. 196.
BERNARD DE PALISSY. — Notice sur sa vie et ses ouvrages, p. 13. La sonde ne paraît pas avoir été décrite avant lui, p. 14. On peut lui en accorder l'invention, p. 15. Son dialogue entre Théorique et Pratique, p. 15.
BERNARDI RAMAZZINI. Son traité physique et hydrostatique sur le jaillissement des fontaines de Modène, p. 20.
BÉTHUNE. Puits forés dans la craie, p. 234.
BEURRIER père et fils (MM.) sondeurs de l'Artois. — Médaille accordée par la Société d'encouragement, p. 40, ont foré des puits à Gisors, p. 211. — aux Andelys, p. 212.
BLINGELLE. Trois sondages dans la craie n'ont donné qu'une fontaine jaillissante, p. 234.
BIBLIOTHÈQUE britannique. — Description des Geysers, p. 164.
BOULAIGNE, près Fressinet. — Sa fontaine intermittente, p. 134.
BOURBON-LANCY. Eaux thermales, p. 148.
BOURBON-L'ARCHAMBAUD. Eaux thermales, p. 148.
BOURBONNE-LES-BAINS (Haute-Marne) Eaux thermales gazeuses et salines, p. 154.
Brèches. Leur formation, p. 104, 106.
BRONGNIART. Dictionnaire des sciences naturelles. (*Voyez* Art, Eau.) Température des eaux thermales, p. 142. Traité de géologie des environs de Paris, p. 109, 272.
BUCH. *Voyage* en Laponie et en Norwège, p. 83.
BUFFON (M. de). Son opinion sur les puits forés, p. 190. Sa Lettre inédite à M. Feuillet, indique le puits foré entrepris à Drancy par mad. de Lally, p. 262.
BUGES (papeterie de). Puits foré par M. Léorier Delisle, p. 214.
Bulletin de la Société d'encouragement. Programme des prix proposés pour 1822, p. 30. — N° CCLXXXI, nov. 1827, p. 244. Rapport par M. Baillet sur les puits forés d'Abbeville, p. 53.
BURDIN (M.) ingénieur des mines, fait établir un puits foré à Aigueperce, p. 256.

C

CALAIS, (puits foré à la citadelle de) p. 235.
Calcaires primitifs. Leurs caractères, leur gisement, p. 79.
— intermédiaires. Leur composition, p. 81. Ils forment les beaux marbres colorés des Pyrénées, p. 82.
— d'eau douce, gisement, p. 99.
— secondaires. Alpin jurasique et craïeux, p. 88.
— marin à cérites. Gisement, composition, p. 95.
— siliceux. Gisement, composition, p. 96.
— de transition. Cavernes qu'ils contiennent, p. 146. Celle du diable, p. 146.
CAMPAGNE près Limoux. Eaux thermales gazeuses et salines, p. 154.
CADIÈRE (la). Puits percé dans ces mines de houille, p. 259.
CARGUARAZO. Éruption boueuse de son volcan, p. 165.
Carrières de Paris. Ce qu'on y remarque relativement aux cours d'eau, p. 177.
CARRUYER (M.) a fait percer, en 1818, un puits à sa blanchisserie de Saint-Denis, p. 194.

CARTHAGÈNE (Amérique). Description de ses volcans, par Humboldt, p. 165.
CASSINI (Domin.), appelé d'Italie en France par Louis XIV, p. 21. — Nous lui devons la connaissance des fontaines jaillissantes de Modène et de Bologne. Histoire de l'Académie des sc. (1671, p. 144), p. 22.
Cause du jaillissement des eaux des puits forés. Opinion de M. Dickson, p. 172. — de M. Azaïs, p. 173. — de M. de Moléon, p. 175. — de l'auteur, p. 177.
CAVERNE du diable dans le Derbyshire. Ruisseau navigable qui y existe, p. 146.
Cavernes renfermant des cours d'eau. Celle du diable dans le Derbyshire, p 146. Celle de Guacharoès, en Amérique, p. 147.
— renfermant des glacières. Celles de Fondeurle, des Bauges et des Alpes, p. 147.
— de Furtur, en Irlande, et de Fingal, en Écosse, p. 105.
— du calcaire de transition, p. 146.
— de Fondeurle et sa glacière. décrites par M. Héricart de Thury. (Journal des Mines, t. XXXIII, fév. 1813), p. 147.
— des gypses des terrains intermédiaires, p. 148, 149.
CHABROL (le comte de) autorise le percement d'un puits foré dans l'ile St-Louis, p. 193.
CHALUSSET. Eaux minérales, p. 166.
CHAMBON (lac de), p. 162.
CHAMPAGNE. Elle renferme des puits forés, de plus de 100 mètres, percés dans la craie, p. 152.
CHAMP-ROMAIN (château de). Puits foré par M. Grignon d'Auzouer, p. 213.
CHAP-DE-BEAUFORT. Eaux minérales, p. 166.
CHARPENTIER. Essai sur la constitution géognostique des Pyrénées, p. 109, 141.
CHATAGNA, dans le Jura. Sa fontaine intermittente, p. 123.
CHATEAU-FRAGUIER. Sondage exécuté par les ordres de M. Hazon, p. 202.
CHATEAU-SALINS (Jura). Eaux salines, p. 155.
CHATEL-GUYON. Eaux minérales, p. 166.
Chaudières, *entonnoirs*, etc., p. 127.
CHAUX-LÈS-PASSAVENT. Ses glacières naturelles, p. 49.
CHESWICK (Angleterre). Puits foré par le duc de Northumberland, p. 52. — celui du jardin de la Société d'horticulture, p. 49.
CHOQUES. Puits forés dans la craie, p. 234.
CIMONE (mont), près Modène. Ses sources, p. 123.
CITY-JERSEY. Ses puits forés, p. 65.
CLICHY. Puits foré de M. le président Crozat de Tugny, p. 189.
COLMARS, en Provence. Sa fontaine intermittente, p. 134.
COLOMBES. On y exécute un sondage, p. 196.
CÔME, dans le Milanais. Sa fontaine intermittente, p. 133.
Conclusions auxquelles ont donné lieu les différents puits percés dans les environs de Paris, p. 278.
Concours pour l'établissement des puits forés, par la Société d'encouragement, p. 28, 37, 41.
— par la Société d'agriculture, p. 44.
Conditions nécessaires pour l'établissement d'un puits foré, p. 30.
— pour obtenir une fontaine jaillissante, p. 180.

Conditions pour que les eaux souterraines soient ascendantes, p. 182.

Considérations géologiques et physiques sur les eaux jaillissantes et les puits forés, par M. Héricart de Thury, ingénieur en chef des mines, p. 1, 3, 270.

Constitution physique du globe. Sa définition, p. 71.

COQUEREL (M.), ingénieur des mines. Médaille d'or accordée par la Société d'encouragement, p. 42. Puits forés dans le département de l'Aisne, p. 207.

Coupe géologique du puits foré au port Saint-Ouen, p. 281.

— hydrographique et géologique des environs de Paris, exécutée par MM. Flachat, p. 270.

— prise du nord au sud, depuis les Ardennes jusqu'aux Pyrénées, p. 109.

— prise de l'est à l'ouest depuis Colmar jusqu'au Hâvre, p. 113.

COUR, canton de Contigny. Sondage exécuté chez M. de Ballore, p. 252.

COURBEVOIE. On y exécute un sondage, p. 196.

Courans. Probabilités de l'existence dans le bassin de Paris d'un certain nombre de courans souterrains, qui pourront donner de l'eau jaillissante à la surface, p. 291, 298.

Cours de l'air, (in-12, 1811), p. 151.

COURTALIN. Puits foré par le sieur Dufour, en 1827, p. 204.

CRANZAC-SAUZAY. Eaux thermales, p. 148.

CRECY. puits foré par MM. Beurrier, p. 40.

Cressonnières (puits foré de), p. 232. Puits forés pour établir des cressonnières, p. 233.

CREUTZWALD. Puits foré établi par M. de Gargan, ingénieur des mines, p. 149.

CROZAT DE TUGNY (M. le président). Son puits foré à Clichy, p. 189.

CUBA. Source d'eau douce jaillissante dans la mer, p. 169.

CUVIER et Brongniart. Description des environs de Paris, p. 109, 272.

CUVILLER (M.) a fait percer dix puits pour faire tourner un moulin à Fontès, p. 233.

Caves, *gouffres*, etc., p. 127.

D

DANGEVILLERS (M.) fit faire, en 1786, un puits foré dans la prairie du parc de Rambouillet, p. 202.

DARWIN (M.). Puits forés des États-Unis. Ses ouvrages, p. 64.

DAUBUISSON-DE-VOISINS (M.), ingénieur des mines. Son traité de géognosie, p. 71, 109.

DAVILLIERS. (MM.) Lombard et Ce ont fait exécuter un sondage à Gisors, p. 210.

— en font exécuter un autre à Soisy, p. 196.

DAX. Eaux thermales, p. 166.

DECAT-CROUSEZ. Puits foré à Roubaix, p. 240.

DÉLIUS. Art d'exploiter les mines, p. 12.

DEPPING. Merveilles de la nature, p. 151.

DESCOLOMBIERS (M.). Sondage qu'il a fait exécuter à son château de Pontlung, p. 251.

Description des Alpes grecques et cottiennes, par Albanis de Beaumont, p. 151.

— du Kéri. Topographie géorgienne, traduite par Klaproth, p. 154.

DESPRÈS (M. le baron), maire de Perpignan, fait forer un puits sur la place royale de cette ville, p. 304.

Diabases et amphibolites, p. 77.

DICKSON (M.). Essai sur l'art de forer la terre, etc., p. 66. Son opinion sur le jaillissement des eaux souterraines, p. 66, 172. Explication de ce phénomène, p. 67.

DISBROW (M. Lévi). Ses essais dans le New-Jersey. Percemens auxquels les essais ont donné lieu, p. 65. — publiés par M. Dickson, p. 66.

DIXON-SPRING, dans le Tenessé. Source dégageant de l'air, p. 124.

DOLOMIEU. A visité les volcans de Macalouba, 165.

DOULLENS. Puits foré par MM. Beurrier, p. 40.

DRANCY. Puits foré par madame de Lally, p. 190.

DRÔME. Jet d'eau qu'elle produit, p. 168. Elle se réunit à l'Aure, et se perd sous terre, p. 130.

DUBOIS (M. le comte). Son puits foré, rue de Rohan, p. 191.

DUFOUR (le sieur) perça un puits à la pâpeterie de Courtalin, p. 204.

DUPUIS (M.), blanchisseur à Saint-Quentin. Première mention accordée par la Société d'encouragement, p. 43. Puits forés à Saint-Quentin, p. 208.

DUPUYTREN (M. le baron) fait exécuter un sondage à Courbevoie, p. 196.

DURIVEAU (M.), ancien officier du génie, à donné communication d'une lettre inédite de M. de Buffon, p. 265.

DURUP-DE-BALEINE (M.) a fait forer un puits à la glacière de Gentilly, p. 195.

E

Eau (quantité d') qui s'évapore, suivant la température, le climat, etc., p. 119.

— Quantité qui tombe sur la terre, p. 119. Formation des nappes d'eau, p. 122. Amas d'eau dans l'intérieur du globe, 122. Température des eaux de source; leur degré de pureté, p. 136. Nature des eaux dans les montagnes primitives, p. 141.

Eaux thermales. Leur température, p. 142. Explication de leur jaillissement, p. 178.

— thermales des gneis et des phyllades. Les plus remarquables sont celles de Bonnes, de Cauterez, de Barèges, de Bagnères-de-Luchon, d'Aix, de Chaudes-Aigues, de Vic, et de Vals, p. 143.

— thermales de terrains intermédiaires. Celles de Vichy, de Bourbon-l'Archambaud, de Néris, de Bourbon-Lancy, de Cranzac-Sauzay, de Bagnères-de-Bigorres, d'Ussal, de Bagnoles, de Luxeuil et de Plombières, p. 148.

— thermales gazeuses et salines de Campagne, de Saint-Félix de Bagnères, d'Aix, de Grifoux, de Balaru, de Bourbonne-les-Bains, de Salins, de Château-Salins, de Pougens, de Saint-Amand, p. 154, 155.

— du Mont d'Or, de Saint-Allyre, de Vic-le-Comte, de Châtel-Guyon, de Chap-de-Beaufort, de Chalusset, p. 166.

— gazeuses minérales froides. Explication de leur jaillissement, p. 178.

— chargées de sulfate de chaux, de fer, de magnésie, etc, telles que celles de Passy, près Paris;

des puits forés d'Epinay, près Saint-Denis, p. 156.

Eaux sulfureuses devenant douces et très-bonnes par le simple contact de l'air atmosphérique. Puits de la Gare Saint-Ouen, et de Contigny, département de l'Allier, p. 156.

— des argiles, des craies, des pyrites, etc. Substances qu'elles contiennent, 156.

— du calcaire d'eau douce, p. 157. Propension des eaux, des argiles, de la craie, etc., à remonter et à former des fontaines jaillissantes, p. 158.

— *minérales* des terrains de trachytes et de déjections volcaniques, p. 166.

— naturellement jaillissantes, telles sont les fontaines de Moïse, de la plage d'Alvarado, du Loiret, au Château de la source Morogues, p. 160.

Ebel, Ueber den Bau der Erde, (t. II, p. 289.) Description des Geysers, p. 164.

Écharçon. Sondage exécuté à la papeterie, par les ordres de M. de Maupeou, p. 203.

École militaire. Puits foré en 1775, p. 190,

Elbeuf. Puits forés de MM. Grandin, p. 228, 229.

Encyclopédie alphabétique et méthodique. Détails sur divers sondages, p. 12.

Entonnoirs, *gouffres*, etc., p. 127.

Épinay, près Saint-Denis. Puits foré de madame la marquise de Grollier. Persévérance et belle réponse de cette dame, p. 36.

Essai sur l'art de forer la terre, par M. Dickson, p. 66.

Etna, son éruption, p. 165.

Études à faire avant de se décider à établir un puits foré, p. 185.

Euphotide. Variété de la serpentine, p. 29.

Eure-et-Loir. Puits forés de ce département, p. 212.

Eurites porphyres, leur composition, les minéralogistes distinguent quatre variétés de porphyres, p. 77.

Examen des chances, et probabilités du succès des puits forés, dans tel ou tel terrain, p. 108.

F

Fente de la fontaine des fées, p. 126.

Feuillet (M.) maire de la Fère, lettre que lui adresse M. de Buffon, en 1754, p. 261.

Fevollas (fontaine de), à la cime du mont Ventoux, p. 123.

Fingal (grotte de) en Écosse, sa description, p. 105.

Flachat frères et Cie (MM.). Beau succès qu'ils ont obtenu à la gare St.-Ouen, p. 201.

— Notices relatives à ces puits forés, p. 266, 286, 293.

— *Coupe* hydrographique et géologique des environs de Paris, p. 270.

—Glaisage qu'ils ont employé pour vaincre les engorgemens, p. 273.

— Pompes qu'ils ont employées pour faire prendre son niveau à l'eau ramenée de fond, p. 275.

— Ont entrepris des sondages à Orléans, p. 215.

Fondeurle (désert de la forêt de Lente). Sa caverne présente de grands amas de glaces pendant l'été, p. 147.

Fontaines de Vaucluse, de Nîmes, de la Laisse, de Sassenage, de l'Ain, etc., p. 151.

— intermittentes, à quoi elles sont dues, p. 132.

Fontaines jaillissantes. Condition pour en obtenir d'artificielles, p. 180.
— On ne peut en obtenir partout, p. 181.
— dues à l'action des feux souterrains, p. 163.
— jaillissantes naturelles. Explication de leur existence, p. 180. *voy.* puits forés et sources.
FONTÈS. On y a établi dix fontaines jaillissantes pour faire tourner un moulin, p. 233.
FONTESTORBE dans les Pyrénées, sa fontaine intermittente, p. 134.
FORTERAS (d'Amiens, M.) a foré deux puits à la papeterie de Ste-Marie, p. 204.
— Sondages des prisons de Beauvais, p. 204.
Forêts. Leur influence sur l'atmosphère, p. 121.
Fossiles. Lieux où on les trouve généralement, p. 101.
Fours ou *poches à cristaux*, eau qu'ils contiennent, p. 139.
FRAIZE (M.) vient de forer un puits dans les Pyrénées-Orientales, p. 303.
FROTÉ près Vesoul. Le frais puits, p. 127.
FULHAM (Angleterre). Puits foré par l'évêque de Londres, p. 51.
FUNG (Lac de), p. 162.
FURTUR, en Irlande. Description de la caverne qu'on y rencontre, p. 105.

G

GAMET (M.) sondeur de l'Artois a fait un traité avec l'association de Moulins, p. 250.
GARDE (M. de la) a fait forer deux puits à la papeterie de Ste-Marie p. 204 ;—et trois autres au château de Monstiers, p. 206.
GARGAN (M. de) ingénieur des mines. Mention accordée par la Société d'encouragement, p. 42.
— Puits foré à Crentzwald, p. 249.
GARNIER (M.) ingénieur en chef des mines, art du fontenier-sondeur, p. 2.
— Bulletin de la Société d'encouragement, p. 38.
— Puits forés qu'il a remarqués dans la craie, p. 234.
GAVARNIE. Glacière que présente sa caverne, p. 147.
GAIS. Son ouvrage, p. 12.
GENTILLY. Puits foré à la maison de campagne du collége de Ste-Barbe, p. 194.
— *Id.* à la Glacière, p. 195.
Géographie de Russie (III, 201.)
— Description des glissemens de terrains en Russie, occasionés par la présence de l'argile, p. 94.
Géologie des environs de Paris, par MM. Cuvier et Brongniart, p. 272.
GÉORGIE. Au pied de la montagne de Dwjaris, une abondante source d'eau douce jaillit d'un rocher imprégné de sel, p. 154.
GEYSERS (les) fontaines intermittentes d'Irlande, 133, 163.
— Mackensie. Travels in Iceland, p. 164.
GIROD-DE-CHANTRANS. Description des glacières naturelles de La Chaux-lès-Passavent, p. 149.
GISORS. Sondage exécuté par MM. Davilliers Lombard et Cie, p. 210.
Glacières. Celles de Fondeurle, des Alpes et de Gavarnie, 147.
— naturelles de la Chaux, sa description par Girod-de-Chantrans, p. 149.
Glaisage. A l'aide duquel MM. Flachat ont vaincu un engorgement du puits de St.-Ouen, p. 273.

Gneis. Leur composition, leur gisement, p. 74.
— Intermédiaires, leur composition, leur gisement, p. 83.
Gouffres. Entonnoirs, etc., p. 127.
— Leur utilité dans l'agriculture, p. 128.
Gouvion-St.-Cyr. Puits foré, par M. Mullot à Villiers-la-Garenne, p. 200.
Grace-Dieu (Doubs). Sa grotte dans le calcaire compacte, 150.
Grandin, (MM. Jacques et Pierre) ont fait forer à Orival près Elbeuf, p. 228.
— M. Victor Grandin a fait forer à Elbeuf dans sa manufacture, p. 229.
Granits primitifs. Leur définition et leur composition, p, 73.
— intermédiaires. Leur composition, leur gisement, p. 82.
Gréioux (Basses-Alpes). Eaux thermales, gazeuses et salines, p. 154.
Grès. Leur gisement, p. 98.
— Leur division, p. 86.
— de houillères, grès anciens, grès rouge, grès bigarés, argilleux, etc., p. 87.
— *Fossiles qu'ils renferment*, 88.
Grignon-d'Auzouer (M.) a fait forer un puits au château de Champ-Romain, p. 213.
Grollier (Madame la marquise de). Puits qu'elle fit forer à Épinay, près St.-Denis. Persévérance et belle réponse de cette dame, p. 36, 197.
Grottes de Balme, d'Orcelle, de la Grâce-Dieu et de Balme en Savoie, dans le calcaire compacte, p. 150.
Grunstein, leurs caractères, p. 78.
Guacharoès (Amérique). Sa caverne, et la rivière qui y coule, p. 147.
Guéri (Lac de), p. 161.
Guérin. Histoire naturelle de la fontaine de Vaucluse, p. 151.
Guetard. Minéralogie, p. 151.
Guillot (M.) a fait forer un puits dans sa papeterie du Mesnil, près Dreux, p. 214.
Gypse. Ses marnes, ses caractères, p. 96.
— Composition des couches, leur épaisseur, p. 97.
Gypses. Composition, gisement, p. 85.
— secondaires. Leur division, leur composition, leur gisement, p. 91.

H

Hachette (M.), membre de la Société royale et centrale d'agriculture. Considérations sur l'écoulement des liquides, p. 179.
— A donné communication d'une lettre inédite de M. de Buffon, qu'il tenait de M. Duriveau, ancien off. au corps royal du génie, p. 265.
Hallette. Ing. mécanicien à Arras. Médaille accordée par la Société d'encouragement, p. 41.
— A été appelé pour forer un puits à Roubaix, p. 236, 240.
— Son piquet-filtre, p. 241.
Hammersmith (Angleterre). Puits foré par M. Brook à 360 pieds, p. 50.
Haper (États-Unis). Ses puits forés, p. 65.
Hartford dans le Connecticut. Puits foré qui alimente un ruisseau, p. 64.
Hausmann. Voyage en Norwége et en Laponie en 1810, p. 83.
Haute-Combe (abbaye de). Sa fontaine intermittente, p. 133.

HAVRE (le). Puits foré, par M. Ségard, à la citadelle, p. 216.
HARON (M.) a fait faire un sondage à Château-Fraguier, 202.
HÉRAULT. Puits forés de ce département, p. 258.
HÉRICART de Thury (M.) ingénieur des mines. Considérations géologiques et physiques sur les eaux jaillissantes et les puits forés, p. 1, 3.
— Essai potomographique sur la Meuse, ou observations sur sa source, sa disparition sous terre et son cours, (journal des mines, t. XII, n° 70, p. 291), p. 114.
— Description de la caverne de Fondeurle et de sa glacière, (journal des mines, t. XXXIII, fév. 1813), p. 147.
— Mémoires de la Société royale et centrale d'agriculture 1819. Observation sur un puits foré à la brasserie de Fontainebleau, p. 193.
HETREL-LE-PECQUEUX (M.) a percé un puits chez M. Carruyer à St.-Denis, p. 194.
Histoire de l'Académie royale des sciences (1671, p. 144). Dominique Cassini rend compte des fontaines jaillissantes de Modène et de Bologne, p. 22.
HORSIMUS (États-Unis). Ses puits forés, p. 65.
HUMBOLDT. Description des volcans de Carthagène (Amérique), 165.
— Description du volcan de Péliléo, p. 166.
— Tableaux de la nature, t. I, 235. Sources d'eau douce dans la mer, p. 169.

I

IMBERT (M. l'abbé) n° XVI des Annales de l'association de la foi. Mode de percement des puits forés en Chine, p. 55.
Influence du flux et du reflux sur les puits forés, p. 52.
ILE ST.-LOUIS. Puits foré, p. 193.

J

JAUBERT-DE-PASSA (Mémoire de M.) sur les cours d'eau, et les canaux d'arrosage du départ. des Pyrénées-Orientales, p. 302.
— Lettre du même sur un puits qui vient d'être foré dans les Pyrénées-Orientales, p. 303.
— Le départ. des Pyrénées-Orientales lui est redevable de l'établissement d'une filature de soie, et de la culture en grand du mûrier dans les vallées situées au pied du Canigou, p. 304.
Jets d'eau naturels. Leur explication, p. 122. Voy. fontaines jaillissantes.
— produits par les rivières de la Drome, de l'Aure, etc., p. 168.
JOLY (MM. Samuel), manufacturiers à St.-Quentin. Médaille d'or accordée par la Société d'encouragement, p. 43.
— Puits forés à St.-Quentin, 207.
JURA. Ses gouffres, p. 127.

K

KALM a observé des gouffres dans les terrains primitifs, p. 139.
KERLIN (M.) fontenier de Lillers a fait forer des cressonnières à 130m, p. 232.
KINGSTON en Surry (Angleterre). Puits foré de 353 pieds, p. 51.
KIRCHER (Athanase). Ses nombreux ouvrages et ses recherches sur la baguette divinatoire, p. 7.
KLAPROTH. Description du Keri, p. 154.

L

Lacs souterrains, p. 131.
— Formation subite d'un lac près de Lons-le-Saulnier, p. 132.
— dans les terrains volcaniques de Guéri, Servière, Pavin, Chambon, Fung, Aidat, etc., p. 161, 162.
La-Fère, sondage qui y a été exécuté par M. Fortbras, d'Amiens, sous la direction de M. Coquerel, p. 210.
La-Ferté-Vidame. Quatre puits y ont été tentés par le sondeur Ségard de Lillers, p. 212.
Laisse (fontaine de la), p. 151.
Lally (madame de). M. de Buffon parle de son entreprise de sondage dans sa lettre à M. Feuillet, p. 262.
Laon. Puits foré du dépôt de mendicité, au bas de la montagne, p. 42.
Laves. *Dolérites*, leur composition, p. 104.
Leboeuf (l'abbé) détails sur le puits foré de Clichy, dans son histoire de la banlieue ecclésiastique de Paris, p. 189.
Legrand. Voyage d'Auvergne (t. II. 312.) Description du lac de Guéri, p. 161.
Léorier Delisle fit faire, en 1805, un puits foré dans sa papeterie de Buges, p. 214.
Léris (mont) son puits naturel, p. 150.
Leroux (M.) fait exécuter un sondage à Labarre-de-Deuil, p. 196.
Leroy (M. le baron) fait exécuter un sondage à Colombes, p. 196.
Lillers en Artois. Fontaines jaillissantes éloignées de toutes collines, p. 123.
— Puits qui y a été établi en 1126, aux Chartreux; etc., p. 23.
Lillers. Fonteniers-sondeurs originaires de Lillers. MM. Kerlin, Vassal, père et fils à Lillers, Ségard à Béthune, Garnet et Ségard à St-Omer, etc., p. 236.
Lima. Tremblement de terre, p. 164.
Lisbonne. Tremblement de terre, p. 164.
Loiret. Puits forés de ce département, p. 214.
Londres. Ses puits forés, p. 47, 48.
Lons-le-Saulnier. Lac qui s'y est formé subitement, p. 132.
Lucanos. Volcans, p. 164.
Luisans. Ses glacières naturelles, p. 149.
Luxeuil. Eaux thermales, p. 148.

M

Macalouba. Volcan, p. 165.
Madagascar. Volcan, p. 164.
Manuel du fontenier-sondeur, de M. Garnier, ingénieur des mines, p. 2.
Marchiennes (abbaye de). Sondage qui y fut exécuté, p. 244.
Marée (action de la) sur les sources voisines de la mer et sur les puits, p. 135.
Marquette (abbaye de) deux puits y ont été forés, p. 245.
Marnes, gisement et substances qu'elles contiennent, p. 98.
Martine (M.) fontenier-sondeur, p. 196.
Mast (M.) son puits foré à la barrière d'Italie, p. 193.
Maupeou (M. de) a fait un sondage à la papeterie d'Écharçon, p. 203.
Mémoire de M. Barrois, sur les puits forés p. 180.
Mémoires de la Société royale et centrale d'agriculture, 1819. Observations sur un puits foré à la brasserie de la barrière de Fon-

taiueblesu, par M. Héricart de Thury, p. 193. — *Id.* tome XXII, an 1810, p. 271.

Mémoires des savans étrangers. Description de l'éruption de l'Etna, p. 165.

Merton en Surry, (Angleterre). Le puits foré de la fabrique de cuivre laminé de Shears, est celui qui fournit la plus grande quantité d'eau, 200 gallons par minute, p. 51.

Merveilles de la nature. Depping, p. 151.

Merville. Puits forés dans la craie, p. 234.

Mesnil près Dreux. Puits foré dans la papeterie de M. Guillot, p. 214.

Métherie (M. de la). Théorie de la terre, t. IV, §. 1420. Description de glissemens de terrains occasionés par la présence de l'argile, p. 94.

Meulière. Gisement, p. 99.

Meuse (essai potomographique sur la) ou observations sur sa source, sa disparition sous terre et son cours, par M. Héricart de Thury. Journal des mines, (t. XII, n° 70, p. 291,) p. 114.

Michaux. Ses observations sur des sources dont l'écoulement des eaux est accompagné d'un fort courant d'air, p. 124.

Mimerel (M.) a fait en 1825, un puits foré à Roubaix, p. 237.

Minéralogie de Guetard, p. 151.

Moïse. Fontaines jaillissantes naturelles décrites par Monge, p. 160.

Molléon (M. de). Son opinion sur le jaillissement des eaux, p. 175.

Monge. Description des fontaines de Moïse, p. 160.

Monnet. Son traité d'exploitation, p. 12.

Montagnes. Leur action sur les nuages, p. 121.

Mont-d'Or. Eaux minérales, 166.

Montpellier. Puits foré dans ses environs, p. 258.

Montrouge. Puits foré par MM. Flachat frères et Cie, p. 202.

Moselle. Puits forés de ce département, p. 249.

Moulins. Sondage exécuté à la pépinière, de cette ville p. 251.

Moustiers (château de). Trois puits forés par M. de la Garde, p. 206.

Moyenneville, vallée de l'Aronde. Son puits foré, p. 42.

Mullot, serrurier, mécanicien à Épinay près St-Denis. Médaille d'or accordée par la Société d'encouragement, p. 43.

— Puits forés, p. 197, 199, 200, 212.

N

Nedonchelles. Irrégularités qu'ont présentées les sondages, p. 234.

Néris. Eaux thermales, p. 148.

New-Brunswick. Ses puits forés, p. 65.

New-Hope (États-Unis). Ses puits forés, p. 65.

New-Jersey. Essais de M. Levi Disbrow chez M. Bostwick, p. 65.

New-Yorck (États-Unis). Ses puits forés, p. 65.

Nîmes (Fontaine de), p. 151.

Note supplémentaire, contenant les détails d'un puits foré dans les Pyrénées-Orientales, communiquée par M. Jaubert-de-Passa, p. 302.

Notice (première) sur le double puits foré au port de St-Ouen, par MM. Flachat frères, p. 266.

Notice (seconde) sur le double

puits foré de St-Ouen, par MM. Flachat, p. 286.

Notice (troisième) sur les puits forés de St-Ouen, p. 293.

NORMANDIE. Elle renferme des puits forés de plus de 100^m, percés dans la craie, p. 152.

NORTHWILL, dans le Ténessé. Source accompagnée de dégagement d'air, p. 124.

NOYELLE-SUR-MER. Puits foré par MM. Beurrier, p. 40.

— M. Baillet a décrit l'action du flux et du reflux sur ce puits, 53.

NULLY D'HÉCOURT (M.), maire de Beauvais, a fait faire des sondages dans les prisons de cette ville, p. 204.

O

Observations sur le puits foré à St-Ouen, par MM. Flachat. Comparaison du prix de l'eau donnée par les puits et par la machine à vapeur du port, p. 277.

OISE. Puits forés de ce départ., 204.

OMALIUS D'HALLOY, conseiller d'état, gouverneur de la province de Namur. Mémoires pour servir à la description géologique des Pays-Bas, de la France et de quelques contrées voisines, p. 108.

Opinion de l'auteur sur le jaillissement des eaux, p. 177.

ORCELLE. Sa grotte dans le calcaire compacte p. 150.

ORIVAL. Puits que MM. Grandin y ont fait forer, p. 228

ORLÉANS. Puits entrepris par MM. Flachat, p. 215.

ORNANS. Son puits rejette des poissons dans ses débordements, 128.

ORSELLES. Ses glacières naturelles, p. 149.

OU-TONG-KIAO près Kiating en Chine. Description du puits foré par l'évêque de Tabraca, p. 55. L'abbé Imbert confirme cette description, p. 56.

Ouvrages à consulter, p. 305.

P

PALUNS près Marseille. Exemple de dessèchement dans ce pays exécuté par le bon roi René, 128.

PARIS. Degrès de probabilité d'obtenir des eaux jaillissantes dans le bassin de Paris, p. 291.

— Puits forés de l'Ecole-Militaire, p. 190.

— Du jardin du Wauxhall, rue de Bondi, p. 191.

— De MM. Dubois et d'Argens, rue de Rohan, p. 191.

— De M. Bellart, rue des Fossés St-Germain-l'Auxerrois, p. 191.

— De la rue St-André des Arts, p. 192.

— De M. le duc de Bassano, rue de Rohan, p. 192.

— De M. Richard-Lenoir, rue Charonne, p. 193.

— De M. Mast, barrière d'Italie, p. 193.

— Des sœurs de la charité, ile St-Louis, p. 193.

— Abattoir de Grenelle, p. 194.

PAS-DE-CALAIS. Puits forés de ce département, p. 231.

PATRIN, Histoire naturelle des minéraux (III, 201.) parle des gouffres dans les terrains primitifs, p. 140.

— visite le labyrinthe ou Kougour, p. 148. État actuel de ce labyrinthe, p. 148.

PAVIN (Lac de), ancien cratère de volcan. Sa profondeur, p. 161.

PÉLIGOT (M.) a indiqué un sondage chez M. Richard-Lenoir, rue de Charonne, p. 193.

PÉLIGOT (M.) a fait forer un puits aux eaux d'Enghien, p. 195.
PÉLILÉO. Éruption boueuse de son volcan, p. 166.
PEYRE (M.), architecte des travaux publics, a fait exécuter un sondage au fond d'un puits, rue St-André des Arts, p. 192, et un autre chez M. le duc de Bassano, p. 192.
PHILADELPHIE (États-Unis). Ses puits forés, p. 65.
PHILIPPE (M.) sondage qu'il a fait exécuter à St.-Quentin, p. 210.
Phonolites. Leur définition, 103.
Phyllades. Leur définition et leur gisement, p. 76.
— Forment le passage des roches primitives aux roches secondaires, p. 77.
PIERREFITTE. On y exécute un sondage, p. 196.
PIERRE-FONTAINE. Ses glacières naturelles, p. 149.
Piquet-Filtre de M. Halette, 241.
Planches (Explication des), 312.
Planche première. Coupes oryctognostiques, p. 312.
Planche seconde. Puits et sondage de St-Nicolas d'Aliermont, p. 313.
Planche troisième. Plan du port de St-Ouen, p. 314.
Planche quatrième. Coupe géologique et hydrographique du sud au nord de Paris, p. 315.
Planche cinquième. Coupe générale du port St-Ouen, des puits forés et des puis voisins p. 317.
Planche sixième. Coupe détaillée du double puits foré du port de St-Ouen, p. 318.
PLOMBIÈRES. Eaux thermales, p. 149.
POITEVIN (M.) Puits forés à la filature de Tracy-le-Mont, p. 205.
Pompe appliquée par MM. Flachat pour faire prendre son niveau à l'eau ramenée de fond, p. 274.
PONTLUNG (château de), Allier. Sondage exécuté par les ordres de M. Descolombiers, p. 251.
Porphyres. Les minéralogistes en distinguent quatre variétés, p. 77.
— Intermédiaires. Leurs caractères, p. 82.
— Leur gisement. p. 83.
POUGUES (Nièvre). Eaux thermales, gazeuses, salines, p. 155.
Précis historique des travaux qui ont été entrepris pour la recherche d'une mine de charbon de terre dans le départ. de la Seine inférieure, par M. Vital. Extrait des actes de l'Académie des sciences et belles-lettres de Rouen, p. 219.
PRIX près Mezières. Sondage entrepris pour la recherche de la houille, p. 247.
PUISGROS près Chambery. Sa fontaine intermittente, p. 133.
Puits forés généralement nommés puits artésiens; ce qui semble prouver que leur origine est française, p. 28.
— en Angleterre, p. 46, 49.
— Du Royaume des Pays-Bas, p. 53.
— De la Basse-Autriche, p. 54.
— De l'Italie, p. 54.
— De la Chine, p. 55.
— En Afrique, p. 63.
— Dans les États-Unis, p. 64.
— En France. Voyez à chaque département.
Puits de feu en Chine. Leur description, p. 58.
— Événement remarquable arrivé à un de ces puits, p. 60.
Puits souffleurs, p. 125.
— *Puits naturels* ou *puisards*, 127.
— *Puits* (*le frais*) remarquable par ses débordements, p. 127.

— *Puits (le) noir et le puits blanc* p. 128.
— Pureté et qualité des eaux de puits, 138.
Puits naturels du Salève, du mont Léris, p. 150.
Pumites ou pierres ponces, p. 103.
PUY-DE-DÔME. Sondages de ce département, p. 256.
PYRÉNÉES-Orientales. Puits forés de ce département, p. 303.

Q

Quarts. Leur définition, p. 79.
— Intermédiaires, composition et gisement, p. 84.
QUELLY près La Fère. Puits foré de l'usine vitriolique, p. 42.

R

RAMBOUILLET. Puits foré dans la prairie du parc, p. 202.
RAMOND. Voyage au Mont perdu, p. 147.
— Description de la caverne de Gavarnie, p. 147.
Rapport fait à la Société d'agriculture de Moulins, par M. le marquis de St-Georges, p. 250.
RAUMER (M.) Son opinion sur le gisement des gneis, p. 75.
Recherches sur les puits forés en France à l'effet de prouver la possibilité d'en établir dans d'autres terrains que dans des terrains crayeux et marneux de nos départemens du nord, p. 188.
RHONE (le) s'engouffre dans les cavités du défilé du fort de l'Écluse, 130.
RICHARD-LENOIR (M.). Son puits foré, rue Charonne, p. 193.
RICHEMOND (Angleterre). Puits foré par la duchesse de Buccleuch, p. 51.
RIEULAY. Coup de sonde que la compagnie d'Aniches y fit donner, p. 245.
Rivières qui se perdent dans des atterissemens, p. 130.
— souterraines, 129.
Roches de corne, p. 78.
ROQUE-DE-CHAMFRAY (M. de la). Puits qu'il fit forer à Sery-Fontaine, p. 212.
ROTSCHILD (M. le baron). Sondage de Surene, p. 199.
ROUBAIX. Puits forés par M. Halette, p. 236, 240.
ROUVAL dans la vallée de la Maïe. Puits foré par MM. Beurrier, p. 40.
ROYAT (Sources de), p. 162.
RUE. Puits foré par MM. Beurrier, p. 40.
RUEL sous Nanterre. Ses puits de recherches ont présenté des courans d'air appelés souffleurs, p. 125.

S

SABLÉ (Anjou). Son lac sans fond, p. 126.
Sables et grès. Leur gisement, p. 98.
— métallifères, p. 101.
SAINT-ALLYRE. Eaux minérales, p. 166.
SAINT-AMAND (Nord). Eaux thermales gazeuses, p. 155.
— possède trois fontaines forées. Détails très-curieux relatifs au bouillon, p. 246.
SAINT-ANDRÉ (monastère de). Puits foré, décrit par Bélidor, p. 235.
SAINT-FÉLIX-DE-BAGNIÈRES, (Lot). Eaux thermales gazeuses et salines, p. 154.
SAINT-GEORGES (M. le marquis de). Rapport fait à la Société d'agriculture de Moulins, p. 250, 254, 255.

SAINTE-HÉLÈNE. Sources des sommités de cette île, p. 123.
SAINTE-MARIE (papeterie de). Deux puits forés par M. de La Garde, p. 204.
SAINT-NICOLAS d'Aliermont. Recherches de houille qui ont fait connaître sept grandes nappes d'eau, p. 219.
SAINT-OUEN. Notices sur le puits foré, par MM. Flachat frères au port de Saint-Ouen, p. 201; par M. Héricart de Thury, p. 266. Situation du port, p. 268.
SAINT-POL. Cinq puits artésiens y ont été pratiqués pour faire tourner un moulin, p. 233. Irrégularités qu'ont présentées ces percements, p. 234.
SAINT-POURÇAIN (la ville de) vient d'entreprendre un sondage, p. 256.
SAINT-QUENTIN. Puits forés chez MM. Joly, p. 42, 43, 207, 208, 209. Chez M. Philippe, p. 210. Décision du Conseil municipal, p. 210.
SAINT-VENANT. Irrégularités qui se sont présentées dans les sondages, p. 234.
SALÈVE. (le) Son puits naturel, p. 150.
SALINS (Meurthe) Eaux salines, p. 155.
SALSES de Modène, p. 165.
SAMUEL-JOLY (MM.). Sondage qu'ils ont fait exécuter à Saint-Quentin, p. 209.
SASSENAGE (fontaine de), p. 151.
SAUSSET. Puits foré à la papeterie, p. 214.
SAUSSURE, dans son voyage dans les Alpes, § 1238, parle des gouffres dans les terrains primitifs, p. 140.
SCHEERNESS (Angleterre). Dans le puits qu'on y creusa, la sonde s'enfonça de plusieurs pieds de profondeur, à 328 pieds. Second puits à l'embouchure de la Tamise, p. 51.
Schistes micacés. Leur définition, p. 75; leur gisement, p. 76.
— intermédiaires. Leur composition, leur gisement, p. 83.
SEGARD, sondeur de Lillers a tenté quatre puits à La Ferté-Vidame, p. 212; puits foré de la citadelle du Hâvre, p. 216.
SEINE. Puits forés de ce département, p. 189.
SEINE-et-OISE. Puits forés de ce département, p. 202.
SEINE-et-MARNE. Puits forés de ce département, p. 204.
SEINE-INFÉRIEURE. Puits forés de ce département, p. 216.
Serpentines. Leur définition, leur caractère, leur gisement, p. 78.
— intermédiaires. Leur composition, leur gisement, p. 83.
SERVIÈRE (lac de), ancien cratère de volcan, p. 161.
SERY-FONTAINE. Puits foré chez M. de la Roque-Chamfrey, p. 212.
SIGNY, près Mézières. Son lac sans écoulement, p. 126.
SOCIÉTÉ royale et centrale d'agriculture. Concours pour l'établissement des puits forés, p 44.
— d'encouragement. Concours pour l'établissement des puits forés, p. 28, 37, 41.
SOISY. On y exécute un sondage, p. 196.
Sonde (la). Ses usages, p. 9, 20. Son invention réclamée par les Allemands, p. 10, par les Anglais, p. 10. Un auteur allemand la rapporte au commencement de l'avant-dernier siècle, p. 12. Droits de la France à la priorité de son invention, p. 12.

SOMMAING. Cette commune possède 10 ou 12 rouissoirs alimentés par des puits forés, p. 245.
Sondage d'exploration exécuté à Saint-Ouen, par MM. Flachat, p. 272.
Sondeur. Qualités qu'on doit exiger d'un sondeur, p. 33.
Sources. Leur formation, p. 122. Explication de leur surgissement, p. 122.
— De Feyollas, de Lillers, de Ste-Hélène, de Chatagna, de Saint-Étienne, du mont Cimone, plus élevées que les pays environnants, p. 123.
— Courant d'air qui accompagne souvent l'écoulement des eaux qui en sortent, p. 124.
— Celles citées par M. Michaux à Dixon-Spring, à Northwill dans l'Amérique septentrionale, 124.
— Des bords de la mer sujettes à intermittence, p. 135.
— Des terrains primitifs, p. 138. Des montagnes granitiques, p. 140, des calcaires primitifs, p. 141, des terrains intermédiaires, p. 144, de leurs gypses, p. 148, des terrains secondaires, p. 149.
— Des calcaires ammonéens, argileux, etc., en contiennent d'abondantes; leur propension à s'élever, p. 151.
— De la craie, p. 152.
— Minérales et thermales des terrains secondaires, p. 153.
— D'eau douce à Wiliska en Pologne sortant d'un rocher imprégné de sel, p. 154.
— Des terrains tertiaires, p. 155, des terrains d'alluvion; celles de la Rille, de l'Iton, de l'Avre, du Noyer-Ménard et de l'Hyères, qui se perdent et reparaissent ensuite, p. 159.
— Des terrains volcaniques, p. 161;
— D'eau douce jaillissante dans la mer, p. 168.
SPALLANZANI, l'abbé. Détails sur les fontaines de Modène, p. 55. Sa lettre à Charles Bonnet. (Mémoires de la Société Italienne, t. 11, 1786). Source du golfe de la Spezzia, p. 170.
SPEZZIA, source jaillissante dans la mer, p. 170.
STRABON. Geograph. lib. XVI, des sources d'eau douce jaillissantes sur les côtes d'Aradus, p. 169.
STYRIE (Basse-Autriche), puits qu'on y perce à l'aide de la tarrière, p. 54.
SURESNE, sondage de M. le baron de Rotschild, p. 199.

T

TABRACA (lettre de l'évêque de), missionnaire en Chine, sur les puits forés de Ou-Tong-Kiao près Kiating, p. 55.
TAMAN. Volcan de cette île, p. 165.
Tarauds de MM. Beurrier père et fils, sondeurs à Abbeville, p. 40.
Terrains primitifs, leur définition, leur gisement, p. 72, leur composition, leur ordre de formation, p. 73.
— intermédiaires, leur définition, leur composition, leur division, p. 80.
— secondaires, leur composition, leur caractère, p. 85, leur division, p. 86.
— tertiaires, leur caractère, leur division, p. 92.
— d'alluvion, voy. alluvion.
— de transport, de plaines et de montagnes, p. 100, 101.
— volcaniques, leur division, p. 102.

THUIR. Sondage exécuté par M. Fraize, p. 303.

TILLOY. Sondage qui y fut exécuté, p. 244.

TOOTING (Angleterre). Puits foré par M. Lord, p. 50; puits du pharmacien de cette ville, p. 50.

Tourbières. Gisement, p. 101.

Trachytes (les), leur formation, leur division en lithoïdes, émaillés, et vitreux, p. 102.

TRACY-LE-MONT. Ses puits forés, par M. Poittevin, p. 43, 205.

Traité d'exploitation, Monnet, p. 12.

— de géognosie, de M. Daubuisson de Voisins, p. 71.

Trapps (les), p. 78.

Traumates, leur composition, leur gisement, p. 81.

Travaux des carrières de Paris. Ce qu'on y remarque relativement aux cours d'eau, souterrains p. 177.

TREMOLAT près Clermont. Caractères de ses eaux, p. 137.

Tufs calcaires, leur formation, p. 101.

— volcaniques, p. 104, 106.

TURC (M. le), professor of the military sciences. Description des procédés mécaniques en usage en Flandre pour la construction des fontaines jaillissantes et perpétuelles, p. 11; a dirigé le sondage de l'École-Militaire, en 1775, p. 190.

TURMEAU (M.), architecte. Puits qu'il fit forer à l'abattoir de Grenelle, p. 194.

U

URBAIN. (fort d') Description de son puits foré par Cassini, p. 23.

USSAL. Eaux thermales, p. 148.

UZÈS. Les fontaines intermittentes de Madame de Roulidon, p. 134.

V

Vapeur (quantité de) contenue dans l'air, p. 118.

— Sa transformation en nuages, brouillard, pluie, etc., p. 119.

VAR. Puits forés de ce département, p. 259.

VASSAL (M.) a percé, entre Aire et Béthune, un puits qui a donné de l'eau à 2m 60 au-dessus du sol, p. 232.

VAUCLUSE (histoire naturelle de la fontaine de), par Guérin. Statistique du département de Vaucluse, p. 151.

Verge de Aaron (baguette mystérieuse ou divinatoire), p. 6.

VIC-LE-COMTE. Eaux minérales, p. 166.

VICHY. Eaux thermales, p. 148.

VILLIERS-LA-GARENNE. Puits foré chez M. le maréchal Gouvion-Saint-Cyr, p. 200.

VITAL. Précis historique des travaux qui ont été entrepris dans le département de la Seine-Inférieure pour la recherche d'une mine de charbon de terre. Extrait des actes de l'Académie des sciences et belles lettres de Rouen, année 1808, p. 219.

Volcans de Macalouba, de Taman, de Carthagène, de Carguarazo, de Péliléo, p. 165, 166.

Voyage d'Auvergne, par Legrand. Description du lac de Guéri, p. 161.

— en Norwège et en Laponie, par MM. de Buch et Hausmann, p. 83.

— pittoresque de la France (Dauphiné), p. 151.

W

Walerius, minéralogie I, 34, parle des argiles fermentantes, p. 93.

Wauxhall. Puits foré en 1780, par les Échevins en charge, p. 191.

Wiliska (Pologne). Source d'eau douce au milieu de la masse de sel, p. 154.

Planche(s) en 2 prises de vue

COUPE ORYCTOGNOSTIQUE
DE FRANCE, DU NORD AU SUD,

par Mézières, Laon, Paris, Orléans, Bourges, Aubusson, Vazel, Aurillac, Figeac, Alby, Castres, Carcassonne, Limoux, Quillans, Prades et Mont Louis dans les Pyrénées orientales.

Laon Soissons Dammartin Paris Étampes Orléans Vierzon Bourges S.t Amand Aubusson Vazel Aurillac Figeac Ville-Franche Alby

Auvergne.

COUPE ORYCTOGNOSTIQUE
DE FRANCE, DE L'EST À L'OUEST,

par Colmar, les Vosges, Paris, Rouen et le Havre.

Le Havre Rouen Mantes Paris Coulommiers Sézanne

UPE ORYCTOGNOSTIQUE

NCE, DU NORD AU SUD,

Fig. 1

Auvergne.

Alby

Carcassonne

Prades

Mont Louis

Pyrénées.

Terrains primitifs

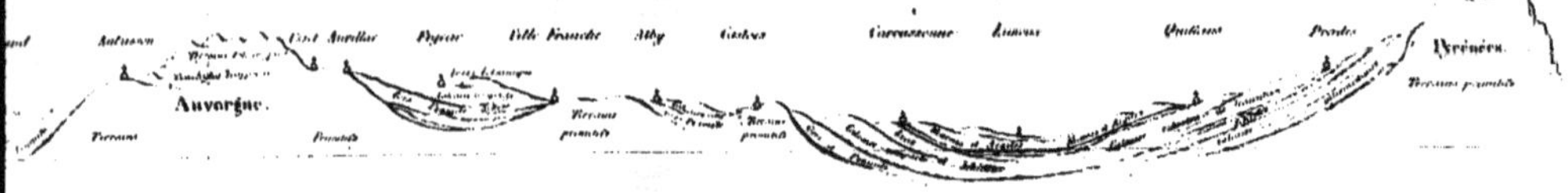

UPE ORYCTOGNOSTIQUE

RANCE, DE L'EST À L'OUEST,

Colmar, les Vosges, Paris, Rouen et le Havre.

Fig. 2.

Paris

St Dizier

Epinal

Vosges.

Terrains primitifs

Colmar

Pl. II

PUITS ET SONDAGE

de S.t Nicolas d'Aliermont près de Dieppe

Nature des Terrains et leur épaisseur. — Puits Busés et Sondage — Nappes d'eau et leurs distances respectives.

I. Argiles plastiques — Lignites. Grès pyriteux — Sables

II. Craie blanche. Craie tuffeau. Craie chloritée, Glauconnie.

III. Argiles. Marnes argilo-calcaires. Lamachelles. Calcaire coquiller. argileuses. Marnes pyriteuses.

IV. Calcaire coquiller spathique. Calcaire pyriteux. Argiles noires pyriteuses. Sable, Argile. Calcaire coquiller.

Marnes argileuses. Calcaire argileux. Calcaire compacte.

V. Calcaire spathique. Lamelleux, coquiller. Calcaire coquiller. nacré.

VI. Argiles grises et spathiques avec Calcaire. Calcaire gris coquill.

Marnes argileuses. Argiles schisteuses. feuilletées.

VII. Calcaire argileux. Calcaire gris. Calcaire spathique. gr... coquiller.

Argiles grises alternant avec des Calcaires argileux compactes.

Echelle d'un Millimètre pour mètre

0 10 20 30 40 50 60 70 80 90 100 mètres

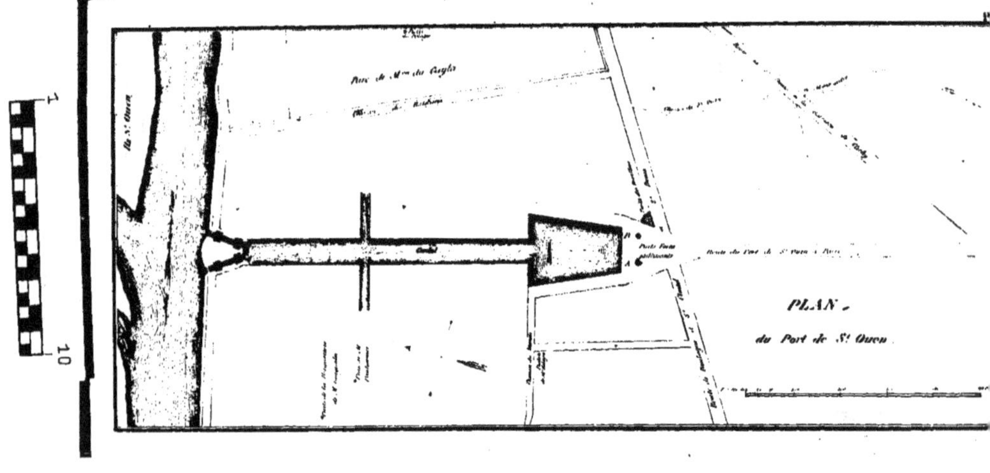
PLAN.
du Port de St Ouen.

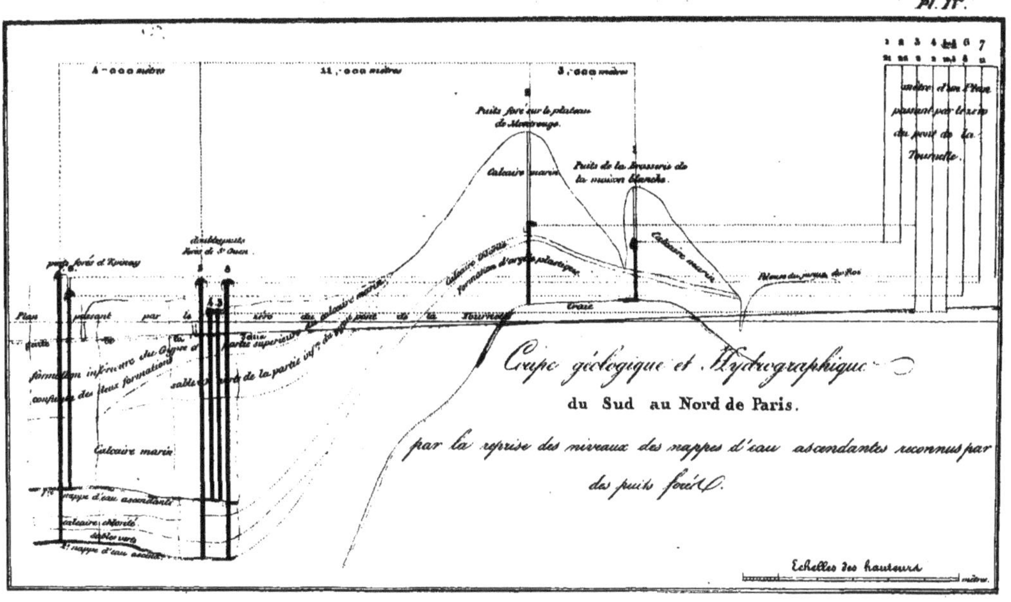
Coupe géologique et Hydrographique
du Sud au Nord de Paris.
par la reprise des niveaux des nappes d'eau ascendantes reconnus par des puits forés.
Puits foré sur le plateau de Montrouge.
Puits de la Brasserie de la maison blanche.
Calcaire marin
Craie
Calcaire marin
Echelles des hauteurs

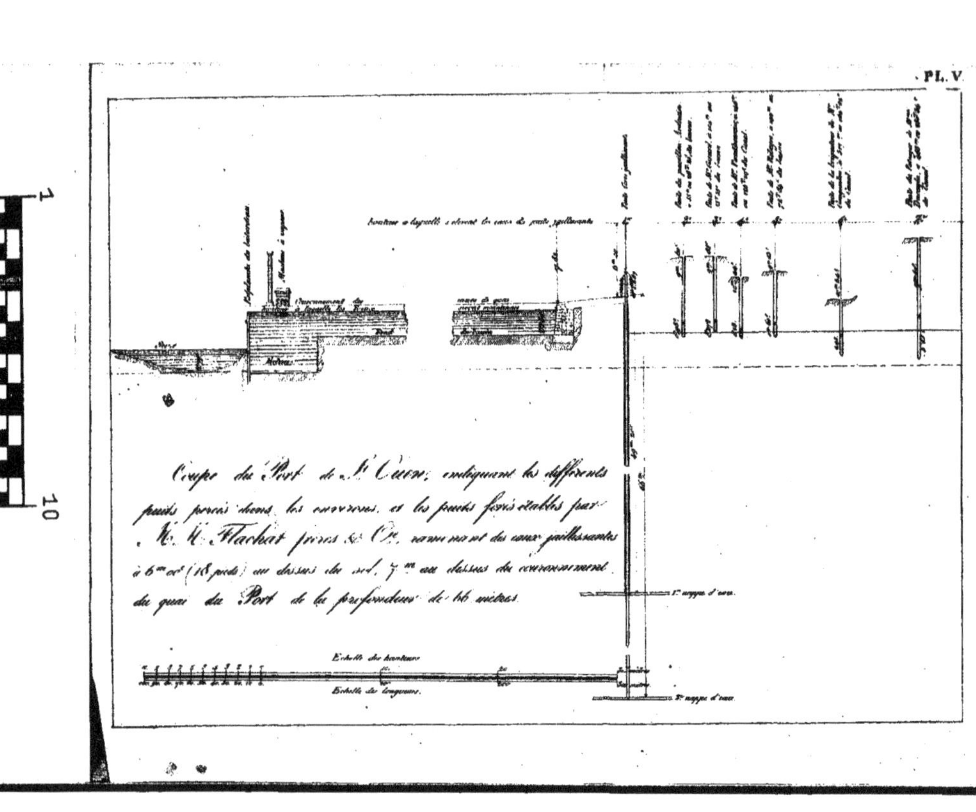
PL. V.
Coupe du Port de St Ouen, indiquant les différents puits percés dans les environs, et les puits forés établis par MM. Flachat frères & Cie, ramenant des eaux jaillissantes à 6m 00 (18 pieds) au dessus du sol, 7m au dessus du couronnement du quai du Port de la profondeur de 66 mètres.
Echelle des hauteurs
Echelle des longueurs.

PUITS FORÈS

à double nappe d'eau ascendante. Pl. VI

Établis par MM. Flachat frères

au Port St Ouen.

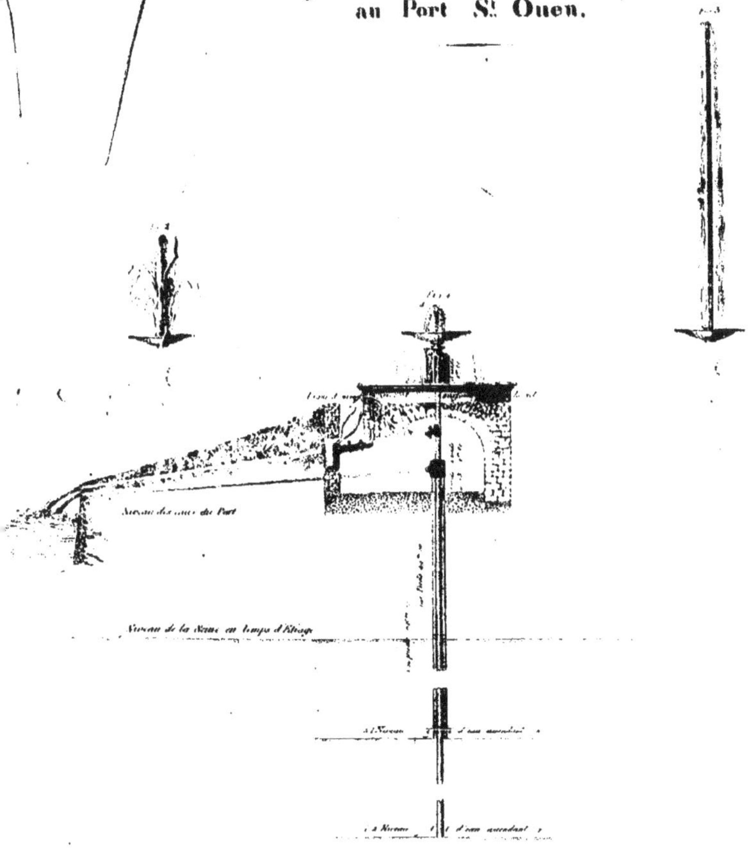

Niveau des eaux du Port

Niveau de la Seine en temps d'Étiage

1er Niveau ... d'eau ascendant

2e Niveau ... d'eau ascendant

www.ingramcontent.com/pod-product-compliance
Lightning Source LLC
Chambersburg PA
CBHW061113220326
41599CB00024B/4024

* 9 7 8 2 0 1 2 6 4 3 7 9 6 *